JN320015

電気回路理論

奥村浩士 [著]

朝倉書店

はじめに

　本書は拙著「電気回路理論入門」(朝倉書店刊)の続編ともいえる内容構成となっています．工業高校や工業高等専門学校ですでに電気回路理論を学ばれた方は，本書から勉強されても不便不都合を感じないように第1章では電気回路理論の基本事項をまとめてあります．

　近年，CPUのクロック向上やマルチコア化によるコンピュータの性能は飛躍的に向上し，ハードディスク容量の増大によって，SPICEに代表される回路解析ソフトウェア，電力系統解析用のソフトウェアEMTP，数値計算ソフトウェアMATLABや数式処理ソフトウェアMapleなどが急速に発展し，電気電子工学のいろいろな分野で普及しています．また，Octave, Maxima, Rなどのオープンソースもフリーでダウンロードでき，電気電子技術者は実際問題の対処に，このようなソフトウェアを利用するのは常識となってきています．

　こうしたソフトウェアはひと昔前に比べれば非常に使いやすくなっており，データを入力すれば，短時間に結果が得られ，それをグラフに表示できます．こんな時代だからこそ，単にデータを入力し，出力を見てそれで終わりとするのではなく，その結果が得られる理論を理解することが大切です．電気回路理論を用いる人はこのようなソフトウェアを使ってのプログラミングにも時間を割かなければなりません．そのため，どうしてそのような結果が出てくるのかという理論面での理解がともすれば乏しくなりがちです．電気回路理論をしっかり理解したうえで，これらのソフトウェアを使えば，より一層回路網の理解が深まることと思われます．

　電気回路理論の講義の経験から，大学生ならびに大学院生からよく耳にすることに応えるように書きました．

1. ラプラス変換の下限を-0 (あるいは$0-$)にとりました．これは電気回路では理論上インパルス関数 (デルタ関数) で表される電流が流れることがあるからです．
2. たたみ込み積分はラプラス変換の章にまとめて書かれることが多いのですが，本書では1つの章にまとめて書き，理解できるようにわかりやすく説明しま

した．

3. テレゲンの定理とその応用にも言及しました．テレゲンの定理はエネルギー保存の法則から導かれるエレガントな定理です．あまり採り上げられない定理ですが是非知っておいてほしい定理です．

4. 散乱行列はエネルギーの流れに着目して定義される行列で，伝送線路理論に普通使われるものですが，集中定数回路の解析にも有用な行列です．とくに章を設けて説明しました．

5. グラフ理論を用いて，タイセット解析とカットセット解析による回路の定式化と状態方程式の導き方を説明しました．また，回路網が複雑化すると，行列やベクトルを使って解析することが常識になります．そのため，行列関数についても説明しました．

　本書を書くにあたって，各章の原稿を読んでいただき，貴重なご意見をいただいた京都大学大学院工学研究科電気工学専攻の久門尚史准教授に厚く御礼申し上げます．また，サイモンフレーザ大学では共同研究の傍ら，本書の完成に時間をいただき，コンピュータなどの設備の利用を快くお認めいただいたIRMACSセンター長 Veselin Jungic 教授，応用科学科の Ljiljana Trajkovic 教授に感謝いたします．最後に，朝倉書店編集部には本書の計画から完成までの長い期間，辛抱強く待っていただきました．深く感謝します．

　御指導いただいた恩師の故 木嶋 昭先生に本書を捧げます．

　2011年3月

カナダ・ブリティシュコロンビア州　バーナビー　奥村浩士
州立サイモンフレーザ大学にて

目　　次

1. 電気回路理論の基本知識 ………………………………………………1

    1.1　キルヒホフの法則………………………………………………1
        1.1.1　電流と電圧の方向………………………………………1
        1.1.2　電流則と電圧則…………………………………………1
    1.2　回路素子の電流と電圧の関係——オームの法則………………3
        1.2.1　独立電源…………………………………………………3
        1.2.2　R, L, C 素子とスイッチ ……………………………3
        1.2.3　電源の等価変換…………………………………………5
    1.3　微分方程式の知識………………………………………………5
        1.3.1　1階常微分方程式の解法と正弦波定常状態……………5
        1.3.2　2階常微分方程式の解法と正弦波定常状態……………8
        1.3.3　特殊解の簡単な求め方…………………………………10
    1.4　交 流 理 論………………………………………………………11
        1.4.1　フェーザの定義…………………………………………11
        1.4.2　インピーダンスとアドミタンス………………………12
    1.5　二端子対回路……………………………………………………16
        1.5.1　相反性……………………………………………………16
        1.5.2　二端子対回路の表現……………………………………17
        1.5.3　行列 Z, Y, T, H の関係 ……………………………19
        1.5.4　二端子対回路の接続……………………………………20
        1.5.5　双対性……………………………………………………22
    1.6　重ね合わせの原理………………………………………………23
    演 習 問 題……………………………………………………………22

2. テブナンの定理とノートンの定理 ……………………………26

2.1 短縮と開放 ………………………………………………26
2.2 テブナンの定理 …………………………………………27
2.3 ノートンの定理 …………………………………………31
2.4 補償の定理 ………………………………………………33
2.5 ミルマンの定理 …………………………………………35
演 習 問 題 ……………………………………………………36

3. 結合のある回路 ……………………………………………38

3.1 誘導起電力 ………………………………………………38
3.2 相互インダクタンスと鎖交磁束 ………………………39
 3.2.1 相互誘導と鎖交磁束 ………………………………39
 3.2.2 ドット●印のルールと相互インダクタンスの符号 ……41
3.3 変 成 器 …………………………………………………41
 3.3.1 誘導電圧とその極性 ………………………………42
 3.3.2 変成器の基礎式 ……………………………………44
 3.3.3 結合係数 ……………………………………………45
 3.3.4 密結合変成器と理想変成器 ………………………46
 3.3.5 交流回路への適用 …………………………………49
 3.3.6 等価回路 ……………………………………………51
3.4 制 御 電 源 ………………………………………………54
 3.4.1 回路解析の例 ………………………………………55
 3.4.2 制御電源の電力 ……………………………………56
演 習 問 題 ……………………………………………………56

4. 回路の定式化 ………………………………………………59

4.1 節点電位法 ………………………………………………59
4.2 ル ー プ 法 ………………………………………………63
 4.2.1 ループとメッシュ …………………………………63

4.2.2　メッシュ法 ··64
　　　4.2.3　ループ法 ··66
　演習問題 ··69

5. グラフ理論と回路方程式 ··**70**

　5.1　グラフとは ··70
　5.2　グラフの行列による表現 ··71
　　　5.2.1　インシデンス行列 ··71
　　　5.2.2　行列の階数 ··73
　5.3　節点方程式の行列表示 ···76
　　　5.3.1　インシデンス行列と電流則 ···76
　　　5.3.2　インシデンス行列と電圧則 ···76
　　　5.3.3　節点方程式 ··77
　5.4　ループ行列とループ方程式 ··79
　　　5.4.1　ループ行列 ··79
　　　5.4.2　ループ方程式 ··80
　演習問題 ··81

6. カットセット解析とタイセット解析 ··**83**

　6.1　カットセット解析 ··83
　　　6.1.1　基本カットセット ··83
　6.2　タイセット解析 ···87
　　　6.2.1　基本タイセット ···87
　　　6.2.2　基本カットセット行列 Q と基本タイセット行列 B の関係 ········90
　演習問題 ··91

7. テレゲンの定理と感度解析 ··**93**

　7.1　テレゲンの定理とは ···93
　　　7.1.1　エネルギー保存則 ··94
　　　7.1.2　ループ行列による証明 ···95

  7.1.3　カットセット行列とタイセット行列を用いた証明 …………… 95
 7.2　テレゲンの定理の一般化 ………………………………………… 96
 7.3　随伴回路 …………………………………………………………… 98
  7.3.1　随伴素子の定義 ………………………………………………… 98
  7.3.2　二端子対素子の随伴素子 …………………………………… 100
 7.4　感度解析——その1 ……………………………………………… 101
 7.5　感度解析——その2 ……………………………………………… 103
 7.6　複素電力 …………………………………………………………… 105
 演習問題 …………………………………………………………………… 106

8. 簡単な線形回路の応答 …………………………………………… **108**

 8.1　ステップ関数とインパルス関数 ………………………………… 108
  8.1.1　単位ステップ関数 ……………………………………………… 108
  8.1.2　単位インパルス関数 …………………………………………… 109
 8.2　単位傾斜関数と n 次単位インパルス関数 …………………… 111
 8.3　簡単な回路のステップ応答 ……………………………………… 112
  8.3.1　初期値について ………………………………………………… 112
  8.3.2　理想的なキャパシタとインダクタのステップ応答 ………… 112
  8.3.3　直列抵抗を含むキャパシタのステップ応答 ………………… 113
  8.3.4　LC直列共振回路のステップ応答 …………………………… 114
 8.4　簡単な回路のインパルス応答 …………………………………… 116
  8.4.1　理想的なキャパシタとインダクタのインパルス応答 ……… 116
  8.4.2　キャパシタと直列に抵抗がある場合 ………………………… 116
  8.4.3　LC直列共振回路のインパルス応答 ………………………… 117
 演習問題 …………………………………………………………………… 118

9. ラプラス変換 ……………………………………………………… **120**

 9.1　ラプラス変換 ……………………………………………………… 120
  9.1.1　定　　義 ………………………………………………………… 120
  9.1.2　単位ステップ関数のラプラス変換 …………………………… 122
  9.1.3　単位インパルス関数のラプラス変換 ………………………… 122

9.1.4 よく用いられる初等関数のラプラス変換……………………123
9.2 ラプラス変換の性質……………………………………………124
9.3 微分則と積分則…………………………………………………127
   9.3.1 微分則——導関数のラプラス変換…………………………127
   9.3.2 積分則——積分関数のラプラス変換………………………130
9.4 初期値定理と最終値定理………………………………………131
   9.4.1 初期値定理……………………………………………………131
   9.4.2 最終値定理……………………………………………………132
9.5 周期的関数のラプラス変換……………………………………133
9.6 逆ラプラス変換…………………………………………………134
   9.6.1 変換表を用いた逆ラプラス変換……………………………135
   9.6.2 性　質…………………………………………………………135
9.7 逆ラプラス変換の計算…………………………………………137
   9.7.1 部分分数分解による方法……………………………………138
   9.7.2 ヘビサイドの展開定理………………………………………141
9.8 常微分方程式の解法への応用…………………………………144
9.9 微積分方程式の解法……………………………………………145
演 習 問 題 ………………………………………………………………146

10. ラプラス変換による回路解析……………………………………**148**

10.1 回路素子の表示………………………………………………148
10.2 インピーダンスとアドミンスの合成…………………………150
10.3 回路網関数……………………………………………………151
   10.3.1 定　義………………………………………………………151
   10.3.2 一端子対回路の場合…………………………………………152
   10.3.3 回路網関数とインパルス応答………………………………160
   10.3.4 回路網関数とステップ応答…………………………………160
10.4 過渡現象の解析………………………………………………161
   10.4.1 s 領域の等価回路による方法………………………………162
   10.4.2 ラプラス変換 $\mathscr{L}$ による方法……………………………163
   10.4.3 ラプラス変換 $\mathscr{L}_+$ を用いる方法…………………………164
10.5 第一種初期値と第二種初期値…………………………………164

    10.5.1　キャパシタの並列回路 ……………………………………164
    10.5.2　インダクタの直列回路 ……………………………………166
  10.6　回路の微積分方程式の解法 ………………………………………168
  演習問題 ……………………………………………………………………169

11. たたみ込み積分とその応用 ……………………………………………**173**

  11.1　たたみ込み積分の導出と定義 ……………………………………173
  11.2　たたみ込み積分の計算 ……………………………………………175
  11.3　たたみ込み積分による回路解析 …………………………………177
  11.4　たたみ込み積分のラプラス変換 …………………………………178
    11.4.1　たたみ込み積分のラプラス変換による回路解析 ………181
  11.5　ステップ応答とデュアメルの相乗定理 …………………………185
    11.5.1　デュアメルの相乗定理 ……………………………………185
    11.5.2　ステップ応答とインパルス応答との関係 ………………186
  11.6　t 領域解析と s 領域解析のまとめ ………………………………187
  演習問題 ……………………………………………………………………188

12. 散乱行列と集中定数回路 ………………………………………………**190**

  12.1　一端子対回路の表現 ………………………………………………190
    12.1.1　電力と散乱パラメータ ……………………………………192
    12.1.2　整合条件と電力 ……………………………………………194
    12.1.3　正規化 …………………………………………………………194
  12.2　二端子対回路の表現 ………………………………………………195
    12.2.1　散乱行列 ………………………………………………………195
    12.2.2　散乱行列とインミタンス行列の関係 ……………………197
    12.2.3　散乱行列の性質 ……………………………………………200
  12.3　散乱行列の表現 ……………………………………………………202
    12.3.1　電圧散乱行列と電流散乱行列 ……………………………202
    12.3.2　正規化 …………………………………………………………204
    12.3.3　散乱行列とインミタンス行列の関係 ……………………206
    12.3.4　整合条件 ………………………………………………………206

演習問題 ……………………………………………………………………207

13. 線形回路網の状態方程式と行列関数 ………………………………209

　13.1　状態方程式 ……………………………………………………………209
　13.2　真の木による状態方程式の導出 …………………………………210
　13.3　状態方程式の行列表示 ………………………………………………213
　13.4　回路網関数行列 ………………………………………………………217
　13.5　ラプラス変換による状態方程式の解法 …………………………220
　　13.5.1　標準系状態方程式の解の表示 ………………………………221
　13.6　行列関数 ………………………………………………………………222
　　13.6.1　行列の多項式 ……………………………………………………222
　　13.6.2　ケーレー・ハミルトンの定理 ………………………………223
　　13.6.3　行列関数の定義 …………………………………………………223
　13.7　ラグランジ・シルベスターの展開定理 …………………………224
　　13.7.1　行列 A のすべての固有値が相異なる場合 ……………224
　　13.7.2　最小方程式が重解をもたない場合 …………………………227
　　13.7.3　最終方程式が重解をもつ場合——ラグランジ・シルベスタの
　　　　　　展開定理 ……………………………………………………………228
　　13.7.4　構成行列の計算法 ………………………………………………232
　13.8　行列の級数と指数関数 ………………………………………………234
　　13.8.1　無限級数 …………………………………………………………234
　　13.8.2　冪級数 ……………………………………………………………234
　　13.8.3　行列の指数関数 …………………………………………………234
　　13.8.4　三角関数，双曲線関数，対数関数 …………………………235
　　13.8.5　線形常微分方程式の解法への応用 …………………………236
　　演習問題 ……………………………………………………………………238

演習問題解答 ……………………………………………………………………**241**

参 考 文 献 ………………………………………………………………………**263**

索　　　引 ………………………………………………………………………**265**

1

電気回路理論の基本知識

この章では電気回路理論の基本的な知識を確認し,さらにそれを発展させるための基礎事項を簡潔に述べる.対象とする回路は素子の値が時間的に変化しない線形時不変集中定数回路である.

1.1 キルヒホフの法則

1.1.1 電流と電圧の方向

電流 $i(t)$,電圧 $v(t)$ (t:時間) とする.電源,抵抗,インダクタ,キャパシタなどの回路素子を一般化して,図1.1のように長方形で表し,これを枝 (branch) とよぶ.この素子には端子 a と b の 2 つの端子があるから,二端子素子 (two-terminal element) あるいは一端子対素子 (one-port) という.端子 a から流れ込む電流を矢印をつけて i で表し,端子電流 (terminal current),枝電流 (branch current) あるいは単に「素子の電流」とよぶ.端子 a と b の電位差 v を素子の端子電圧 (terminal voltage),枝電圧 (branch voltage) あるいは単に「素子の電圧」とよぶ.図1.1のように,電圧 $i(t)>0$ の基準方向を矢印,電圧 $v(t)>0$ の基準方向(極性)を +,- 記号(あるいは - から + へ向かう矢印)で示す.電流の矢印は + 端子 a から回路素子に入る.この基準の方向付けは 1 つの約束ごと (passive sign convention) である.この約束では $v(t)$ と $i(t)$ が同符号ならば電力 $p(t)=i(t)\times v(t)>0$ であるから,電力 $p(t)$ がこの素子で吸収され,異符号ならば $p(t)<0$ であり,電力 $p(t)$ が発生することを意味する.回路解析の結果,得られた電流,電圧の符号が正ならばそれらの方向は基準方向と一致し,負ならば基準方向と逆方向である.

1.1.2 電流則と電圧則

キルヒホフの法則 (Kirchhoff's law) はつぎの 2 つの法則からなる.

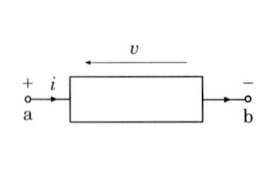

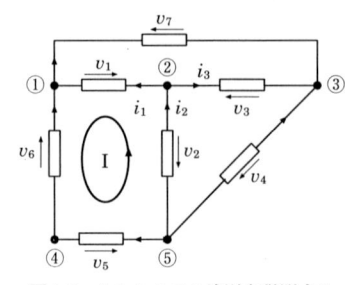

図 1.1 素子の端子電圧 $v(t)$ と端子電流 $i(t)$ の方向

図 1.2 キルヒホフの法則を説明する回路の例

1. **キルヒホフの電流則**（Kirchhoff's current law）：1つの節点に流入する枝電流の代数和はゼロ（零）である．節点から出ていく電流をプラス記号（＋），節点に流れ込む電流をマイナス記号（－）をつけて表す．代数和とはこれらの符号を付けて和をとることである．例えば，**図 1.2** において，節点②について

$$i_1(t) + i_3(t) + (-i_2(t)) = 0 \tag{1.1}$$

がすべての t について成り立つ．

電流則は集中定数回路においてすべての節点，任意の時刻 t においても成り立つ法則である．さらに，素子の性質（特性）に無関係である．また，電流則は各節点における電荷保存則を表している．

2. **キルヒホフの電圧則**（Kirchhoff's voltage law）：ループ（閉路）に沿う枝電圧の代数和は零である．ループの向きと枝電圧の向きが一致するときの枝電圧の方向をプラス記号（＋），一致しないとき枝電圧の方向をマイナス記号（－）を付ける．例えば，図 1.2 において，ループ I について，

$$-v_1(t) + (-v_2(t)) + v_5(t) + (-v_6(t)) = 0 \tag{1.2}$$

がすべての t について成り立つ．

電圧則は回路のすべてのループ，任意の時刻 t においても成り立つ法則である．電流則と同様に，電圧則は素子の特性に無関係に成立する．

なお，電圧 $v_6(t)$ の向きと電流の向きは図 1.1 に定めた向きと異なっているのは，後述するようにこの素子が電源のためである．本書では電源とそれ以外の素子を区別しているが，もちろん，電源に図 1.1 の向きを用いても不都合は生じない（後述のテレゲンの定理を参照）．

1.2 回路素子の電流と電圧の関係——オームの法則

1.2.1 独立電源

他の素子の電圧や電流の影響を受けない電源を独立電源という．独立電源には理想電圧源 $e(t)$ と理想電流源 $j(t)$ がある．図記号を図 1.3 に示す．理想電圧源は接続される負荷の大きさに関係なく，電圧値が一定の電源である．また，理想電流源は接続される負荷の大きさに関係なく，一定の電流を供給する電源である．このことから理想電圧源を定電圧源，理想電流源を定電流源とよぶことがある．なお，現実の電圧源は理想電圧源に直列に抵抗やインピーダンスを接続した回路で表され，トランジスタの等価回路で見られる現実の電流源は理想電流源に並列にコンダクタンスやアドミタンスを接続した回路で表される．

1.2.2 R, L, C 素子とスイッチ

回路素子として，時間に関係なく (time-invariant) 一定の値をとる（時不変という），抵抗 R，インダクタ L とキャパシタ C を定義する．また，実際の回路に不可欠なスイッチ S の特性についても簡単に説明する．

抵　抗

抵抗 $R(>0)$ は図 1.4(a) のように矩形で表す．端子電圧を $v(t)$，端子電流を $i(t)$ で表すと，

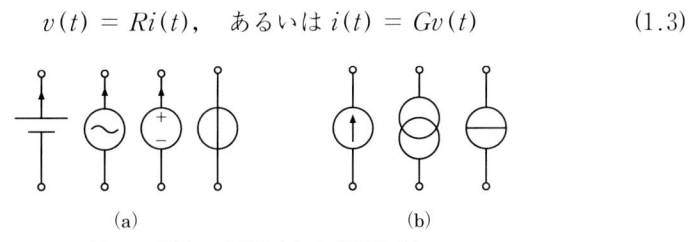

$$v(t) = Ri(t), \quad \text{あるいは} \quad i(t) = Gv(t) \tag{1.3}$$

図 1.3　電源—電圧源 (a) と電流源 (b)
いずれも右端の図記号が新図記号

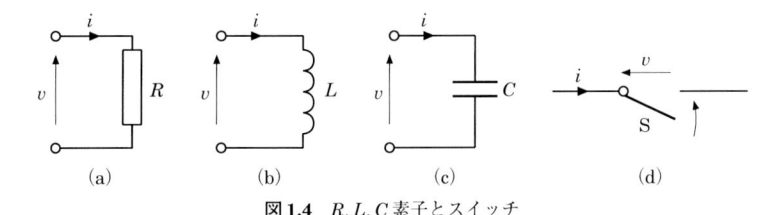

図 1.4　R, L, C 素子とスイッチ

が成り立つ．これをオームの法則（Ohm's law）という．記号で，R は抵抗値（簡単に抵抗という）単位はオーム，記号は Ω である．その逆数 $G = 1/R$ をコンダクタンスとよび，単位はジーメンス，記号は S である．

インダクタ

インダクタ L の図記号は図 1.4(b) である．インダクタの端子電圧 $v(t)$ はそれを流れる電流の時間変化 di/dt に比例するとして，電圧と電流の関係を

$$v(t) = L\frac{di}{dt}, \quad あるいは\ i(t) = \frac{1}{L}\int_{-\infty}^{t} v(t')dt', \quad i(-\infty) = 0 \tag{1.4}$$

によって定義する．積分は不定積分と考えればよい．比例係数 L をインダクタンス（単位はヘンリー，記号は H），$\Gamma = L^{-1}$ を逆インダクタンス（inverse inductance）とよぶ．

キャパシタ

キャパシタ C の図記号は図 1.4(c) である．キャパシタの端子電圧 $v(t)$ と端子電流 $i(t)$ の関係を

$$i(t) = C\frac{dv}{dt}, \quad あるいは\ v(t) = \frac{1}{C}\int_{-\infty}^{t} i(t')dt', \quad v(-\infty) = 0 \tag{1.5}$$

によって定義する．積分は不定積分と考えればよい．すなわち，キャパシタを流れる電流は端子電圧の時間変化に比例する．比例定数 C をキャパシタンス（単位はファラド，記号は F），$S = C^{-1}$ をエラスタンス（elastance）とよぶ．

これらの回路素子 R, L, C はその電流と電圧の関係が比例関係（微分演算も含めて）で定義されているから線形素子（linear element）とよばれる．また，これら回路素子はエネルギーを発生しない素子であるから，受動素子（passive element）とよばれる．線形の時不変の受動素子から構成される回路を線形時不変受動回路（linear time-invariant passive circuit）という．以下，この回路をとくに断らない限り，回路あるいは線形回路（linear circuit）という．

スイッチ

理想的なスイッチの特性は図 1.4(d) のように①オン（ON，短絡）のとき端子電圧 $v = 0$，$i =$ 任意の値，②オフ（OFF，開放）のとき $v =$ 任意の値，$i = 0$ である．すなわち，スイッチを抵抗とみれば，オンのとき $R = 0$，オフのとき $R = \infty$ である．このように素子の電圧と電流の間に比例関係が成り立たない素子を非線形素子（non-linear element）という．

1.2.3 電源の等価変換

現実の電圧源は内部抵抗をもちその回路は図 1.5(a) のように示される．この現実の電圧源は電流源により，図 1.5(b) のように等価的に表すことができる．負荷の端子電圧を v, 端子電流を i とすれば現実の電圧源について

$$v = e - ri \tag{1.6}$$

が成り立つ．一方，電流源については

$$i = j - gv \tag{1.7}$$

が成り立つ．両者の v と i は負荷に対して同一であるから，$e = j/g$, $r = 1/g$ が成り立つ．これらは $j = e/r$, $g = 1/r$ とも表現できる．これによって，電圧源は電流源に，また電流源は電圧源に変換される．これを電源の等価変換 (equivalent transformation) とよぶ．

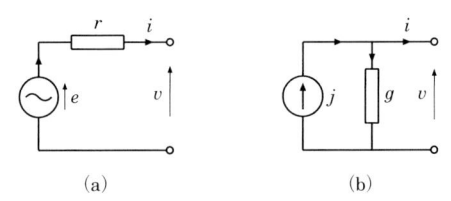

図 1.5 現実の電源：(a) 電圧源，(b) 電流源

1.3 微分方程式の知識

インダクタあるいはキャパシタ 1 個，抵抗素子 1 個からなる RL 回路または RC 回路は，キャパシタの電圧あるいはインダクタの電流を変数とする 1 階線形常微分方程式で定式化される．また抵抗，インダクタ，キャパシタそれぞれ 1 個から成る RLC 回路は 2 階線形常微分方程式で書き表される．スイッチをオンまたはオフすることにより素子の電流と電圧は時間的に変化し，やがて定常状態に落ち着く．微分方程式の時刻 $t = 0$ から $t = \infty$ までの解の挙動はスイッチを時刻 $t = 0$ にオン（またはオフ）にしてから定常状態までの素子の電圧や電流を表現する．

1.3.1 1 階常微分方程式の解法と正弦波定常状態

1 個のインダクタまたはキャパシタ，抵抗と電源で構成された簡単な回路は 1 階常微分方程式

$$a\frac{\mathrm{d}x}{\mathrm{d}t}+bx = g(t) \quad a>0, \quad b>0 \tag{1.8}$$

で記述される.変数 x が素子の電流あるいは電圧,$g(t)$ が電源に対応する.非同次項 $g(t)=0$ のとき,式 (1.8) を同次型常微分方程式,$g(t) \neq 0$ のとき,非同次型常微分方程式という.この方程式 (1.8) の解は,(ⅰ) 同次型の一般解 $x_0(t)$ と (ⅱ) 非同次型の特殊解 $x_s(t)$ との重ね合わせ

$$x(t) = x_0(t)+x_s(t) \tag{1.9}$$

で与えられる.同次型の方程式の一般解を $x_0(t)=Ae^{\lambda t}$ で表し,式 (1.8) に代入すると,特性方程式

$$a\lambda+b = 0 \tag{1.10}$$

が得られる.特性解は 1 個 $\lambda=-b/a<0$ である.したがって,$t\to\infty$ ならば $x_0(t)\to 0$ であるから,定常状態では同次型の解 $x_0(t)$ は解 $x(t)$ に影響しない.したがって,定常状態では特殊解 $x_s(t)$ のみを考えればよい.回路理論では解 $x_0(t)$ を過渡解 (transient solution),$x_s(t)$ を定常解 (steady-state solution) とよぶことがある.とくに,非同次項 $g(t)$ が角周波数 ω の正弦関数 $\sin(\omega t+\varphi)$ や余弦関数 $\cos(\omega t+\varphi)$ のとき,定常状態を正弦波定常状態 (sinusoidal steady state) とよぶ.

オイラーの関係式

$$e^{\mathrm{j}\theta} = \cos\theta+\mathrm{j}\sin\theta, \quad \mathrm{j}=\sqrt{-1} \tag{1.11}$$

用いることによって,正弦波定常状態の解を容易に求めることができる.いま,式 (1.8) で $g(t)=E_m\cos(\omega t+\varphi)$ とし,微分方程式

$$a\frac{\mathrm{d}x}{\mathrm{d}t}+bx = E_m\cos(\omega t+\varphi) \quad a>0, \quad b>0 \tag{1.12}$$

さらに,もう 1 つの微分方程式

$$a\frac{\mathrm{d}y}{\mathrm{d}t}+by = E_m\sin(\omega t+\varphi) \quad a>0, \quad b>0 \tag{1.13}$$

を考える.ここで,式 (1.13) の両辺を j 倍して式 (1.12) に加え,$z=x+\mathrm{j}y$ と置けば,オイラーの関係式によって

$$a\frac{\mathrm{d}z}{\mathrm{d}t}+bz = Ee^{\mathrm{j}\omega t}, \quad E = E_m e^{\mathrm{j}\varphi} \tag{1.14}$$

が得られる.この微分方程式の特殊解を

$$z_s(t) = Ze^{\mathrm{j}\omega t} \tag{1.15}$$

と置き,式 (1.14) に代入すれば

$$(\mathrm{j}\omega a+b)Z = E \tag{1.16}$$

より，
$$Z = \frac{E}{b+\mathrm{j}\omega a} \tag{1.17}$$
となる．したがって，微分方程式 (1.14) の特殊解は
$$z_s(t) = \frac{E}{b+\mathrm{j}\omega a} e^{\mathrm{j}\omega t} \tag{1.18}$$
と容易に求められる．これより式 (1.12) の特殊解は
$$x_s(t) = \mathrm{Re}(z_s(t)) = \frac{E_m}{\sqrt{b^2+\omega^2 a^2}} \cos(\omega t + \varphi - \theta)$$
$$\theta = \tan^{-1} \frac{\omega a}{b} \tag{1.19}$$
となる．ここに，$\mathrm{Re}(\cdot)$ は複素数の実部を表す．このように非同次項が正弦関数や余弦関数のときは，微分方程式を複素変数の微分方程式に拡張し，オイラーの関係式を用いて特殊解を求めればよい．このようにすれば実数変数で解を求めるよりも，はるかに簡単に特殊解を求めることができる．後述の線形回路の正弦波定常状態を取り扱う理論，いわゆる交流理論 (alternating current theory) は，この考え方に基づき複素数を使って容易に正弦波定常状態にある電圧や電流を求める理論である．

なお，電源が直流電源のときは上の式で $\omega = 0$ と置いた式を同様に考察すればよい．

¶例 1.1 ¶ 図 1.6 の回路でスイッチ S を時刻 $t = 0$ にオンしたとき，$t > 0$ におけるキャパシタ C の電圧 $v(t)$ の時間変化を求める．ここに $e(t) = E_m \cos(\omega t + \varphi)$ とし，キャパシタの初期電圧はないものとする．ここに r は電圧源 e の内部抵抗，G はキャパシタのコンダクタンスである．キルヒホフの法則とオームの法則により，回路の微分方程式は
$$rC\frac{\mathrm{d}v}{\mathrm{d}t} + (rG+1)v = e(t) \quad t > 0$$
となる．電圧源 $e(t)$ の角周波数が ω であるから $v = Ve^{\mathrm{j}\omega t}$ を代入して
$$V = \frac{E_m e^{\mathrm{j}\varphi}}{rG+1+\mathrm{j}\omega cr}$$

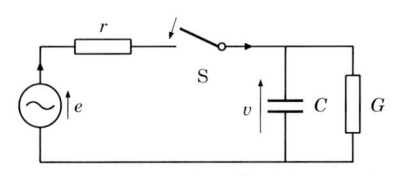

図 1.6 キャパシタ電圧 $v(t)$ を求める回路

$$= \frac{E_m e^{j(\varphi-\theta)}}{\sqrt{(rG+1)^2+\omega^2 C^2 r^2}}, \quad \theta = \tan^{-1}\frac{\omega Cr}{rG+1}$$

を得る．よって，特殊解は

$$v_s(t) = \mathrm{Re}(Ve^{j\omega t}) = \frac{E_m}{\sqrt{(rG+1)^2+\omega^2 C^2 r^2}}\cos(\omega t+\varphi-\theta)$$

となる．したがって，この微分方程式の解は同次型の一般解を加えて

$$v(t) = Ae^{-(\frac{rG+1}{rC})t} + \frac{E_m}{\sqrt{(rG+1)^2+\omega^2 C^2 r^2}}\cos(\omega t+\varphi-\theta)$$

となる．ただし，A は任意定数である．初期条件 $v(0)=0$ により，解は

$$v(t) = \frac{E_m}{\sqrt{(rG+1)^2+\omega^2 C^2 r^2}}\{-\cos(\varphi-\theta)e^{-(\frac{rG+1}{rC})t}+\cos(\omega t+\varphi-\theta)\}$$

となる．定常状態では $e^{-(\frac{rG+1}{rC})t} \to 0$ であるから，特殊解 $v_s(t)$ のみ考察すればよい．

1.3.2　2階常微分方程式の解法と正弦波定常状態

2階常微分方程式

$$a\frac{d^2 x}{dt^2} + b\frac{dx}{dt} + cx = g(t) \quad a>0, \quad b>0, \quad c>0 \tag{1.20}$$

を考える．この場合も微分方程式 (1.20) の解は，（ⅰ）同次型方程式の一般解 $x_0(t)$ と，（ⅱ）非同次型方程式の特殊解 $x_s(t)$ の重ね合わせ $x(t) = x_0(t) + x_s(t)$ で与えられる．

同次型の解

特性方程式は $a\lambda^2+b\lambda+c=0$，判別式 $D=b^2-4ac$ の符号により，特性解はつぎの3種類に分かれる．A_1, A_2 を任意定数とする．

1. $D>0$ の場合：$\lambda_1 = \frac{-b+\sqrt{D}}{2a}, \quad \lambda_2 = \frac{-b-\sqrt{D}}{2a}$

$$x_0(t) = A_1 e^{\lambda_1 t} + A_2 e^{\lambda_2 t} \quad \lambda_1<0, \quad \lambda_2<0 \tag{1.21}$$

である．

2. $D<0$ の場合：特性解は互いに共役な複素解 $\lambda_1 = \sigma+j\omega, \lambda_2 = \bar{\lambda}_1 = \sigma-j\omega$，ここに $\sigma = -b/(2a) < 0, \omega = \sqrt{-D}/(2a)$ である．一般解は

$$x_0(t) = A_1 e^{\lambda_1 t} + \bar{A}_1 e^{\bar{\lambda}_1 t} \tag{1.22}$$

となる．ここに A_1 は複素数，$\bar{A}_1$ はその共役値である．いま，$A_1 = A+jB$ と置けば，

$$x_0(t) = 2\sqrt{A^2+B^2}\, e^{\sigma t}\cos(\omega t+\theta) \tag{1.23}$$

ただし，$\theta = \tan^{-1}(B/A)$ である．

3. $D=0$ の場合：特性解は重解 $\lambda_1 = -b/(2a) < 0$ となり，一般解は

$$x_0(t) = A_1 e^{\lambda_1 t} + A_2 t e^{\lambda_1 t} \tag{1.24}$$

となる.

初期条件を与えると,A_1, A_2 が定まり解が求められる.なお,いずれの場合も $t \to \infty$ のとき,$x_0(t) \to 0$ である.

非同次型の解

非同次項 $g(t) = E_m \cos(\omega t + \varphi)$ のとき,微分方程式 (1.20) の特殊解を求める.式 (1.20) の変数を複素変数 $z(t)$ に拡張し

$$a\frac{d^2 z}{dt^2} + b\frac{dz}{dt} + cz = Ee^{j\omega t}, \quad E = E_m e^{j\varphi} \quad a > 0, \quad b > 0, \quad c > 0 \tag{1.25}$$

の特殊解を求め,その実部をとればよい.すなわち,特殊解を式 (1.15) と同様に $z(t) = Ze^{j\omega t}$ と置き,これを式 (1.25) に代入すれば

$$Z = \frac{E}{c - a\omega^2 + j\omega b} \tag{1.26}$$

が得られる.したがって,微分方程式 (1.20) の特殊解は

$$x_s(t) = \text{Re}\left(\frac{Ee^{j\omega t}}{c - a\omega^2 + jb}\right) = \frac{E_m \cos(\omega t + \varphi - \theta)}{\sqrt{(c - a\omega^2)^2 + \omega^2 b^2}}$$

$$\theta = \tan^{-1}\left(\frac{\omega b}{c - a\omega^2}\right) \tag{1.27}$$

となる.したがって,元の微分方程式 (1.20) の解は

$$x(t) = x_0(t) + \frac{E_m \cos(\omega t + \varphi - \theta)}{\sqrt{(c - a\omega^2)^2 + \omega^2 b^2}} \tag{1.28}$$

となる.したがって,$t \to \infty$ に対し

$$x(t) = x_s(t) = \frac{E_m \cos(\omega t + \varphi - \theta)}{\sqrt{(c - a\omega^2)^2 + \omega^2 b^2}} \tag{1.29}$$

となるから,正弦波定常状態のみを考察するときは,非同次型微分方程式の特殊解から,その挙動を考えればよいことがわかる.

¶**例 1.2**¶ 図 **1.7** の回路の正弦波定常状態におけるキャパシタ電圧 $v(t)$ と電源の電流 $i(t)$ を求める.電圧源は $e(t) = E_m \cos(\omega t + \varphi)$ である.回路の微分方程式は

$$LC\frac{d^2 v}{dt^2} + \left(\frac{L}{R} + rC\right)\frac{dv}{dt} + \left(1 + \frac{r}{R}\right)v = E_m \cos(\omega t + \varphi) \tag{1.30}$$

となる.ここで,変数 $v(t)$ を複素変数に解釈して,対応する微分方程式を作ると

$$LC\frac{d^2 v}{dt^2} + \left(\frac{L}{R} + rC\right)\frac{dv}{dt} + \left(1 + \frac{r}{R}\right)v = Ee^{j\omega t}, \quad E = E_m e^{j\varphi}$$

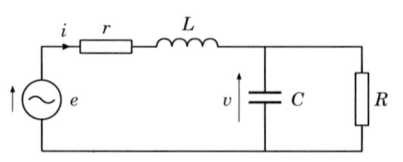

図 1.7 定常状態のキャパシタ電圧 $v(t)$ と電源の電流 $i(t)$ を求める回路

となる．係数 $(L/R)+rC$ はインダクタとキャパシタによる 2 つの時定数の和になっている．この方程式の特殊解を

$$v(t) = Ve^{j\omega t}$$

と置き，上の式に代入すれば

$$\left\{-\omega^2 LC + 1 + \frac{r}{R} + j\omega\left(\frac{L}{R}+rC\right)\right\}V = E \tag{1.31}$$

が得られ

$$V = \frac{E}{1-\omega^2 LC + \frac{r}{R} + j\omega\left(\frac{L}{R}+Cr\right)}$$

$$= \frac{E_m e^{j(\varphi-\theta)}}{\sqrt{\left(1-\omega^2 LC + \frac{r}{R}\right)^2 + \left\{\omega\left(\frac{L}{R}+Cr\right)\right\}^2}}, \quad \theta = \tan^{-1}\frac{\omega\left(rC+\frac{L}{R}\right)}{1-\omega^2 LC + \frac{r}{R}}$$

となる．したがって，正弦波定常状態におけるキャパシタ電圧 $v(t)$ は

$$v(t) = \mathrm{Re}(Ve^{j\omega t}) = \frac{E_m}{\sqrt{\left(1-\omega^2 LC + \frac{r}{R}\right)^2 + \left\{\omega\left(\frac{L}{R}+Cr\right)\right\}^2}}\cos(\omega t + \varphi - \theta)$$

となる．また，電流 $i(t)$ は

$$i(t) = C\frac{dv}{dt} + \frac{v}{R}$$

$$= \frac{E_m\sqrt{1+(\omega CR)^2}}{R\sqrt{\left(1-\omega^2 LC + \frac{r}{R}\right)^2 + \left\{\omega\left(\frac{L}{R}+Cr\right)\right\}^2}}\cos(\omega t + \varphi - \theta + \theta_1)$$

$$\theta_1 = \tan^{-1}(\omega CR)$$

となる．電源の電流 $i(t)$ と電圧源との位相差は $\theta_1-\theta$ であることがわかる．変数がインダクタ電流 $i(t)$ の微分方程式も得られるが，この場合，非同次項 $g(t)$ が電圧源 $e(t)$ を微分した項になる．

1.3.3 特殊解の簡単な求め方

以上，① 非同次項 $g(t)$ が余弦関数あるいは正弦関数で与えられている．② 同次方程式の解 $x_0(t)$ が $t \to \infty$ のとき $x_0(t) \to 0$ となる．抵抗が存在する回路では②が成り立つ．この二条件が満たされるとき，非同次方程式の特殊解は複素

数の四則演算で求められることがわかる．すなわち，回路の微分方程式，たとえば式 (1.30) において，

$$\frac{\mathrm{d}}{\mathrm{d}t} \to \mathrm{j}\omega, \quad \frac{\mathrm{d}^2}{\mathrm{d}t^2} \to (\mathrm{j}\omega)^2, \quad v(t) \to V, \quad E_m\cos(\omega t + \varphi) \to E$$

に置き換えると，式 (1.31) が得られる．これより定められる V は複素数であるから，大きさと位相角（偏角）がわかる．正弦波定常状態の解析では回路の微分方程式を解く必要はなく，単に複素数を変数とする一次方程式の解を求めるだけでよい．

1.4 交流理論

1.4.1 フェーザの定義

複素数 A の実部は $\mathrm{Re}(A)$，虚部は $\mathrm{Im}(A)$ と表される．これを用いて余弦関数 $x(t) = A_m\cos(\omega t + \varphi)$ は $x(t) = \mathrm{Re}(A_m e^{\mathrm{j}\varphi} e^{\mathrm{j}\omega t}) = \mathrm{Re}(A e^{\mathrm{j}\omega t})$ と表すことができる．ここに，$A = A_m e^{\mathrm{j}\varphi}$ （大きさ $A_m = |A|$ と偏角 $\varphi = \angle A$）である．複素数 A を $x(t)$ のフェーザ（phasor）とよぶ．また，$\mathrm{Re}(A e^{\mathrm{j}\omega t})$ を $x(t)$ のフェーザ表示という．フェーザ A は $x(t)$ から一意に定まる．角周波数 ω を指定し，フェーザ A を定めれば $\mathrm{Re}(A e^{\mathrm{j}\omega t}) = \mathrm{Re}(A_m e^{\mathrm{j}(\omega t + \varphi)}) = A_m\cos(\omega t + \varphi)$ によって，元の $x(t)$ を再現できる．正弦波定常状態を取り扱う回路理論，すなわち交流理論では実効値 $A_e = A_m/\sqrt{2}$ により $A_e e^{\mathrm{j}\varphi}$ をフェーザにとる．

いま，$y(t) = A_m\sin(\omega t + \varphi) = \mathrm{Im}(A e^{\mathrm{j}\omega t})$ であることから，$A e^{\mathrm{j}\omega t}$ の虚部をとって $y(t)$ が再現できる．これから明らかなように，$A e^{\mathrm{j}\omega t}$ のガウス平面上の座標は $(\mathrm{Re}(A e^{\mathrm{j}\omega t}), \mathrm{Im}(A e^{\mathrm{j}\omega t}))$ であり，$x(t)^2 + y(t)^2 = A_m^2$ となるから，フェーザ A は原点を中心とし半径 A_m の円周上を角 φ から反時計回りに回ることがわかる．

実数部をとる $\mathrm{Re}(\cdot)$ の性質

記号 $\mathrm{Re}(\cdot)$ はつぎに示す性質をもっている．複素数 A, B とすべての t に対して

1. $\mathrm{Re}(A e^{\mathrm{j}\omega t}) = \mathrm{Re}(B e^{\mathrm{j}\omega t})$ ならば，$A = B$ である．
2. $\mathrm{Re}(A e^{\mathrm{j}\omega t} + B e^{\mathrm{j}\omega t}) = \mathrm{Re}((A+B) e^{\mathrm{j}\omega t})$ である．
3. 実数 c に対し $c\,\mathrm{Re}(A e^{\mathrm{j}\omega t}) = \mathrm{Re}(cA e^{\mathrm{j}\omega t})$ である．
4. $(\mathrm{d}/\mathrm{d}t)\mathrm{Re}(A e^{\mathrm{j}\omega t}) = \mathrm{Re}(A(\mathrm{d}/\mathrm{d}t) e^{\mathrm{j}\omega t}) = \mathrm{Re}(\mathrm{j}\omega A e^{\mathrm{j}\omega t})$．これにより，微分記号 $(\mathrm{d}/\mathrm{d}t)$ は $\mathrm{j}\omega$ に置き換わる．

5. $\int \mathrm{Re}(Ae^{j\omega t})dt = \mathrm{Re}(A\int e^{j\omega t}\,dt) = \mathrm{Re}\left(\dfrac{1}{j\omega}Ae^{j\omega t}\right)$. これにより，積分記号 $\int dt$ は $\dfrac{1}{j\omega}$ に置き換わる．

Im(·) についても上と同様の性質がある．

キルヒホフの法則のフェーザ表現

例えば，$i_k(t) = I_{mk}\cos(\omega t + \varphi_k)$, $k = 1, 2, 3$ として，電流則

$$i_1(t) + i_2(t) - i_3(t) = 0$$

は，

$$I_{m1}\cos(\omega t + \varphi_1) + I_{m2}\cos(\omega t + \varphi_2) - I_{m3}\cos(\omega t + \varphi_3) = 0$$

と表されるから，複素数を使って

$$\mathrm{Re}(I_1 e^{j\omega t}) + \mathrm{Re}(I_2 e^{j\omega t}) - \mathrm{Re}(I_3 e^{j\omega t}) = 0 \quad I_k = I_{mk}e^{j\varphi_k}, \quad k = 1, 2, 3$$

となる．性質(1)と(2)から

$$I_1 + I_2 - I_3 = 0$$

が成り立つ．したがって，電流則は電流フェーザに対しても成り立つ．同様に，電圧則も電圧フェーザに対しても成り立つ．

1.4.2 インピーダンスとアドミタンス

正弦波定常状態は，複数インピーダンス（あるいはインピーダンス）や複素アドミタンス（あるいはアドミタンス）の概念を導入することにより，フェーザを利用して直流回路と形式的にはまったく同じように取り扱うことができる．ここで，抵抗 R，インダクタ L，キャパシタ C の端子電圧と端子電流の関係をフェーザで表すことを考える．いま，回路が角周波数 ω の電源で励振され，その結果，各素子の端子電圧と端子電流がそれぞれ

$$\begin{aligned}v(t) &= \mathrm{Re}(Ve^{j\omega t}) = |V|\cos(\omega t + \angle V)\\ i(t) &= \mathrm{Re}(Ie^{j\omega t}) = |I|\cos(\omega t + \angle I)\end{aligned} \quad (1.32)$$

で表されるものとする．

抵　抗

端子電圧と端子電流の関係は $v(t) = Ri(t)$，あるいは $i(t) = Gv(t)$ であるから，式 (1.32) をこの式に代入し，Re(·) の性質 (1) と (3) により，

$$V = RI \quad \text{あるいは} \quad I = GV \tag{1.33}$$

が得られる．抵抗 R は正の実数であるから，$\angle V = \angle I$ となり電流と電圧の位相は同位相になる．

インダクタ

端子電圧と端子電流の関係は $v(t) = L\mathrm{d}i(t)/\mathrm{d}t$, または $i(t) = \int_{-\infty}^{t} v(t')\mathrm{d}t'$ に式 (1.32) を代入し,Re(·) の性質 (1), (3), (4), (5) により,

$$V = \mathrm{j}\omega L I \quad \text{あるいは} \quad I = \frac{1}{\mathrm{j}\omega L} V \tag{1.34}$$

が得られる.インダクタンス L は正の実数であるから,$\angle I = \angle V - 90°$ となり電流の位相は電圧の位相より 90° 遅れる.複素数 $Z = \mathrm{j}\omega L$ をインダクタ L の(複素)インピーダンス,絶対値 $|Z| = \omega L$ をインピーダンスの大きさ,あるいは単にインピーダンスとよぶこともある.単位はオーム (Ω) である.(複素)インピーダンスの逆数 $Y = 1/Z = 1/\mathrm{j}\omega L$ を(複素)アドミタンスとよぶ.単位はジーメンス (S) である.

キャパシタ

端子電圧と端子電流の関係式 $i(t) = C\dfrac{\mathrm{d}i(t)}{\mathrm{d}t}$, $v(t) = \dfrac{1}{C}\int_{-\infty}^{t} i(t')\mathrm{d}t'$ に式 (1.32) を代入すれば,性質 (1), (4), (5) によって

$$I = \mathrm{j}\omega C V \quad \text{あるいは} \quad V = \frac{1}{\mathrm{j}\omega C} I \tag{1.35}$$

が得られる.キャパシタンス C は正の実数であるから,$\angle I = \angle V + 90°$ となり電流の位相は電圧の位相より 90° 進む.複素数 $Y = \mathrm{j}\omega C$ をキャパシタ C の(複素)アドミタンス,絶対値 $|Y| = \omega C$ をアドミタンスの大きさ,あるいは単にアドミタンスという.(複素)アドミタンスの逆数 $Z = 1/Y = 1/\mathrm{j}\omega C$ はインピーダンスである.

インピーダンスは直流回路の場合の抵抗,アドミタンスは同じくコンダクタンスに対応する.インピーダンスとアドミタンスを合わせてイミタンス (immittance) とよぶ.以上のように,交流理論では

$$i(t) \to I, \quad v(t) \to V, \quad L\frac{\mathrm{d}}{\mathrm{d}t} \to \mathrm{j}\omega L, \quad C\frac{\mathrm{d}}{\mathrm{d}t} \to \mathrm{j}\omega C$$

のように書き換えれば,フェーザを変数とする回路方程式が得られる.これらのインピーダンスやアドミタンスは図 **1.8** のように,長方形で示される.ただし,長方形の中には電源は存在しない.

素子の電流と電圧のフェーザ関係は(図 1.8(b))の内部に電源のない一端子対回路に拡張できる.回路網 N の内部の回路はどうなっているかなどは問わない.すなわち,流れる電流 I に対する端子対 a-b に現れる電圧 V の比

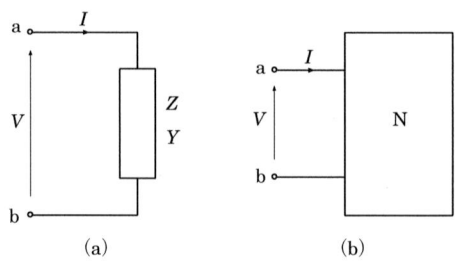

図1.8 一端子対回路のインミタンス

$$Z(\mathrm{j}\omega) = \frac{V}{I} \tag{1.36}$$

を駆動点インピーダンス (driving point impedance) という．また，端子対 a-b に電圧 V をかけ，流れる電流 I の電圧 V に対する比

$$Y(\mathrm{j}\omega) = \frac{I}{V} \tag{1.37}$$

を駆動点アドミタンス (driving point admittance) という．インピーダンスやアドミタンスは

$$Z = R+\mathrm{j}X, \quad Y = G+\mathrm{j}B \tag{1.38}$$

と表され，R を抵抗（分），X をリアクタンス（分），G をコンダクタンス（分），B をサセプタンス（分）とよぶ．ここで，$X > 0$ のとき回路は誘導性 (inductive)，$X < 0$ のときを回路は容量性 (capacitive) であるという．なお，与えられたインピーダンス Z に対し，$Y = 1/Z = (R-\mathrm{j}X)/(R^2+X^2)$ であるからサセプタンス B とリアクタンス X とは異符号になる．同様のことが与えられたアドミタンス Y からもいえる．

インピーダンス，アドミタンスの接続

直流回路の抵抗の接続と同じように考えればよい．n 個のインピーダンス Z_k ($k = 1, 2, \cdots, n$) を直列接続した場合の合成インピーダンス Z は

$$Z = Z_1+Z_2+\cdots+Z_n \tag{1.39}$$

並列接続では

$$\frac{1}{Z} = \frac{1}{Z_1}+\frac{1}{Z_2}+\cdots+\frac{1}{Z_n} \tag{1.40}$$

によって与えられる．アドミタンス Y_k ($k = 1, 2, \cdots, n$) を並列接続した場合の合成アドミタンス Y は

$$Y = Y_1 + Y_2 + \cdots + Y_n \tag{1.41}$$

直列接続では

$$\frac{1}{Y} = \frac{1}{Y_1} + \frac{1}{Y_2} + \cdots + \frac{1}{Y_n} \tag{1.42}$$

によって与えられる．なお，Z_1 と Z_2 の並列接続の合成インピーダンス Z を記号 // により $Z = Z_1 // Z_2$ と表すこともある．

電 力

電圧と電流は実効値を表す．電源電圧 E，およびそれにより負荷インピーダンス $Z = |Z|e^{j\theta}$ に供給される電流を I で表す．したがって，$E = ZI$ である．複素電力を $S = \bar{I}E$ で定義する．これにより

$$S = \bar{I}E = Z|I|^2 = P + jQ \tag{1.43}$$

さらに，$Z = R + jX$ と置く．虚数部 $X > 0$ のとき誘導性 (inductive) の負荷 (load)，$X < 0$ のとき容量性 (capacitive) の負荷という．ここで，P と Q は

$$P = |Z|\cos\theta|I|^2 = R|I|^2 \tag{1.44}$$

および

$$Q = |Z|\sin\theta|I|^2 = X|I|^2 \tag{1.45}$$

となる．ただし，$|Z| = \sqrt{R^2 + X^2}$，$\theta = \tan^{-1}(X/R)$ である．ここに，P を有効電力 (active power)，実効電力 (effective power)，平均電力 (average power)（単位はワット，記号は W），Q を無効電力 (reactive power)，（単位はバール (volt-ampere-reactive)，記号は Var）という．単に電力というときは有効電力を指す．さらに，$|S| = |E||I|$ を皮相電力 (apparent power) とよび，（単位はボルトアンペア，記号は VA）である．また，$\cos\theta$ を力率，θ を力率角，$\sin\theta$ をリアクタンス率 (reactive factor) という．

整 合

内部インピーダンス z の電圧源 E に可変の負荷インピーダンス Z を接続した回路（**図1.9**）において，負荷で消費される最大有効電力を得る条件は

$$z = \bar{Z} \tag{1.46}$$

である．また，このときの最大有効電力は

$$P_{\max} = |E|^2/4r, \quad r = \mathrm{Re}(z) \tag{1.47}$$

となる．負荷から見ればこの電源から取り出し得る最大の電力であり，最大有能電力 (available power) とよばれる．条件の式 (1.46) が成り立つとき，電源と負荷は整合 (impedance matching) しているという．

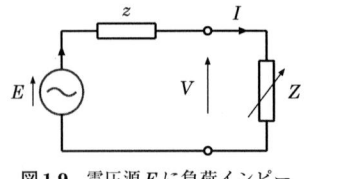

図1.9 電圧源 E に負荷インピーダンス Z を接続

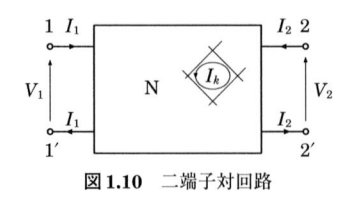

図1.10 二端子対回路

1.5 二端子対回路

図 1.10 の矩形の箱 N はブラックボックス (black box) とよばれ, 2 つの端子対 (ポート (port)) をもつ回路であってつぎの条件がつく.
① 内部に電源を含まない.
② 内部の素子は R, L, C, 相互インダクタンス, 変成器のみである.
③ 端子 1 から入る電流は 1′ から, 端子 2 から入る電流は 2′ から出る.

したがって, ブラックボックス内部の電流 I_k などは考慮しない. このような回路 N を二端子対回路とよぶ. どちらの端子対でもよいがいま電圧と電流 V_1, I_1 をそれぞれ入力側の電圧と電流, V_2, I_2 をそれぞれ出力側の電圧と電流とよぶ. また, 入力側の端子対を入力端子対, 他方を出力端子対とよぶ. 2 つの端子対について (入力側, 出力側) をそれぞれ (一次側, 二次側), (送電端側, 受電端側), (電源側, 負荷側) などということもある. 入力側と出力側の電圧と電流の関係は 2 行 2 列の行列によって示される.

1.5.1 相 反 性

二端子対回路 N に関して, つぎの①, ②, ③のどれかが満たされるとき回路 N は相反性 (reciprocity) をもつという.
① 端子対 1-1′ に電圧源 E を接続し, 端子対 2-2′ を短絡したときに端子 2 から 2′ へ流れる電流を I_2 とする. つぎに, 端子対 2-2′ に同じ電圧源 E を接続し, 端子対 1-1′ を短絡したときに端子 1 から 1′ へ流れる電流を I_1 とする. このとき, $I_1 = I_2$ が成り立つ.
② 端子対 1-1′ に電流源 J を接続し, 端子対 2-2′ を開放したときに現れる電圧を V_2 とする. つぎに, 端子対 2-2′ に同じ電流源 J を接続し, 端子対 1-1′ を開放したときに現れる電圧を V_1 とする. このとき, $V_1 = V_2$ が成り立つ.
③ 端子対 1-1′ に電流源 J を接続し, 端子対 2-2′ を短絡したとき端子 2 から 2′ へ流れる電流 J_2 とする. つぎに, 端子対 2-2′ に電圧源 E を接続し, 開放した

端子対 1-1' に現れる電流を V_1 とする．このとき，$J_2/J = V_1/E$ が成り立つ．

明らかに，相反性は個々の素子に対する概念ではなく，回路全体に対する概念である．

1.5.2 二端子対回路の表現

二端子対回路 N の入出力関係はつぎに示すように 2 行 2 列の行列によって表すことができる．相反性があるから対称行列によって表現できる．

インピーダンス行列（Z 行列）

入力側と出力側の電圧と電流を電圧ベクトル $V = [\,V_1\ V_2\,]^T$ とベクトル電流 $I = [\,I_1\ I_2\,]^T$（T：転置）で表し，入力出力側の電圧と電流の関係を

$$V = ZI \tag{1.48}$$

で表す．ただし

$$Z = \begin{bmatrix} z_{11} & z_{12} \\ z_{21} & z_{22} \end{bmatrix} \tag{1.49}$$

である．行列 Z を二端子対回路 N のインピーダンス行列という．この行列の要素は

$$z_{11} = \left(\frac{V_1}{I_1}\right)_{I_2=0}, \quad z_{12} = \left(\frac{V_1}{I_2}\right)_{I_1=0}$$

$$z_{21} = \left(\frac{V_2}{I_1}\right)_{I_2=0}, \quad z_{22} = \left(\frac{V_2}{I_2}\right)_{I_1=0}$$

である．これらの要素は $I_1 = 0$ と $I_2 = 0$ の条件，それぞれ入力側，出力側を開放することにより定められるから，Z を開放インピーダンス行列ともいう．要素 z_{11}, z_{22} を開放駆動点インピーダンス (open-circuit driving-point impedance)，z_{12}, z_{21} を開放伝達インピーダンス (open-circuit transfer impedance) という．二端子対回路では相反性の条件②から，非対角要素について $z_{12} = z_{21}$ が成り立つ．したがって，この場合

$$Z = Z^T \tag{1.50}$$

が成り立ち，Z は対称行列である．

アドミタンス行列（Y 行列）

入力出力側の電圧と電流の関係を

$$I = YV \tag{1.51}$$

で表す．ただし

$$Y = \begin{bmatrix} y_{11} & y_{12} \\ y_{21} & y_{22} \end{bmatrix} \tag{1.52}$$

である．行列 Y を二端子対回路 N のアドミタンス行列という．この行列の要素は

$$y_{11} = \left(\frac{I_1}{V_1}\right)_{V_2=0}, \quad y_{12} = \left(\frac{I_1}{V_2}\right)_{V_1=0}$$

$$y_{21} = \left(\frac{I_2}{V_1}\right)_{V_2=0}, \quad y_{22} = \left(\frac{I_2}{V_2}\right)_{V_1=0}$$

である．これらの要素は $V_1 = 0$ と $V_2 = 0$ の条件により定められるから，Y を短絡アドミタンス行列ともいう．要素 y_{11}, y_{22} を短絡駆動点アドミタンス (short-circuit transfer admiittance)，y_{12}, y_{21} を短絡伝達アドミタンス (short-circuit transfer adniittance) という．相反性の条件①により非対角要素について $y_{12} = y_{21}$ が成り立つ．したがって，この場合

$$Y = Y^T \tag{1.53}$$

が成り立ち，Y は対称行列である．行列 Z と Y が非特異 (nonsingular) ならば

$$Z = Y^{-1}, \quad Y = Z^{-1} \tag{1.54}$$

が成り立つ．

縦続行列（T 行列）

縦続行列 (chain matrix) は入力側の電圧 V_1 と電流 I_1 と出力側の電圧 V_2 と電流 $-I_2$ を関連づける行列である．ここで出力側電流を $-I_2$ にとることに注意する．これは出力側端子から出る電流に着目するからである．すなわち

$$\begin{bmatrix} V_1 \\ I_1 \end{bmatrix} = \begin{bmatrix} A & B \\ C & D \end{bmatrix} \begin{bmatrix} V_2 \\ -I_2 \end{bmatrix} \tag{1.55}$$

ここに

$$T = \begin{bmatrix} A & B \\ C & D \end{bmatrix}$$

により縦続行列を定義する．この行列にはいろいろな名称があり，四端子行列 (4-terminal matrix)，K 行列 (Ketten matrix（ドイツ語))，基本行列 (fundamental matrix)，伝送行列 (transmission matrix) などとよばれる．要素 A, B, C, D を四端子定数 (transmission parameter) という．これらの定数は出力側の端子を開放，短絡することにより定められる．すなわち

$$A = \left(\frac{V_1}{V_2}\right)_{I_2=0}, \quad B = \left(\frac{V_1}{-I_2}\right)_{V_2=0}$$

$$C = \left(\frac{I_1}{V_2}\right)_{I_2=0}, \quad D = \left(\frac{I_1}{-I_2}\right)_{V_2=0}$$

で与えられる．要素 A は出力側を開放したときの電圧伝達係数，D は出力側を短絡したときの電流伝達係数である．要素 B, C はそれぞれ $-y_{21}, z_{21}$ の逆数である．

相反性の条件①，②，③のいずれからも，四端子定数の間には
$$AD - BC = 1 \tag{1.56}$$
が成り立つことがわかる．したがって，4つのパラメータのうち3つが独立である．また，
$$\bm{T}^{-1} = \begin{bmatrix} D & -B \\ -C & A \end{bmatrix} \tag{1.57}$$
が容易に得られる．

ハイブリッド行列（$\bm{H}$ 行列）

ハイブリッド行列はトランジスタの等価回路の表現によく用いられる．入力側の電圧 V_1 と出力側の電流 I_2 を1つのベクトルとし，入力側の電流 I_1 と出力側の電圧 V_2 をもう1つのベクトルとする．これらのベクトルの関係は
$$\begin{bmatrix} V_1 \\ I_2 \end{bmatrix} = \begin{bmatrix} h_{11} & h_{12} \\ h_{21} & h_{22} \end{bmatrix} \begin{bmatrix} I_1 \\ V_2 \end{bmatrix} \tag{1.58}$$
によって与えられ，
$$\bm{H} = \begin{bmatrix} h_{11} & h_{12} \\ h_{21} & h_{22} \end{bmatrix} \tag{1.59}$$
をハイブリッド行列 (hybrid matrix) という．パラメータ h_{ij} は出力側を短絡，入力側を開放して決められる．すなわち，
$$h_{11} = \left(\frac{V_1}{I_1}\right)_{V_2=0}, \quad h_{12} = \left(\frac{V_1}{V_2}\right)_{I_1=0}$$
$$h_{21} = \left(\frac{I_2}{I_1}\right)_{V_2=0}, \quad h_{22} = \left(\frac{I_2}{V_2}\right)_{I_1=0}$$
である．パラメータ h_{11}, h_{22} の次元はそれぞれインピーダンス，アドミタンスの次元である．また，h_{21} は短絡電流比 (short-circuit current ratio)，h_{12} は逆電圧伝達比 (reverse transfer voltage ratio) とよばれる．相反性の条件③より
$$h_{21} = -h_{12} \tag{1.60}$$
が成り立つ．

1.5.3 行列 $\bm{Z}, \bm{Y}, \bm{T}, \bm{H}$ の関係

これら4つの行列には表1.1に示す関係がある．例えば，横の $\bm{Y}$ 欄と縦の $\bm{Z}$

表 1.1 行列相互の変換表

	Z	Y	T	H
Z	z_{11} z_{12} z_{21} z_{22}	$y_{22}/\|Y\|$ $-y_{12}/\|Y\|$ $-y_{21}/\|Y\|$ $y_{11}/\|Y\|$	A/C $\|T\|/C$ $1/C$ D/C	$\|H\|/h_{22}$ h_{12}/h_{22} $-h_{21}/h_{22}$ $1/h_{22}$
Y	$z_{22}/\|Z\|$ $-z_{12}/\|Z\|$ $-z_{21}/\|Z\|$ $z_{11}/\|Z\|$	y_{11} y_{12} y_{21} y_{22}	D/B $-\|T\|/B$ $-1/B$ A/B	$1/h_{11}$ $-h_{12}/h_{11}$ h_{21}/h_{11} $\|H\|/h_{11}$
T	z_{11}/z_{21} $\|Z\|/z_{12}$ $1/z_{21}$ z_{22}/z_{21}	$-y_{22}/y_{21}$ $-1/y_{21}$ $-\|Y\|/y_{21}$ $-y_{11}/y_{21}$	A B C D	$-\|H\|/h_{21}$ $-h_{11}/h_{21}$ $-h_{22}/h_{21}$ $-1/h_{21}$
H	$\|Z\|/z_{22}$ z_{12}/z_{22} $-z_{21}/z_{22}$ $1/z_{22}$	$1/y_{11}$ $-y_{12}/y_{11}$ y_{21}/y_{11} $\|Y\|/y_{11}$	B/D $\|T\|/D$ $-1/D$ C/D	h_{11} h_{12} h_{21} h_{22}
	$\|Z\|=\det(Z)$	$\|Y\|=\det(Y)$	$\|T\|=\det(T)$	$\|H\|=\det(H)$
相反性	$z_{11}=z_{12}$	$y_{12}=y_{21}$	$\|T\|=1$	$h_{12}=-h_{21}$

欄の交わる欄には行列 Y の Z による表現を示している．

1.5.4 二端子対回路の接続

二端子対回路の3種類の接続について述べる．

縦続接続

図 1.11 に示すように，1つの二端子対回路の出力端子対をもう1つの二端子対回路の入力端子対に接続する．これを縦続接続（cascade connection）という．実用性の高い接続法である．後述の直列接続と間違えないように注意する．この接続による入出力関係を表すには縦続行列表示が扱いやすい．すなわち，

$$\left.\begin{array}{l}\begin{bmatrix} V_1 \\ I_1 \end{bmatrix} = \begin{bmatrix} A_1 & B_1 \\ C_1 & D_1 \end{bmatrix} \begin{bmatrix} V_2 \\ -I_2 \end{bmatrix} \\ \begin{bmatrix} V_2 \\ I_2' \end{bmatrix} = \begin{bmatrix} A_2 & B_2 \\ C_2 & D_2 \end{bmatrix} \begin{bmatrix} V_3 \\ -I_3 \end{bmatrix}\end{array}\right\} \tag{1.61}$$

ここで，$-I_2 = I_2'$ であるから，上の2式から

$$\begin{bmatrix} V_1 \\ I_1 \end{bmatrix} = \begin{bmatrix} A_1 & B_1 \\ C_1 & D_1 \end{bmatrix} \begin{bmatrix} A_2 & B_2 \\ C_2 & D_2 \end{bmatrix} \begin{bmatrix} V_3 \\ -I_3 \end{bmatrix} \tag{1.62}$$

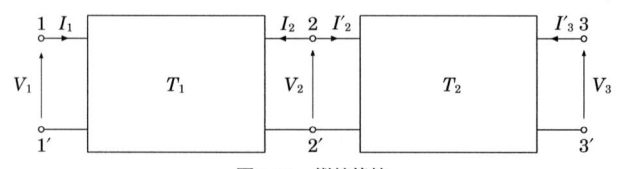

図 1.11 縦続接続

が得られる．すなわち，2個の二端子対回路の接続によって作られる新しい二端子対回路の縦続行列は2つの縦続行列の積によって与えられる．一般に $T_1, \cdots, T_N$ を N 個の縦続行列とすれば N 個の縦続接続により作られる二端子対回路の縦続行列は

$$T = T_1 T_2 \cdots T_N \tag{1.63}$$

で与えられる．ここに

$$T_k = \begin{bmatrix} A_k & B_k \\ C_k & D_k \end{bmatrix}, \quad k = 1, \cdots, N$$

である．

並列接続

図 1.12 のように，入力および出力端子対をそれぞれ並列に接続する方法である．全体の二端子対回路の表現には個々のアドミタンス行列表示を用いると扱いやすい．すなわち，$I' = [I'_1 \ I'_2]^T$, $I'' = [I''_1 \ I''_2]^T$, $V = [V_1 \ V_2]^T$ とすれば

$$I' = Y_1 V, \quad I'' = Y_2 V \tag{1.64}$$

ところが

$$I = I' + I'' \tag{1.65}$$

であるから，これらの式から

$$I = (Y_1 + Y_2) V \tag{1.66}$$

となる．すなわち，合成された二端子対回路のアドミタンス行列は個々のアドミタンス行列 Y_1, Y_2 の和に等しい．この計算が成り立つための条件は，図 1.12 の破線で示したように，たとえば二端子対回路の入力端子 1′ と出力端子 2′ が直接に接続されていることである．

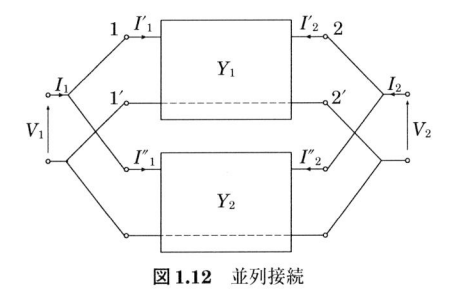

図 1.12 並列接続

直列接続

図 1.13 に示す接続である．この場合にはインピーダンス行列を用いて合成さ

図 1.13 直列接続

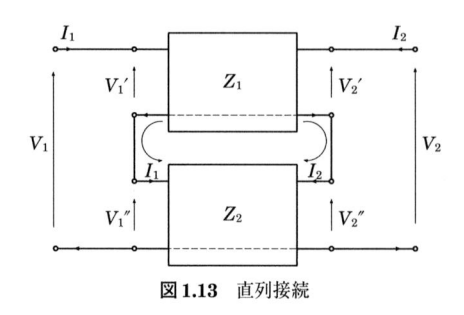

れた二端子対回路を表現する．すなわち，$V' = [V'_1 \ V'_2]^T$, $V'' = [V''_1 \ V''_2]^T$, $I = [I_1 \ I_2]^T$ とすれば

$$V' = Z_1 I, \quad V'' = Z_2 I \tag{1.67}$$

ところが

$$V = V' + V'' \tag{1.68}$$

であるから

$$V = (Z_1 + Z_2) I \tag{1.69}$$

となる．すなわち，合成された二端子対回路のインピーダンス行列は個々の二端子対回路のインピーダンス行列 Z_1, Z_2 の和に等しい．この計算が成り立つ条件は並列接続と同様である．

1.5.5 双 対 性

平面上に交差することなく描かれ，かつ変成器のない電気回路には，必ずそれと双対な電気回路が存在する．この回路に対しては回路素子が作るループで囲まれた網目状の部分領域（窓という）が容易に見つけられるから，つぎの手順で元の回路の双対回路を作ることができる．

① 窓の内部に節点を 1 つ描く．無限遠点を含む領域にも節点を 1 つ描く．

② 元の回路の枝と交差するように，それらの節点間を表 1.2 で示した元の回

表 1.2 双対量と双対概念

電圧	$\Longleftrightarrow$	電流
電圧源	$\Longleftrightarrow$	電流源
抵抗	$\Longleftrightarrow$	コンダクタンス
インダクタンス	$\Longleftrightarrow$	キャパシタンス
インピーダンス	$\Longleftrightarrow$	アドミタンス
開放（スイッチ開く）	$\Longleftrightarrow$	短絡（スイッチ閉じる）
直列	$\Longleftrightarrow$	並列
電流則	$\Longleftrightarrow$	電圧則

路の素子と双対な素子で結ぶ．

この操作によって元の電気回路の双対回路が構成される．元の回路の方程式と双対回路の方程式は同じ形をしているから，元の回路で成り立つことは双対回路でも成り立つ．

1.6 重ね合わせの原理

いま，線形回路は複数個の電源 $u_k(k=1,2,\cdots,m)$ をもつとする．電源 u_k 1個のみが動作しているときの着目する素子の電圧あるいは電流を y_k とすれば

$$y_k = a_k u_k \tag{1.70}$$

が成り立つ（比例性）．a_k は定数である．m 個の電源全体が動作しているときの着目する素子の電圧あるいは電流 y は

$$y = a_1 u_1 + a_2 u_2 + \cdots + a_m u_m \tag{1.71}$$

で与えられる（加算性）．これを線形回路における重ね合わせの原理（principle of surperposition）という．1個の電源のみを動作させ，残りの電源の値を零にすることは，(a) 電圧源の短絡除去 (b) 電流源の開放除去を意味する．

この原理によって，複数個の電源を含む線形回路の解析は同数の1電源回路の解析に帰着する．

【演 習 問 題】

1. 微分方程式

$$\frac{\mathrm{d}x}{\mathrm{d}t} + 2x = 3\cos t$$

    を初期条件 $x(0)=0$ で解け．

2. 微分方程式

$$\frac{\mathrm{d}^2 x}{\mathrm{d}t^2} + 4\frac{\mathrm{d}x}{\mathrm{d}t} + 3x = 5$$

    を初期条件 $x(0)=1,\ \left.\dfrac{\mathrm{d}x}{\mathrm{d}t}\right|_{t=0}=0$ で解け．

3. 微分方程式

$$\frac{\mathrm{d}^2 x}{\mathrm{d}t^2} + 4\frac{\mathrm{d}x}{\mathrm{d}t} + 4x = g(t)$$

    について，以下の各問に答えよ．

    （a） $g(t)=0$ のとき，初期条件 $x(0)=1,\ \left.\dfrac{\mathrm{d}x}{\mathrm{d}t}\right|_{t=0}=0$ で解け．

(b) $g(t) = 2\cos 2t$ のとき特殊解を求めよ.
4. 図 1.14 の回路で時刻 $t = 0$ でスイッチを開く. キャパシタ C の電圧 $v(t)$ を計算せよ. ただし, $r = 2\,\text{k}\Omega, R = 4\,\text{k}\Omega, C = 4\,\mu\text{F}, E = 6\,\text{V}$ である.

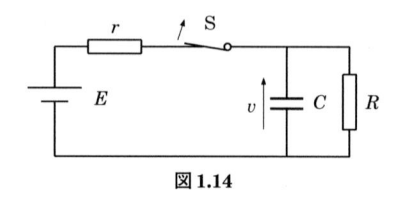

図 1.14

5. 図 1.15 の回路において時刻 $t = 0$ でスイッチ S を開く. 時間 $t > 0$ におけるインダクタ電流 $i(t)$ を求めよ.

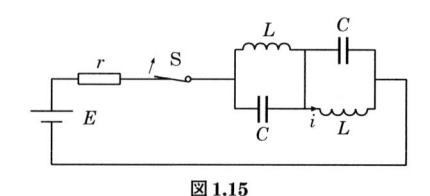

図 1.15

6. 図 1.16 の回路は RLC 直列共振回路である. 回路の電圧源は $e(t) = E_m \sin(\omega t + \varphi)$ である. 以下の各問に答えよ.
   (a) 変数をキャパシタ電圧 $v(t)$ として, 回路の微分方程式を求めよ.
   (b) 正弦波定常状態におけるキャパシタ電圧 $v(t)$ と回路の電流 $i(t)$ を求めよ.
   (c) 変数をインダクタ電流 $i(t)$ にとって, 回路の微分方程式を求めよ.
   (d) 図の回路と双対な回路を求め, その微分方程式を求めよ.
7. 図 1.17 の回路について以下の各問に答えよ.
   (a) 電源から見たインピーダンスの大きさが抵抗 R の値の変化に関係しないように電源の角周波数 ω を定めよ. このときの電流 I の大きさを求めよ.
   (b) 抵抗 R の値が変化しても抵抗に流れる電流が一定であるように, 電源の角周波数 ω を定めよ.

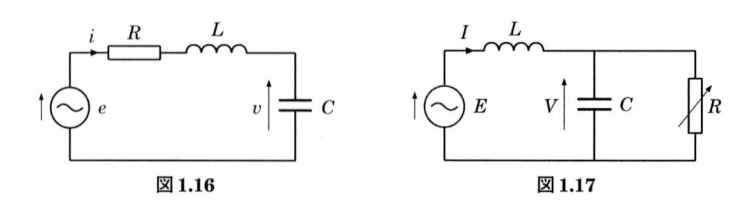

図 1.16 　　　図 1.17

図 1.18

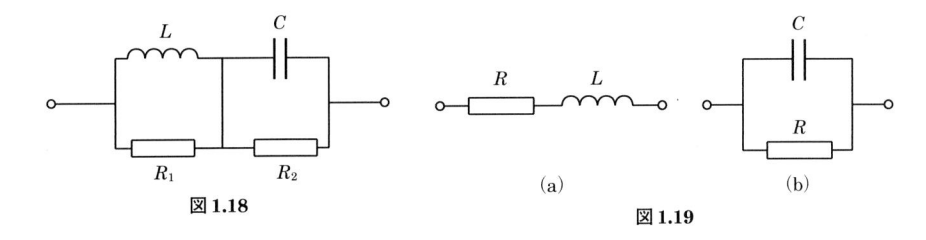

図 1.19

8. つぎの各問の変換を行え．
   （a） 行列 Z から行列 Y
   （b） 行列 Z から行列 T
   （c） 行列 T から行列 H
9. 相反性のある回路ではハイブリッド行列において $h_{21} = -h_{12}$ であることを示せ．
10. 「定抵抗回路」角周波数に無関係に一定の値のインミタンスをもつ回路を定抵抗回路という．図 1.18 の回路が定抵抗回路であるように R_1, R_2 を定めよ．
11. 「逆回路」2 つの回路のインミタンスを W_1, W_2 として，$W_1 W_2 = K^2, K > 0$ なる関係があるとき，2 つの回路は K に関して逆回路であるという．図 1.19 の各回路の逆回路を求めよ．

2

テブナンの定理とノートンの定理

この章では線形回路の解析によく用いられるテブナンの定理とノートンの定理を説明し，それを証明する．また，これらの定理の使い方を例をあげて説明する．そのあと，補償の定理を説明してその適用法を述べるとともに，ミルマンの定理を述べる．

2.1 短絡と開放

2つの重要な定理を説明する前に，枝の短絡と開放という2つの状態を電源を使って等価的に表現する方法を述べる．図 2.1(a) は端子 a と b とが短絡されている状態を示している．この短絡状態は図 2.1(b) に示すように互いに極性を逆にした2個の電圧源 E を端子 a, b 間に挿入した状態と等価である．なぜなら，端子 a, b 間の電圧は $E_{ab} = E + (-E) = 0$ から零であり，また，各電圧源のインピーダンスも零だからである．また，これと双対である開放の状態は図 2.2(a) に示すように端子 a, b 間のインピーダンスは無限大である．この状態は図 2.2(b) に示すように互いに逆向きの電流源を端子 a, b 間に接続した状態と等価である．なぜなら，端子 a, b に電流則を適用すると $I = J + (-J) = 0$ となり，端子 a, b のいずれからも電流 J は流れない．また，電流源のインピーダンスは

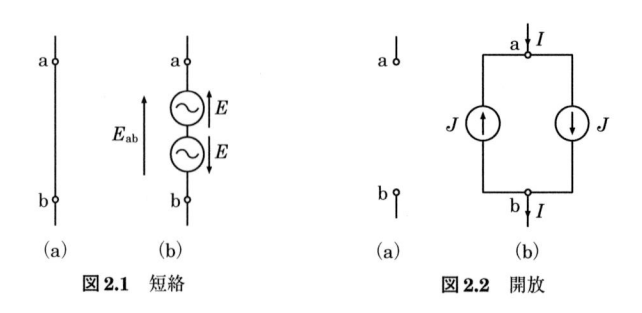

図 2.1 短絡

図 2.2 開放

無限大である．このようにして，枝の短絡と開放の状態をそれぞれ電圧源と電流源を挿入することにより等価的に表現できることがわかる．

2.2 テブナンの定理

図 2.3 のように回路 N_s と N がある．回路 N_s と N との間には電磁的な結合などはなく，それぞれが独立な回路である．回路 N_s は電圧源と電流源を含む線形素子から構成される回路である．一方，回路 N は電源を含まず線形素子のみから構成される回路である．いま，回路 N_s の端子 a, b 間の電圧が V_s であり，端子 a, b から見たインピーダンスが Z_s であるとする．また，回路 N の端子 c, d から見たインピーダンスを Z とする．図 2.3(b) のように，回路 N_s と N を接続すると，回路 N に流れ込む電流 I は

$$I = \frac{V_s}{Z_s + Z} \tag{2.1}$$

となる．これをテブナンの定理（Thévenin's theorem）あるいはヘルムホルツの定理（Helmholtz's theorem）という．この定理は図 2.4(a) に示すように，スイッチ S を入れて考えると実際的でわかりやすい．スイッチ S が開いているとき，スイッチ S の端子電圧が V_s であるとし，スイッチ S を閉じたとき，図 2.4(b) のように，スイッチ S を流れる電流 I が式 (2.1) で与えられると考えればよい．回路 N_s と N が単なる二端子素子ではなく線形回路であるから，こ

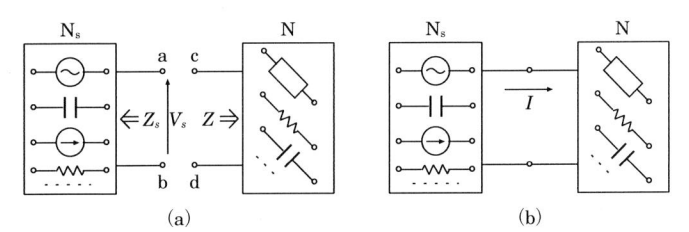

図 2.3 テブナンの原理

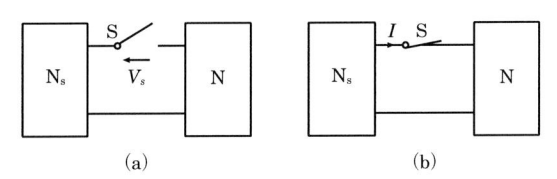

図 2.4 スイッチを入れた回路

の定理は適用範囲が広い．

◇**証明**◇

前節のことから，図2.3(b) の回路は**図2.5**(a) のように2個の電圧源 V_s を互いに極性を逆にして挿入した回路と等価になる．ここで，すべての電源が動作していないときの回路 N_s を N_s^* で表す．図2.5(a) の回路は図2.5(b) と図2.5(c) 回路との重ね合わせであるから，電流 I は $I^{(0)}$ と $I^{(2)}$ とを加え合わせたものである．すなわち，図2.5(b) では回路 N_s は電源が働いているが，端子対 a-b 間に電圧源 V_s を接続しても回路 N_s のなかの電流と電圧の分布に変化はなく，回路 N には電流は流れ込まない．したがって

$$I^{(0)} = 0 \tag{2.2}$$

である．つぎに，図2.5(c) では回路 N_s^* のすべての電源は動作していないから，単なるインピーダンス素子であり，その大きさは Z_s である．したがって，電圧源 V_s の方向に注意して，電流 $I^{(1)}$ は

$$I^{(1)} = \frac{V_s}{Z_s+Z} \tag{2.3}$$

となる．この式 (2.3) と (2.2) から電流 I は重ね合わせの原理によって

$$I = I^{(0)}+I^{(1)} = \frac{V_s}{Z_s+Z} \tag{2.4}$$

となり，定理は証明された．□

図2.5(c) の回路 N_s^* のなかの電流と電圧の分布はインピーダンス Z（回路 N）を接続することによって生じたのであるから，元の回路 N_s の電流と電圧の変化分である．

式 (2.4) は内部インピーダンス Z_s，起電力 V_s の電圧源に負荷インピーダンス Z を接続したときの回路 N に流れる電流が I であると解釈できる．したがって，回路 N_s は**図2.6**のように内部インピーダンス Z_s，起電力 V_s の一個の電圧源に変換することができる．これをテブナンの等価電圧源という．テブナンの定理は，多数個の電源が存在する回路 N_s を1個の電圧源の回路に置き換えられる

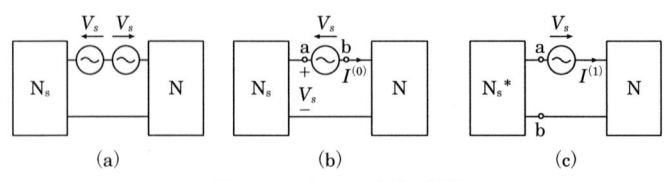

図2.5 テブナンの定理の証明

2.2 テブナンの定理

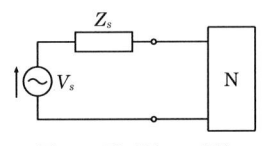

図 2.6 電圧源への変換

ことを意味している．このことにより多数の電源を含む線形回路の動作の理解や解析の見通しが容易になる．

¶ **例 2.1** ¶ 図 2.7(a) のような回路において抵抗 R を流れる電流 i を求めてみる．図 2.7(b) のように抵抗 R を切り離し，回路 N_s と回路 N を作る．まず，端子 a, b 間の電圧 v_s は電圧 E を分圧して

$$v_s = \frac{r_2}{r_1 + r_2} E \tag{2.5}$$

となる．また，端子対 a-b からみた抵抗 R_s は電圧源 E を短絡して

$$R_s = \frac{r_1 r_2}{r_1 + r_2} \tag{2.6}$$

となる．したがって，テブナンの定理により抵抗 R を流れる電流 i は

$$i = \frac{v_s}{R_s + R} = \frac{r_2 E}{r_1 r_2 + r_1 R + r_2 R} \tag{2.7}$$

となる．

つぎに，抵抗 r_1 を流れる電流 i_0 を求めてみる．図 2.7(c) のように，抵抗 r_1 を切り離し回路 N_s と N を作る．端子 a, b 間の電圧 v_s は

$$v_s = E \tag{2.8}$$

であり，また端子対 a-b からみた抵抗 R_s は R_2 と R の並列接続であるから

$$R_s = \frac{r_2 R}{r_2 + R} \tag{2.9}$$

である．したがって，テブナンの定理により電流 i_0 は

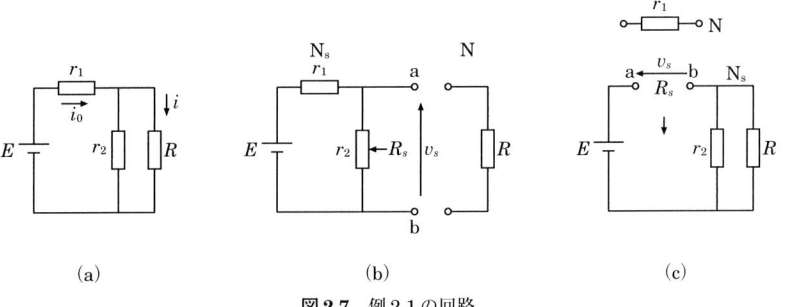

図 2.7 例 2.1 の回路

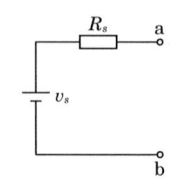

図 2.8 図 2.7(b), (c) の N_s に対する等価電圧源

$$i_0 = \frac{E}{r_1 + R_s} = \frac{(r_2 + R)E}{r_1 r_2 + r_1 R + r_2 R} \qquad (2.10)$$

となる.

ここで, 図 2.7(b), 2.7(c) のそれぞれの回路 N_s に対するテブナンの等価電源を求めておく. 端子 a, b 間の電圧はそれぞれ式 (2.5), (2.8) で与えられ, 端子対 a-b から見た抵抗 R_s はそれぞれ式 (2.6), (2.9) で与えられる. したがって, いずれの回路も図 2.8 のように内部抵抗 R_s, 起電力 v_s の電圧源で表される. これが等価電圧源である. この等価電圧源に抵抗 R, r_1 を接続すれば流れる電流はそれぞれ i, i_0 に一致することは容易に確かめられる.

¶例 2.2 ¶ 図 2.9 のブリッジ回路で平衡がとれていないときのインピーダンス Z_5 を流れる電流 I_5 を計算する.

インピーダンス Z_5 を切り離すと, 図 2.9 のブリッジ回路は図 2.10 のようになる. 電圧 V_{ac}, V_{bc} は

$$V_{ac} = \frac{Z_3}{Z_1 + Z_3} E \qquad (2.11)$$

$$V_{bc} = \frac{Z_4}{Z_2 + Z_4} E \qquad (2.12)$$

となる. 電圧 V_s の方向に注意して

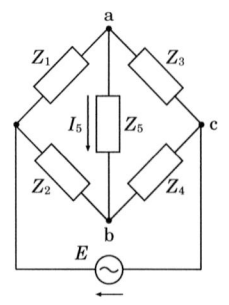

図 2.9 ブリッジ回路

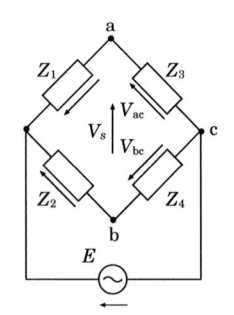

図 2.10 テブナンの定理の適用

$$V_s = V_{ac} - V_{bc} = \frac{Z_2 Z_3 - Z_1 Z_4}{(Z_1 + Z_3)(Z_2 + Z_4)} E \tag{2.13}$$

となる．また，端子対 a-b からみたインピーダンス Z_s は電圧源 E を短絡して，

$$Z_s = (Z_1 /\!/ Z_3) + (Z_2 /\!/ Z_4) = \frac{Z_1 Z_3}{Z_1 + Z_3} + \frac{Z_2 Z_4}{Z_2 + Z_4} \tag{2.14}$$

となる．したがって，テブナンの定理によりインピーダンス Z_5 を流れる電流は

$$\begin{aligned}I_5 &= \frac{V_s}{Z_s + Z_5} \\ &= \frac{(Z_2 Z_3 - Z_1 Z_4) E}{Z_1 Z_3 (Z_2 + Z_4) + Z_2 Z_4 (Z_1 + Z_3) + Z_5 (Z_1 + Z_3)(Z_2 + Z_4)}\end{aligned} \tag{2.15}$$

となる．この式から，ブリッジ回路が平衡状態にあるときは $I_5 = 0$ であるから，平衡条件 $Z_1 Z_4 = Z_2 Z_3$ が成り立つことがわかる．

2.3 ノートンの定理

ノートンの定理（Norton's theorem）はテブナンの定理と双対をなす定理である．これはつぎのように述べられる．図 2.11(a) の回路 N_s は電源のある回路であって，端子 a, b が短絡され電流 I_s が矢印の方向に流れている．端子対 a-b からみた回路 N_s のアドミタンスは Y_s である．また，回路 N は電源を含まない回路であり，端子対からみたアドミタンスは Y である．いま，a, b 間を切り

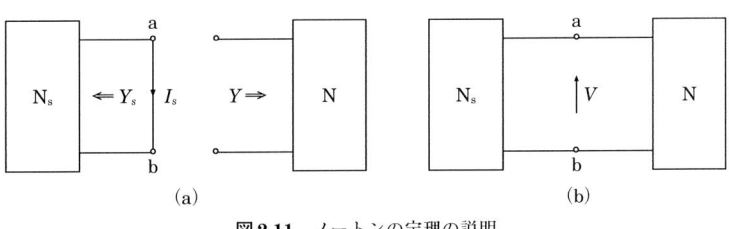

図 2.11 ノートンの定理の説明

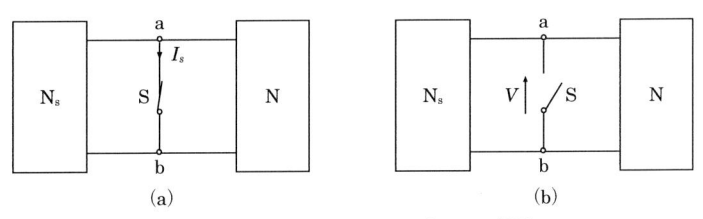

図 2.12 スイッチを用いた回路による説明

離し,図 2.11(b) のように回路 N_S と N を接続する.このとき,端子 a, b 間の電圧 V は

$$V = \frac{I_s}{Y_s + Y} \tag{2.16}$$

となる.これをノートンの定理という.

図 2.12 のようにスイッチをいれた回路でこの定理を述べると実用的でわかりやすい.図 2.12(a) のように,スイッチ S に電流 I_s が矢印の方向に流れている.図 2.12(b) のようにスイッチ S を開いたとき,スイッチ S の端子電圧 V は式 (2.16) で表される.

◇証明◇

この定理も重ね合わせの原理により証明できる.図 2.2 で示したように,図 2.11(b) の回路は,大きさが等しく I_s であって互いに向きが異なる 2 個の電流源を並列に挿入した図 2.13 と等価である.この回路は重ね合わせの原理により,図 2.14(a) と図 2.14(b) の回路に分けられる.図 2.14(a) の回路は端子 a, b 間に電流 I_s が流れている回路の図 2.12(a) あるいは図 2.11(a) の回路と何ら変わらない.したがって,端子 a, b 間の電圧 $V^{(0)}$ は

$$V^{(0)} = 0 \tag{2.17}$$

である.図 2.14(b) では回路 N_s^* の電源は動作していないから,電流源 I_s の端子電圧 $V^{(1)}$ は電流則により

$$Y_s V^{(1)} + Y V^{(1)} = I_s \tag{2.18}$$

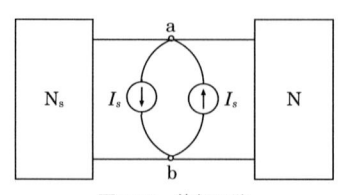

図 2.13 等価回路

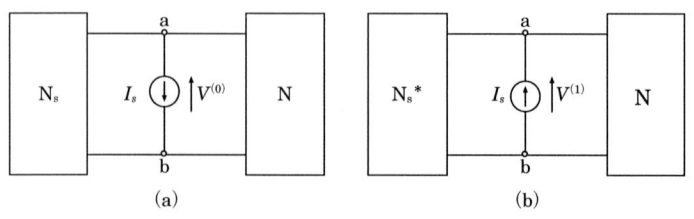

図 2.14 等価回路の分割

となる．したがって，

$$V = V^{(0)} + V^{(1)} = \frac{I_s}{Y_s + Y} \tag{2.19}$$

となって定理が証明された． □

¶例 2.3¶ 図 2.7(a) の回路の抵抗 R を流れる電流 i をノートンの定理を使って求めてみる．図 2.15 のように抵抗 R を端子 a, b で切り離してから，端子 a, b を短絡する．端子 a, b 間を図示の向きに流れる電流は

$$I_s = \frac{E}{r_1} \tag{2.20}$$

である．端子対 a-b から左側をみたコンダクタンス g は電圧源 E を短絡して

$$g = \frac{1}{r_1} + \frac{1}{r_2} \tag{2.21}$$

であり，右側の抵抗 R のコンダクタンスは $1/R$ である．したがって，ノートンの定理により端子 a, b 間の電圧 v_{ab} は

$$v_{ab} = \frac{E/r_1}{g + (1/R)} = \frac{r_2 R E}{r_1 r_2 + r_2 R + r_1 R} \tag{2.22}$$

となり，これから

$$i = \frac{v_{ab}}{R} = \frac{r_2 E}{r_1 r_2 + r_2 R + r_1 R} \tag{2.23}$$

となって，式 (2.7) と同じ結果を得る．

図 2.7(a) のノートンの等価回路を求めておく．式 (2.20) の電流源に式 (2.21) のコンダクタンスを並列に接続してノートンの等価電源を得ることができる．この等価電流源に抵抗 R を接続して図 2.16 の等価回路が得られる．

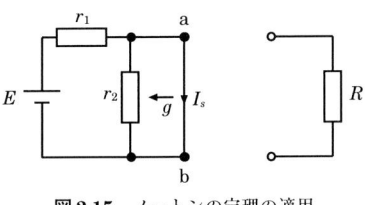

図 2.15 ノートンの定理の適用

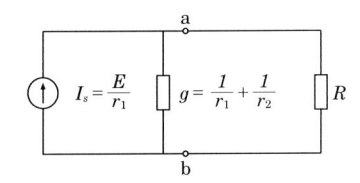

図 2.16 ノートンの等価電源を接続した回路

2.4 補償の定理

この定理はノートンの定理を証明する過程から導かれ，図 2.14(b) の電源の動作をなくした回路 N_s^* のなかの電流と電圧の変化分を求める定理である．すな

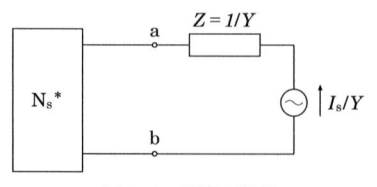

図2.17 補償の定理

わち，回路 N_s の電流と電圧の分布は回路 N を接続することにより変化する．回路 N_s の電流と電圧の変化分を表現するのは図2.14(b) の回路である．この回路の電流源 I_s とそれに並列のアドミタンス Y の回路Nを起電力 I_s/Y，内部インピーダンス $Z = 1/Y$ の等価電圧源に置き換えることができる．したがって，アドミタンス Y を回路 N_s に接続したために N_s 内に生じた電圧と電流分布の変化分は，図2.17 に示す回路，すなわち，端子対 a-b に内部インピーダンス $Z\ (= 1/Y)$，起電力 ZI_s の電圧源を接続した回路の電流と電圧の分布に等しい．これを補償の定理（compensation theorem）という．容易にわかるように，テブナンの定理を導くときに用いた図2.5(c) から補償の定理の双対が得られる．この定理の意味するところを例によって確かめる．

¶ **例2.4** ¶ 図2.18(a) の回路において抵抗 R が $8\,\Omega$ から $10\,\Omega$ に増加した．電流 i_0 はいくら変化するかを考える．補償の定理を適用して電流 i_0 の変化分を計算する．抵抗の変化分 ΔR は $2\,\Omega$ である．まず，補償の定理を用いないで i_0 の変化分を求めておく．

抵抗 R が増加する前の電流 i_0 と i は

$$i_0 = \frac{9}{7}\text{A}, \quad i = \frac{3}{7}\text{A} \tag{2.24}$$

である．抵抗 R が $10\,\Omega$ になったときの電流をそれぞれ i_0' と i' とすると

$$i_0' = \frac{21}{17}\text{A}, \quad i' = \frac{6}{17}\text{A} \tag{2.25}$$

となるから，電流 i_0 の変化分 Δi_0 は

$$\Delta i_0 = \frac{9}{7} - \frac{21}{17} = \frac{6}{119}\text{A} \tag{2.26}$$

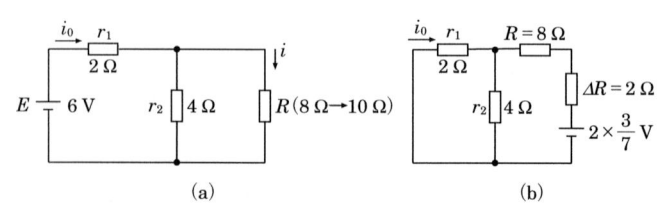

図2.18 補償の定理の適用例

となる．

一方，補償の定理を用いると電流 i_0 の変化分は図 2.18(b) の回路の電流を計算することによって求められる．この場合

$$e = \Delta Ri = 2 \times \frac{3}{7} = \frac{6}{7} \text{V} \tag{2.27}$$

であるから，$R = 8\,\Omega$ を考慮して

$$\Delta i_0 = \frac{e}{R + \Delta R + (r_1 r_2)/(r_1 + r_2)} \cdot \frac{r_2}{r_1 + r_2} = \frac{6}{119} \text{A} \tag{2.28}$$

となって，式 (2.26) の結果と一致する．

2.5　ミルマンの定理

この定理はわが国では帆足-ミルマンの定理とよばれている．内部インピーダンスをもつ電圧源が並列に複数個接続されたとき，全体としての端子電圧を求める公式である．**図 2.19** の回路において端子 a, b 間の電圧 V を求める．電圧源と内部インピーダンスの直列部分を電流源に変換すると**図 2.20** のようになる．したがって，電流則によって，

$$\frac{E_1}{Z_1} - \frac{V}{Z_1} + \frac{E_2}{Z_2} - \frac{V}{Z_2} + \cdots + \frac{E_n}{Z_n} - \frac{V}{Z_n} = 0 \tag{2.29}$$

となるから，端子電圧 V は

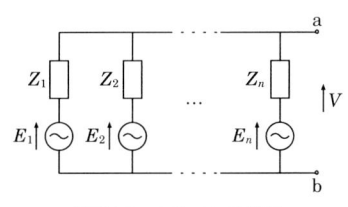

図 2.19　ミルマンの定理

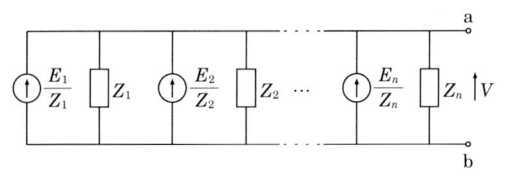

図 2.20　電流源に変換

$$V = \frac{\dfrac{E_1}{Z_1}+\dfrac{E_2}{Z_2}+\cdots+\dfrac{E_n}{Z_n}}{\dfrac{1}{Z_1}+\dfrac{1}{Z_2}+\cdots+\dfrac{1}{Z_n}} = \frac{Y_1 E_1 + Y_2 E_2 + \cdots + Y_n E_n}{Y_1 + Y_2 + \cdots + Y_n} \tag{2.30}$$

となる．ただし，$Y_k = 1/Z_k$ $(k = 1, 2, \cdots, n)$ である．端子電圧 V と内部インピーダンス $Z = 1/\sum_{k=1}^{n}(1/Z_k)$ が明らかになったから，これから一電源の等価回路を導くのは容易である．

【演 習 問 題】

1. 図 2.21 のブリッジ回路において，インピーダンス Z_5 を流れる電流 I を求めよ．
2. 図 2.22 の回路において，電流 i を求めよ．
3. 図 2.23 の交流回路において，スイッチ S を開いて定常状態になったとき，(1) スイッチ S の端子電圧を求めよ．また，(2) すべてのインピーダンスが等しいとき，スイッチ S の端子電圧を求めよ．
4. 図 2.24 の回路において $e(t) = 10\cos 10t$ [V]，$L = 1.5\,\mathrm{H}$，$C = 5\,\mathrm{mF}$，$r = 5\,\Omega$，$R = 20\,\Omega$，$J = 3\,\mathrm{A}$ である．キャパシタ C を流れる電流 $i(t)$ を求めよ．

図 2.21

図 2.22

図 2.23

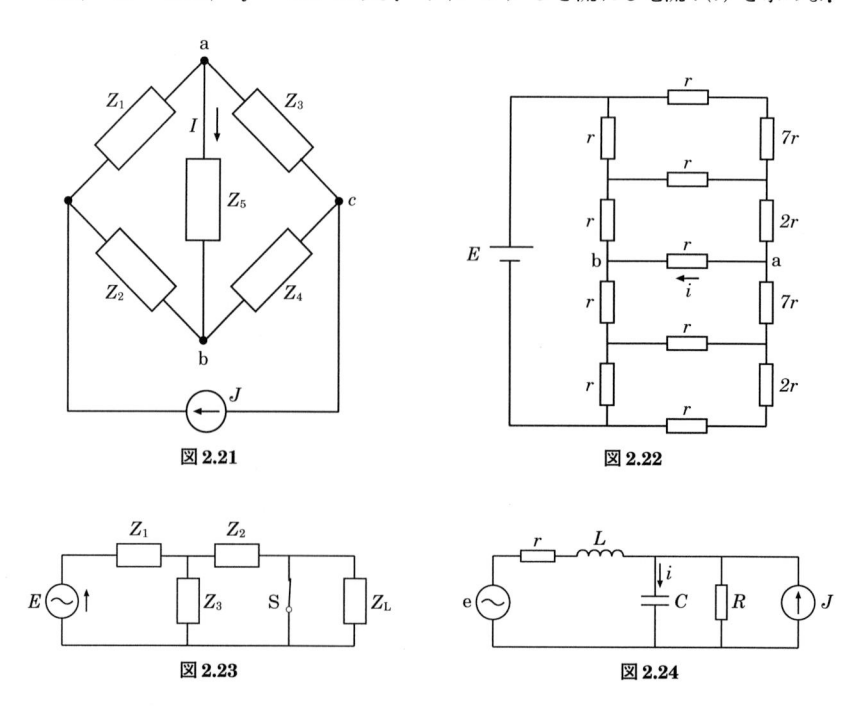

図 2.24

図 2.25

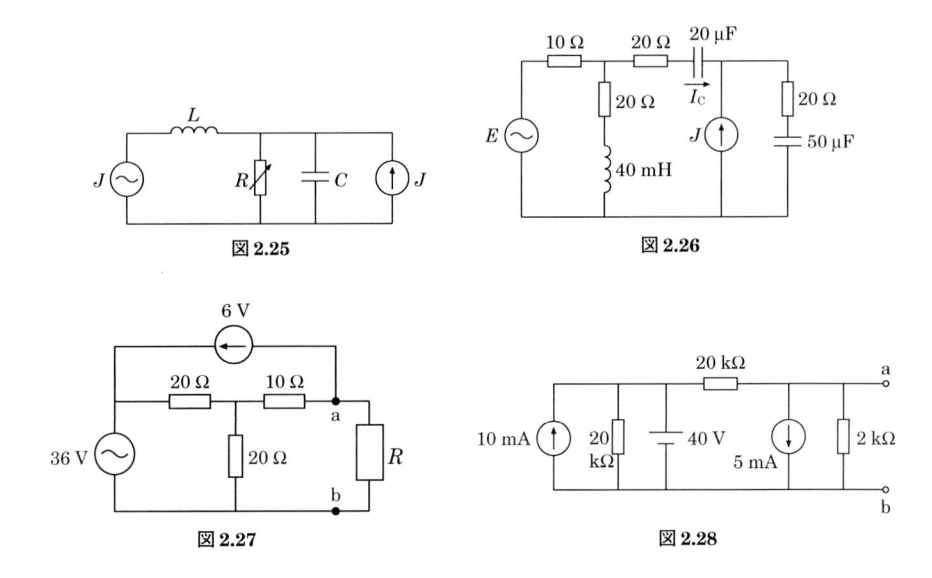

図 2.26

図 2.27

図 2.28

5. 図 2.25 の交流回路において，抵抗 R は可変抵抗である．この抵抗の値を変化させて，電流源 J の大きさの $\sqrt{2}$ 倍の電流が抵抗 R に流れるようにしたい．その条件を求めよ．ただし，電流源 J の角周波数を ω とする．
6. 図 2.26 の交流回路において，20 µF のキャパシタを流れる電流 I_C を求めよ．ただし，電圧源は $E = 10$ V，電流源は $J = 5$ A，これら電源の周波数はともに 10 kHz である．
7. 図 2.27 の回路において，$R = 30\,\Omega$ である．抵抗 R に流れる電流を求めよ．
8. 図 2.28 の回路の端子 a, b 間の電圧を求めよ．

3

結合のある回路

　この章では2つの回路を結合した回路の取り扱い方について述べる．電気的に独立した回路をファラデーの電磁誘導の法則を利用して電磁的に結合する素子は変成器または変圧器とよばれる．はじめに，変成器の原理とその定式化を述べて基礎式を導くとともに，結合係数，密結合などを説明する．また，トランジスタ回路などの電子回路の理解に必要な制御電源についても言及する．

3.1　誘 導 起 電 力

　図3.1(a)のように，微少な間隙をもつ1回巻のコイル（coil）に電流 i が時間的に増加しながら流れ込むと，この電流に鎖交（interlinkage）する磁束（magnetic flux）が生じ，それは時間的に増加している．このとき，ファラデーの法則（Faraday's law）によりこの間隙には起電力が現れる．この現象を自己誘導（self induction）とよび，生じる起電力を誘導起電力（induced electromotive force）という．図3.1(a)に示すように，磁束 ϕ の方向に進む右ネジの回転方向を誘導起電力 e の正の向きにとる．レンツの法則（Lentz's law）によって，磁束 ϕ の増加を妨げる磁束（破線で示す）を生じるかのような負の向き

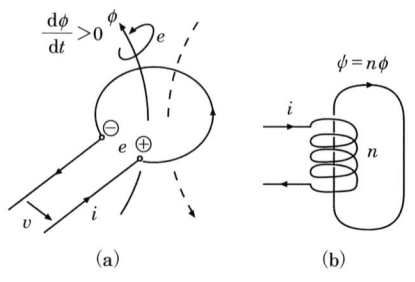

図3.1　誘導起電力の向き

の誘導起電力（逆起電力（counter emf）という）が発生する．すなわち，誘導起電力を e, 磁束を ϕ とするとき，

$$e = -\frac{\mathrm{d}\phi}{\mathrm{d}t} \tag{3.1}$$

がこの間隙に発生する．この式はノイマン（Neumann）の式とよばれる．コイルを回路素子と考えると，電流が流れ込む端子をプラスとして電圧の向きを定めるから図 3.1(a) のように誘導起電力の極性を⊕, ⊖にとれば，コイルにかかる電圧 v は

$$v = -e = \frac{\mathrm{d}\phi}{\mathrm{d}t} \tag{3.2}$$

と表され，これだけの電圧降下があるように考えることができる．これによれば，コイルの自己誘導による誘導起電力も抵抗による電圧降下のように扱うことができる．この電圧 v を誘導電圧とよぶ．

図 3.1(b) は，巻数 n のコイルに電流 i が流れ，磁束が生じる様子を示している．磁束 ϕ と n 回巻のコイルの巻き線とは n 回鎖交する．磁束 ϕ とコイルの巻数 n との積を

$$\psi = n\phi \tag{3.3}$$

とおき，ψ を鎖交磁束（magnetic flux interlinkage）あるいは鎖交磁束数という．したがって，巻数 n のコイルの誘導電圧は

$$v = \frac{\mathrm{d}\psi}{\mathrm{d}t} = n\frac{\mathrm{d}\phi}{\mathrm{d}t} \tag{3.4}$$

となり，コイルの巻数 n に比例する．アンペアの周回積分の法則によれば鎖交磁束 ψ は電流 i に比例するから，

$$\psi = Li \tag{3.5}$$

と表すことができる．比例係数 L をコイルの自己インダクタンス（self-inductance）という．これはコイルの形状や媒質の透磁率などによって決まり，電流には無関係である．

3.2 相互インダクタンスと鎖交磁束

3.2.1 相互誘導と鎖交磁束

図 3.2 のように，2 つのコイルがあり，一方のコイル 1 の電流の変化によって他方のコイル 2 を貫く磁束が変化し，コイル 2 に誘導電圧が生じる．この現象を

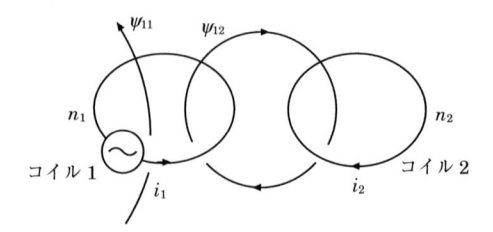

図 3.2 相互誘導と鎖交磁束

相互誘導(mutual induction)という.この起電力も他方のコイルの磁束変化を打ち消す向きに誘導される.

一方のコイルに電流 i が流れて生じた磁束が他方のコイルを貫通するとき,他方のコイルの鎖交磁束 ϕ は電流 i に比例し,

$$\phi = Mi \tag{3.6}$$

と表すことができる.ここに,比例係数 M を相互インダクタンス(mutual-inductance)とよぶ.相互インダクタンスはコイルの形状,巻数,周囲の媒質で定まり,電流には無関係な定数である.ここで,同図のように,2つのコイルに番号 1, 2 を付けて,鎖交磁束と電流の関係を明確にする.すなわち,

第 1 添字:磁束が貫通するコイルの番号
第 2 添字:磁束を作る電流が流れるコイルの番号

とする.コイル 1 の巻き数を n_1,コイル 2 の巻き数を n_2 とする.いま,図 3.2 のように,電流 i_1 がコイル 1 に流れ,電流 i_2 がコイル 2 に流れるとする.このとき,コイル 1 に鎖交する磁束 ϕ_1 は電流 i_1 が作る磁束 ϕ_{11} と電流 i_2 が作る磁束のうち,コイル 1 に鎖交する磁束 ϕ_{12} である.したがって,

$$\phi_1 = \phi_{11} + \phi_{12} \tag{3.7}$$

が成り立つ.これらの磁束によって定義される鎖交磁束は

$$\psi_{11} = n_1\phi_{11} = L_1 i_1, \quad \psi_{12} = n_1\phi_{12} = M_{12} i_2 \tag{3.8}$$

であるから,コイル 1 の鎖交磁束は

$$\psi_1 = \psi_{11} + \psi_{12} = n_1\phi_{11} + n_1\phi_{12} = L_1 i_1 + M_{12} i_2 \tag{3.9}$$

で与えられる.ここに,L_1, M_{12} はそれぞれコイル 1 の自己インダクタンスおよびコイル 1, 2 間の相互インダクタンスである.

同様にして,コイル 2 に鎖交する磁束 ϕ_2 のうち,コイル 1 と鎖交する磁束を ϕ_{21},コイル 2 と鎖交する磁束を ϕ_{22} で表すと,

$$\phi_2 = \phi_{21} + \phi_{22} \tag{3.10}$$

が成り立ち，それぞれの鎖交磁束は

$$\phi_{21} = n_2\phi_{21} = M_{21}i_1, \quad \phi_{22} = n_2\phi_{22} = L_2i_2 \tag{3.11}$$

となる．ここに，L_2, M_{21} はそれぞれコイル2の自己インダクタンス，M_{21} はコイル2,1間の相互インダクタンスである．したがって，コイル2の鎖交磁束 ϕ_2 は

$$\phi_2 = \phi_{21} + \phi_{22} = n_2\phi_{21} + n_2\phi_{22} = M_{21}i_1 + L_2i_2 \tag{3.12}$$

となる．式 (3.9) と式 (3.12) からこれから述べる変成器の基礎式が導かれる．

3.2.2 ドット●印のルールと相互インダクタンスの符号

図 3.3 のコイルに示してあるドット●（黒い丸印）はコイルを貫通する鎖交磁束の向きに対する巻き線の向きを明確に示す記号である．つまり，それは鎖交磁束の向きに対して右巻か左巻かを示す．ドット●を眼と考える．この眼からコイルを見たとき，鎖交磁束を軸と考えて，2つのコイルがその軸に同じ向きに巻かれていることを2つのドットは示す．これをドットのルール (dot convention) という．図 3.3(a) ではドット●印からみると，2つのコイルの巻く向きが磁束の軸に関して同じ右巻である．図 3.3(b) でも，ドット●印からみると2つのコイルは磁束の軸に関して同じ右巻に巻かれている．したがって，●印のついた端子から電流を流し込むと，どちらのコイルで発生する磁束も同じ向きになり，磁束は相い加わる．この場合の相互インダクタンス M を正とする．コイルに●印をつけるときは，常に $M > 0$ となるようにつける．このようにすると，相互インダクタンスが負の場合がわかりやすくなる．

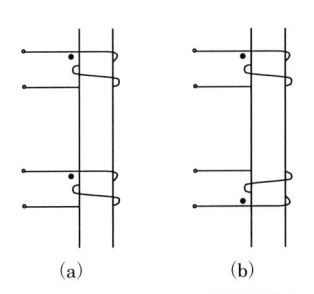

図 3.3 ドットのルールと鎖交磁束

3.3 変　成　器

変成器（変圧器）は一方のコイルの電流の変化に伴って，他方のコイルに電圧

を発生させる電磁誘導現象を応用した機器である．変成器では鉄やフェライトなどの強磁性体の枠に一次コイルと二次コイルを巻き付け，一方のコイルの電流変化によって生じる磁束変化を他方のコイルがとらえて誘導電圧が発生する．ふつう，強磁性体は透磁率が非常に大きく，したがって枠の中で磁束密度が大きくなり，枠の外にもれ出ていく磁束は極めて小さいと考えられる．

3.3.1 誘導電圧とその極性

まず，図 3.4 のように，矩形鉄心の枠の 2 カ所にコイルを巻いたきわめて簡単な構造の変成器を考える．電流はコイル 1（巻き数 n_1）のみに流れ，コイル 2（巻き数 n_2）には流れていないとする．同図の ϕ'_{11} は漏れ磁束（leakage flux）とよばれ，鉄心内を貫通するのではなく，鉄心の外へ漏れ出す磁束である．普通の変圧器では，磁束 ϕ_{21} の方が ϕ'_{11} よりはるかに大きいので，以下漏れ磁束 ϕ'_{11} は無視する．アンペアの周回積分の法則により，コイル 1 の電流 i_1 による磁束 $\phi_1 (= \phi_{11})$ は電流 i_1 とその鎖交回数 n_1 に比例するから

$$\phi_1 = k_1 n_1 i_1 \tag{3.13}$$

と表される．比例係数 k_1 は，磁束を通す媒質とその大きさ（寸法）によって定まる．磁束 ϕ_1 の時間変化によりコイル 1 に誘導される電圧 v_1 は，いまの場合 $\phi_{12} = 0$ であるから，式 (3.9) と式 (3.13) から

$$v_1 = \frac{d\phi_1}{dt} = \frac{d\phi_{11}}{dt} = n_1 \frac{d\phi_1}{dt} = L_1 \frac{di_1}{dt}, \quad \text{ただし}, \quad L_1 = k_1 n_1^2 \tag{3.14}$$

となる．この式から自己インダクタンス L_1 はコイルの巻き数の自乗に比例することがわかる．

コイル 2 の端子は開放されているから，端子 2-2' に，誘導電圧 v_2 が発生する．
コイル 2 に鎖交する磁束は，コイル 2 に電流が流れていないから磁束 ϕ_{21} のみであり，

$$\phi_{21} = k_{21} n_1 i_1 \tag{3.15}$$

と表される．ここに k_{21} は比例係数であり，磁束 ϕ_{21} が通る媒質と寸法によって

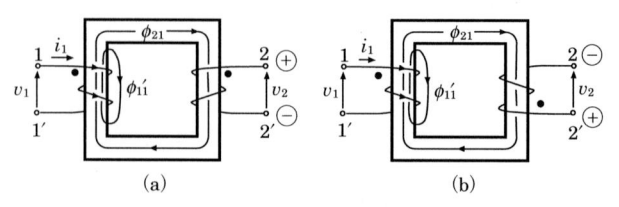

図 3.4 コイルの巻き方と誘導電圧

3.3 変成器

定まる．したがって，コイル 2 に誘導される電圧 v_2 は図 3.4(a) のようにコイルが巻かれているときは，式 (3.15) より

$$v_2 = \frac{d\phi_{21}}{dt} = n_2 \frac{d\phi_{21}}{dt} = k_{21} n_1 n_2 \frac{di_1}{dt} = M_{21} \frac{di_1}{dt}$$

$$\text{ただし，} M_{21} = k_{21} n_1 n_2 \tag{3.16}$$

となる．ここに，M_{21} は相互インダクタンスで両コイルの巻き数の積に比例する．図 3.4(b) のように巻かれている時には極性が変わり

$$v_2 = -\frac{d\phi_{21}}{dt} = -n_2 \frac{d\phi_{21}}{dt} = -k_{21} n_1 n_2 \frac{di_1}{dt} = -M_{21} \frac{di_1}{dt} \tag{3.17}$$

となる．

これまでと逆に，図 3.5 のようにコイル 1 の端子 1-1' が開放され，端子 2-2' に電流 i_2 が流れているときも，これまでと同様に考えることができる．コイル 2 の電流 i_2 によって磁束 $\phi_2 (=\phi_{22})$ が生じ，この大部分の磁束 ϕ_{12} はコイル 1 と鎖交し，残りは漏れ磁束 ϕ'_{22} であるが，これを無視する．ここに，比例係数を k_2, k_{12} として

$$\phi_2 = k_2 n_2 i_2, \quad \phi_{12} = k_{12} n_2 i_2 \tag{3.18}$$

となる．したがって，コイル 2 に誘導される電圧は

$$v_2 = \frac{d\psi_2}{dt} = \frac{d\psi_{22}}{dt} = n_2 \frac{d\phi_2}{dt} = L_2 \frac{di_2}{dt}, \quad \text{ただし，} \quad L_2 = k_2 n_2^2 \tag{3.19}$$

となる．ここに，係数 L_2 はコイル 2 の自己インダクタンスである．また，磁束 ϕ_{12} によってコイル 1 に誘導される電圧 v_1 は図 3.5(a) の巻き方のときは

$$v_1 = n_1 \frac{d\phi_{12}}{dt} = M_{12} \frac{di_2}{dt} \tag{3.20}$$

となり，図 3.5(b) の巻き方のときは

$$v_1 = -n_1 \frac{d\phi_{12}}{dt} = -M_{12} \frac{di_2}{dt}, \quad \text{ただし，} \quad M_{12} = k_{12} n_1 n_2 \tag{3.21}$$

となる．ただし，M_{12} は相互インダクタンスである．

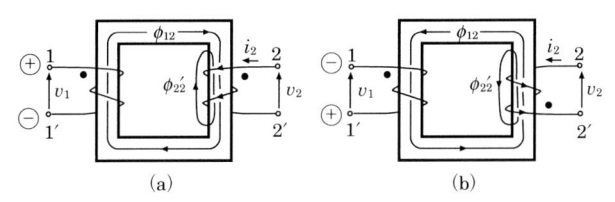

図 3.5 二次側からの誘導電圧

以上述べたことはつぎのようにいえる．ドットのルールによれば，●印のついた端子から電流が流れ込むとき，他方のコイル発生する誘導電圧は●印のついた端子が他方の端子に対して高電位となるように発生する．逆に，●印のつかない端子から電流が流れ込むときは，他方のコイルの誘導電圧は●印のついた端子が低電位になるように発生する．

3.3.2 変成器の基礎式

実際には二次側に負荷が接続されるから，コイル1およびコイル2ともに電流が流れる．一次側と二次側の両方のコイルに電流が流れたとき，コイルの電流と誘導電圧の関係は重ね合わせの原理で求めることができる．すなわち，普通の変成器では比例係数 $k_{12} = k_{21}$ が成り立つから

$$M = M_{21} = M_{12} \tag{3.22}$$

とおく．式 (3.14) と式 (3.20)，式 (3.19) と式 (3.16) とをそれぞれ重ね合わせる，あるいは式 (3.14) と式 (3.21)，式 (3.19) と式 (3.17) とをそれぞれ重ね合わせると

$$\left. \begin{array}{l} v_1 = L_1 \dfrac{di_1}{dt} \pm M \dfrac{di_2}{dt} \\[6pt] v_2 = \pm M \dfrac{di_1}{dt} + L_2 \dfrac{di_2}{dt} \end{array} \right\} \tag{3.23}$$

が得られる．この式の複号は同順で，それぞれの式は**図 3.6** と**図 3.7** の等価回路に対応する．電流と電圧の向きとドットの位置，相互インダクタンスの符号に注意する．相互インダクタンス M に符号を含めると，どちらの等価回路についても

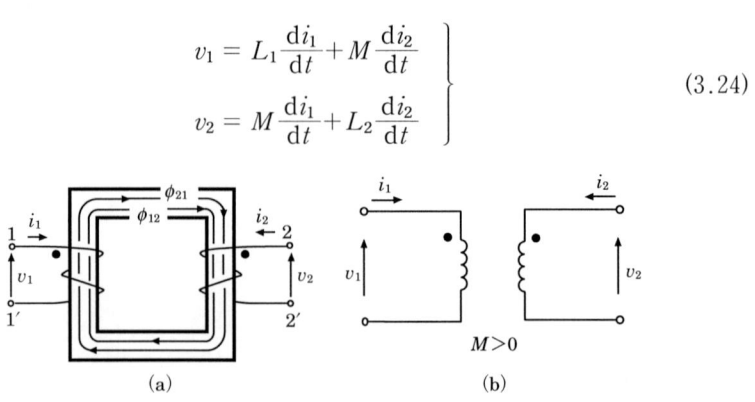

$$\left. \begin{array}{l} v_1 = L_1 \dfrac{di_1}{dt} + M \dfrac{di_2}{dt} \\[6pt] v_2 = M \dfrac{di_1}{dt} + L_2 \dfrac{di_2}{dt} \end{array} \right\} \tag{3.24}$$

図 3.6 コイルの巻き方と誘導電圧（相互インダクタンスが正），図 (b) は図 (a) の等価回路

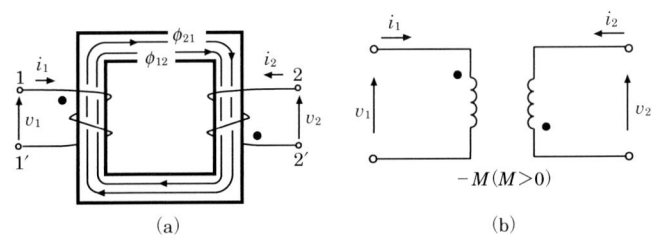

図 3.7 コイルの巻き方と誘導電圧（相互インダクタンスが負）．
図 (b) は図 (a) の等価回路

となる．これが変成器の基礎式である．この式は式 (3.9) と式 (3.12) の両辺をそれぞれ時間微分することによって容易に導くことができる．式 (3.24) から変成器の等価回路は**図 3.8** に示すようになる．この等価回路のようにドットが省かれているときは，$M > 0$ である．ドットはコイルの極性を明示するときに用いる．

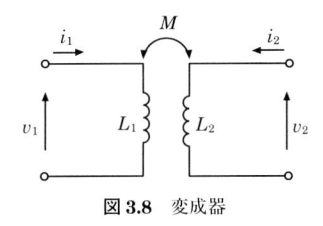

図 3.8 変成器

3.3.3 結合係数

これまでは漏れ磁束 ϕ'_{11}, ϕ'_{22} を無視し，磁束 ϕ_{21}, ϕ_{12} に注目して，変成器の一次側と二次側の端子電圧の関係を考えてきた．磁束 ϕ_{21}, ϕ_{12} は一次側と二次側のコイルを通り抜ける磁束であり，実際には漏れ磁束 ϕ'_{11}, ϕ'_{22} があるためそれぞれの側で生成された磁束のすべてが通り抜けるわけではない．また，一次側と二次側で生成される磁束がすべて漏れてしまえば，一次側と二次側には結合は生じない．そこで，一次側と二次側回路の結合の強弱を示す量が必要になる．いま，式 (3.13)～(3.16) から，式 (3.22) を考慮すると，$i_2 = 0$ に対して

$$\frac{\phi_{21}}{\phi_1} = \frac{M}{L_1}\frac{n_1}{n_2} \tag{3.25}$$

となる．同様にして式 (3.18) から $i_1 = 0$ に対して

$$\frac{\phi_{12}}{\phi_2} = \frac{M}{L_2}\frac{n_2}{n_1} \tag{3.26}$$

となる．これらの 2 式の積をとった式の右辺を

$$k^2 = \frac{M^2}{L_1 L_2} \tag{3.27}$$

とおき

$$k = \frac{|M|}{\sqrt{L_1 L_2}} \tag{3.28}$$

という量を定義する．ここで，k を結合係数（coupling factor）とよぶ．これは一次側，二次側のコイルで生じる全磁束に対して，相互のコイルに鎖交する磁束の割合を表している．$M \geq 0$ の場合，式（3.25）または式（3.26）から結合係数は

$$k = \frac{\phi_{21}}{\phi_1} = \frac{\phi_{21}}{\phi'_{11} + \phi_{21}} \tag{3.29}$$

または

$$k = \frac{\phi_{12}}{\phi_2} = \frac{\phi_{12}}{\phi'_{22} + \phi_{12}} \tag{3.30}$$

と書けるから，これらの式から

$$0 \leq k \leq 1 \tag{3.31}$$

は明らかである．すなわち

$$L_1 L_2 \geq M^2 \tag{3.32}$$

が成り立つ．結合係数 $k = 1$ のときは $\phi'_{11} = 0$，$\phi'_{22} = 0$ で一次側，二次側とも漏れ磁束がない場合であり，$k = 0$ のときは $\phi_{21} = 0$，$\phi_{12} = 0$ で結合がない場合に対応する．実際には，$k = 1$ や $k = 0$ になることはなく，近似的に成り立つ．すなわち，式（3.29），（3.30）において

$$\phi_{21} \ll \phi_1, \quad \phi_{12} \ll \phi_2 \tag{3.33}$$

が成り立つときは，$k \simeq 0$ であり，このとき漏れ磁束は非常に大きく，この結合状態を粗な結合（loose coupling）という．これに対して漏れ磁束が非常に小さく

$$\phi'_{11} \ll \phi_{21}, \quad \phi'_{22} \ll \phi_{12} \tag{3.34}$$

のときは $k \simeq 1$ であって，とくに $k = 1$ のときの結合を密結合（close coupling）という．この場合には一方のコイルによって生じるすべての磁束は他方のコイルと鎖交する．$M < 0$ の場合も同様のことがいえる．密結合の状態は透磁率の高い媒質によって近似的に実現される．

3.3.4 密結合変成器と理想変成器

すでに述べたように普通の変成器では $k_1 = k_2$ が成り立つから式（3.14），（3.19）から

3.3 変成器

$$\frac{L_2}{L_1} = \left(\frac{n_2}{n_1}\right)^2 \tag{3.35}$$

である．コイルの巻き数の比を

$$n = \frac{n_2}{n_1} = \sqrt{\frac{L_2}{L_1}} \tag{3.36}$$

と置く．この比 n を変成比（turns ratio）という．密結合 $k=1$ のときは，

$$M^2 = L_1 L_2 \tag{3.37}$$

が成り立つから，変成器の基礎式（3.24）にこの関係を代入すると

$$\left.\begin{array}{l} v_1 = L_1 \dfrac{\mathrm{d}i_1}{\mathrm{d}t} + \sqrt{L_1 L_2}\, \dfrac{\mathrm{d}i_2}{\mathrm{d}t} \\[4pt] v_2 = \sqrt{L_1 L_2}\, \dfrac{\mathrm{d}i_1}{\mathrm{d}t} + L_2 \dfrac{\mathrm{d}i_2}{\mathrm{d}t} \end{array}\right\} \tag{3.38}$$

となる．ただし，$M>0$ とする．この式は

$$\left.\begin{array}{l} v_1 = L_1 \left(\dfrac{\mathrm{d}i_1}{\mathrm{d}t} + n \dfrac{\mathrm{d}i_2}{\mathrm{d}t} \right) \\[4pt] v_2 = n v_1 \end{array}\right\} \tag{3.39}$$

あるいは

$$\left.\begin{array}{l} v_1 = \dfrac{1}{n} v_2 \\[4pt] v_2 = L_2 \left(\dfrac{1}{n} \dfrac{\mathrm{d}i_1}{\mathrm{d}t} + \dfrac{\mathrm{d}i_2}{\mathrm{d}t} \right) \end{array}\right\} \tag{3.40}$$

と表すことができる．これらの式から一次側の電圧 v_1 の n 倍が二次側の電圧 v_2 に等しくなることがわかる．電圧の関係はわかったので，電流の関係を求める．式（3.39）の第1式の両辺を積分すると

$$i_1(t) = -n i_2(t) + \frac{1}{L_1} \int_0^t v_1(\xi)\,\mathrm{d}\xi + i_1(0) + n i_2(0)$$

となる．初期電流 $i_1(0), i_2(0)$ をすべて零とおくと，この式は

$$i_1(t) = -n i_2(t) + i_{L1}(t) \tag{3.41}$$

となる．ただし，$i_{L1}(t) = \dfrac{1}{L_1} \int_0^t v_1(\xi)\mathrm{d}\xi$ である．すでに定義したように理想変成器では $v_2 = n v_1$, $i_1(t) = -n i_2(t)$ が成り立つが，密結合変成器では式（3.41）に示すとおり，項 $i_{L1}(t)$ が付け加わる．同様に，式（3.40）の第2式の両辺を積分すると

$$i_2(t) = -\frac{1}{n}i_1(t) + i_{L2}(t) \tag{3.42}$$

となり，$i_{L2}(t)$ が付け加わる．ただし，$i_{L2}(t) = \frac{1}{L_2}\int_0^t v_2(\xi)\mathrm{d}\xi$ である．したがって，密結合変成器の式は

$$\left.\begin{array}{l} v_2 = nv_1 \\ i_1 = -ni_2 + i_{L1} \end{array}\right\} \tag{3.43-a}$$

あるいは

$$\left.\begin{array}{l} v_2 = nv_1 \\ i_2 = -\dfrac{1}{n}i_1 + i_{L2} \end{array}\right\} \tag{3.43-b}$$

で表される．これらの式を用いて密結合変成器の等価回路が構成できる．式 (3.43-a) から図 3.9(a)，式 (3.43-b) から図 3.9(b) の等価回路が対応する．図 3.9(a) では一次側にインダクタンス L_1 のコイルが理想変成器の一次側端子に並列に入り，図 3.9(b) では二次側にインダクタンス L_2 のコイルが並列に入っている．このことから，密結合変成器は理想変成器ではないことがわかる．

理想変成器における瞬時電力は

$$p(t) = v_1 i_1 + v_2 i_2 = v_1 i_1 + nv_1\left(-\frac{1}{n}i_1\right) = 0 \tag{3.44}$$

であるから，理想変成器にはエネルギーは蓄えられないことがわかる．一方，変成器コイルに蓄えられる瞬時電力は式 (3.24) により

$$\begin{aligned} p(t) &= v_1(t)i_1(t) + v_2(t)i_2(t) \\ &= \frac{1}{2}\frac{\mathrm{d}}{\mathrm{d}t}(L_1 i_1^2 + 2M i_1 i_2 + L_2 i_2^2) \end{aligned} \tag{3.45}$$

であるから，変成器のなかの全エネルギーは $p(t)$ を時間積分して

$$W_m = \frac{1}{2}(L_1 i_1^2 + 2M i_1 i_2 + L_2 i_2^2) \tag{3.46}$$

となる．ただし，初期電流はすべてゼロとする．これは電磁エネルギーを表す式

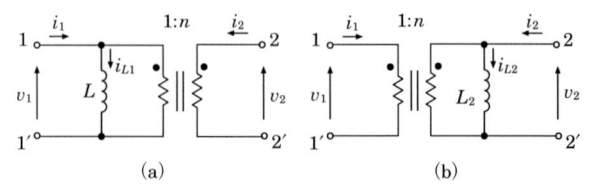

図 3.9 密結合変成器の等価回路

で，負になることはない．密結合変成器の場合には式 (3.46) は

$$W_m = \frac{1}{2} L_1 \left(i_1 + \sqrt{\frac{L_2}{L_1}} i_2 \right)^2 \geq 0 \tag{3.47}$$

となる．ここで，等号が成り立つときはエネルギーの蓄積はなく

$$i_1 + n i_2 = 0 \tag{3.48}$$

となる．この式は理想変成器の電流の関係式である．

実際にはどのようにしたら理想変成器が実現できるのだろうか．式 (3.48) により式 (3.39) の第1式は

$$\frac{v_1}{L_1} = 0 \tag{3.49}$$

となる．この式が成り立つためには，電圧 v_1 は有限の値であるから L_1 が無限大でなければならない．自己インダクタンス L_1 は，例えば，磁路の平均の長さ l，断面積 S，透磁率 μ の鉄心の変圧器では

$$L_1 = k_1 n_1^2 = \frac{\mu S n_1^2}{l} \tag{3.50}$$

で表される．したがって，L_1 が無限大になるためには透磁率 μ が無限大でなければならないことがわかる．現実の磁性材料では透磁率が無限大であることはないから，理想変成器は実際には存在せず，透磁率の非常に大きい鉄やフェライトなどの強磁性材料で近似的に実現される．

3.3.5 交流回路への適用

変成器を含む回路が角周波数 ω の交流回路の場合には，電流，電圧をそれぞれフェーザ I, V に，d/dt を $j\omega$ に置き換えることにより，交流理論を使うことができる．すなわち，変成器の基礎式は

$$\left. \begin{array}{l} V_1 = j\omega L_1 I_1 + j\omega M I_2 \\ V_2 = j\omega M I_1 + j\omega L_2 I_2 \end{array} \right\} \tag{3.51}$$

となる．

これを使って，図 3.10 の回路の電流 I_1 と I_2 を求めてみよう．電圧則により

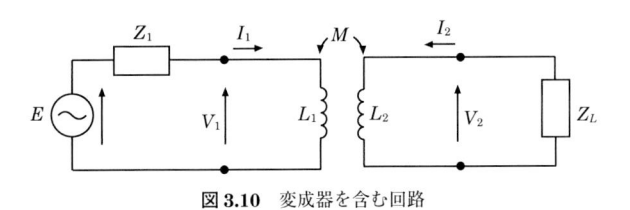

図 3.10 変成器を含む回路

$$V_1 = E - Z_1 I_1 \atop V_2 = -Z_L I_2 \Bigg\} \quad (3.52)$$

となり，これと式 (3.51) と連立させると連立一次方程式

$$(Z_1+\mathrm{j}\omega L_1) I_1 + \mathrm{j}\omega M I_2 = E \atop \mathrm{j}\omega M I_1 + (Z_L+\mathrm{j}\omega L_2) I_2 = 0 \Bigg\} \quad (3.53)$$

が得られる．いま，インピーダンス Z_1 の項が存在するため解の表現が複雑になるので，ここでは $Z_1=0$ とおいて，この方程式を解くと

$$I_1 = \frac{Z_L+\mathrm{j}\omega L_2}{\varDelta} E, \quad I_2 = -\frac{\mathrm{j}\omega M}{\varDelta} E \quad (3.54)$$

ただし

$$\varDelta = \mathrm{j}\omega L_1 Z_L - \omega^2 (L_1 L_2 - M^2) \quad (3.55)$$

この解から変成器を含む回路の重要な諸量，変成器の入力側からみたインピーダンス，すなわち入力インピーダンス Z_i，電圧比 V_2/V_1，電流比 I_2/I_1 などが求められる．すなわち，式 (3.54) から入力インピーダンスは

$$Z_\mathrm{i} = \frac{V_1}{I_1} = \mathrm{j}\omega L_1 + \frac{\omega^2 M^2}{Z_L+\mathrm{j}\omega L_2} \quad (3.56)$$

となる．電圧比は

$$\frac{V_2}{V_1} = \frac{\mathrm{j}\omega M Z_L}{\varDelta} \quad (3.57)$$

電流比は

$$\frac{I_2}{I_1} = -\frac{\mathrm{j}\omega M}{Z_L+\mathrm{j}\omega L_2} \quad (3.58)$$

となる．ここで，密結合のとき，これらの値はどのようになるのだろうか．条件 $L_1 L_2 = M^2$ から変成比は $n = M/L_1 = L_2/M$ であるから入力インピーダンスは

$$Z_\mathrm{i} = \frac{Z_L}{n^2(1+Z_L/\mathrm{j}\omega L_2)} \quad (3.59)$$

電圧比は

$$\frac{V_2}{V_1} = \frac{M}{L_1} = n \quad (3.60)$$

電流比は

$$\frac{I_2}{I_1} = -\frac{1}{n} \frac{1}{(1+Z_L/\mathrm{j}\omega L_2)} \quad (3.61)$$

となる.これらの式をみると,入力インピーダンス Z_i の n^2 以外の項はインピーダンス $j\omega L_2$ と Z_L の並列接続した合成インピーダンスを表すことがわかる.また,電圧比は負荷インピーダンスに無関係であり,理想変圧器の場合と同じである.さらに,電流比はインダクタンス L_2 が無限大になれば,$-1/n$ になり電流についても理想変成器の場合と同じことになることがわかる.

♠電気主任技術者試験問題(平成7年二種)♠

つぎの文章は,相互インダクタンスを含む電気回路に関する記述である.つぎの( )のなかに当てはまる記号又は式を記入せよ.

図 3.11 のような自己インダクタンス L_1 [H],L_2 [H],相互インダクタンス M [H] のコイルにインピーダンス Z [Ω] が接続されている回路において,端子 AB 間に角周波数 ω [rad/s] の正弦波交流電圧 E [V] を加えたとき,電流 I_1 [A],I_2 [A] が流れたとすると,つぎの関係式が成り立つ.

$$(1)I_1 + j\omega M I_2 = (2)I_1 + (3)I_2 = E$$

また,$M^2 = L_1 L_2$ とすると,Z の両端の電圧 E_1 [V] は,次式で与えられる.

$$E_1 = \left[1 - \frac{M}{(4)}\right]E = \left[1 - \frac{(5)}{M}\right]E$$

【解答】

電圧則により電流 I_1 と I_2 の流れるループをとって,それぞれ $(Z+j\omega L_1)I_1 + j\omega M I_2 = j\omega M I_1 + j\omega L_2 I_2 = E$ となる.これは I_1, I_2 に関する連立方程式であるから,$M^2 = L_1 L_2$ を考慮して解く.その解より $E_1 = ZI_1 = E(1-M/L_2) = E(1-L_1/M)$ が得られる.したがって,(1) は $Z+j\omega L_1$,(2) は $j\omega M$,(3) は $j\omega L_2$,(4) は L_2,(5) は L_1 である.

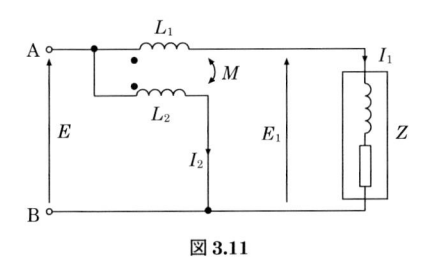

図 3.11

3.3.6 等価回路

図 3.12(a) に示す変成器の回路を図 3.12(b) のような T 型等価回路で表す.これにより変成器が取り扱いやすくなる.図 3.12(b) から

$$\left.\begin{array}{l} V_1 = Z_A I_1 + Z_C(I_1 + I_2) \\ V_2 = Z_B I_2 + Z_C(I_1 + I_2) \end{array}\right\} \quad (3.62)$$

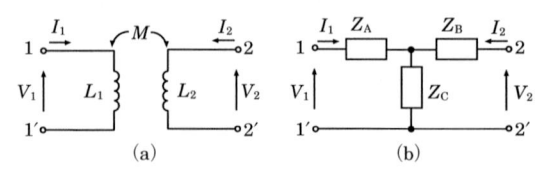

図 3.12 変成器と T 型等価回路

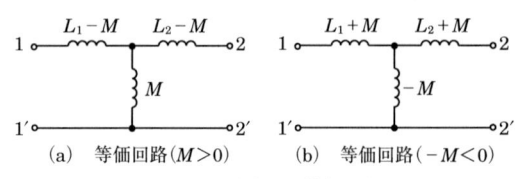

図 3.13 変成器の等価回路

となる．式 (3.51) と比較すると

$$Z_A = j\omega(L_1-M), \quad Z_B = j\omega(L_2-M), \quad Z_C = j\omega M \quad (3.63)$$

とが得られる．M が正のとき図 3.13(a) の等価回路が得られ，M が負のときは M を $-M$ に置き換えて (b) の等価回路が得られる．変成器の回路では一次側と二次側とがつながっていないが等価回路ではつながっている．したがって，変成器では端子 $1'$ と $2'$ とは同電位とは限らないが，等価回路では端子 $1'$ と $2'$ とは同電位になっていることに注意しなければならない．

また，等価回路のインダクタンス L_1-M, L_2-M, M はどれか 1 つが負になる場合があり，回路としては存在しない．たとえば，$M = \sqrt{L_1 L_2}$ のときは

$$\left.\begin{array}{l} L_1-M = L_1-\sqrt{L_1 L_2} = \sqrt{L_1}(\sqrt{L_1}-\sqrt{L_2}) \\ L_2-M = L_2-\sqrt{L_1 L_2} = \sqrt{L_2}(\sqrt{L_2}-\sqrt{L_1}) \end{array}\right\} \quad (3.64)$$

であるから，$L_1 \geq L_2$ ならば $L_1-M \geq 0, L_2-M \leq 0$ が成り立ち，$L_2 \geq L_1$ ならば $L_2-M \geq 0, L_1-M \leq 0$ が成り立つ．したがって，上記の 3 つのインダクタンスのうち，どれか 1 つが負になり得る．M が負のときは容易にわかる．

¶ **例 3.1** ¶ 図 3.14(a) の回路で電流 I_1 と I_2 の大きさが等しく，位相差が $\pi/2$ になる条件を求める．

変成器の部分を等価回路に置き換えた回路について，

$$j\omega(L_1-M)I_1 = \{j\omega(L_2-M)+R\}I_2 \quad (3.65)$$

が成り立つから，$L_2 = M$ ならば I_2 の位相は I_1 の位相より $\pi/2$ 進む．このとき上の式の絶対値をとり $|I_1| = |I_2|$ を考慮すると

$$|L_1-M| = R/\omega \quad (3.66)$$

3.3 変成器

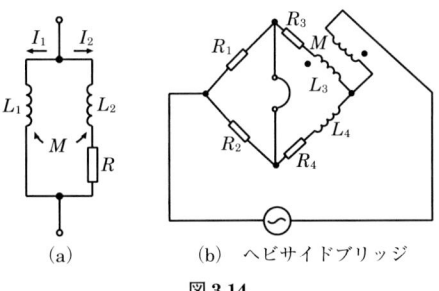

図 3.14

が得られる．したがって，$L_1-M=R/\omega$ のときは $L_1L_2-M^2 \geq 0$ を満たすが，$L_1-M=-R/\omega$ のときは満たさないから，条件は $L_1=M+R/\omega$，$L_2=M$ である．

¶例 3.2¶ 図 3.14(b) のヘビサイドブリッジが平衡になるように R_4, L_4 を求める．変成器の二次側のインダクタンスを L_5 として，変成器を等価回路に置き換えると，R_3 に直列に L_3+M，L_4 に直列に $-M$，L_5+M が電圧源に直列に結ばれる．ブリッジの平衡条件により

$$R_2\{R_3+j\omega(L_3+M)\} = R_1\{R_4+j\omega(L_4-M)\} \tag{3.67}$$

これより $R_4 = R_2R_3/R_1, L_4 = R_2L_3/R_1 + (1+R_2/R_1)M$ となる．

¶例 3.3¶ 図 3.15 のように接続された 2 個の変成器の回路に等価な 1 個の変成器を構成する．

インダクタ L_1', L_2' の電圧をそれぞれ V_1', V_2'，インダクタ L_1'', L_2'' の電圧をそれぞれ V_1'', V_2'' とする．インダクタ L_1' に流れ込む I_1, L_2' に流れ込む I_2 とすれば

$$V_1' = j\omega L_1' I_1 + j\omega M' I_2, \quad V_1'' = j\omega L_1''(-I_1) + j\omega M''(-I_2) \tag{3.68}$$

が成り立つから，一次側の端子電圧 V_1 は

$$V_1 = V_1' - V_1'' = j\omega(L_1'+L_1'')I_1 + j\omega(M'+M'')I_2 \tag{3.69}$$

となる．二次側についても同様である．これより，一次側のインダクタンスが $L_1'+L_1''$，二次側のインダクタンスが $L_2'+L_2''$，相互インダクタンスが $M'+M''$ の変成器と等価になる．また，$(L_1'+L_1'')(L_2'+L_2'') \geq (M'+M'')^2$ が成り立つことも証明できる．

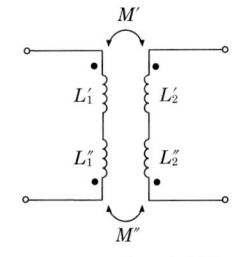

図 3.15 2 個の変成器

3.4 制 御 電 源

理想変成器では，二次側の電流は一次側の電流によって定められ，二次側の電圧は一次側の電圧によって定められている．この考え方を発展させると，二次側の電流が一次側の電圧によって定められ，二次側の電圧が一次側の電流によって定められるような素子を考えることができる．二次側の端子に注目すると，これらは他の素子の電圧や電流によって制御された電圧源や電流源にみえる．このような電源を制御電源（controlled source）という．

電源の値が他の素子の電圧によって制御されている電源を電圧制御型の電源（voltage controlled source），他の素子の電流によって制御されている電源を電流制御型の電源（current controlled source）という．したがって，制御電源には4種類あり，それらは電流制御型電流源（CCCS），電流制御型電圧源（CCVS），電圧制御型電流源（VCCS），電圧制御型電圧源（VCVS）である．これらを図 3.16 に示す．独立電源のときと異なり，電源が制御電源であることを示すため，ダイヤマークが用いられる．これらの電源は他の回路の電圧や電流によって支配されるため，従属電源（dependent source）と総称される．入力端子の電圧と電流をそれぞれ v_1, i_1，出力端子の電圧と電流をそれぞれ v_2, i_2 とする．それぞれの制御電源の入出力の関係は次式で与えられる．

$$\begin{bmatrix} v_1 \\ i_2 \end{bmatrix} = \begin{bmatrix} 0 & 0 \\ \beta & 0 \end{bmatrix} \begin{bmatrix} i_1 \\ v_2 \end{bmatrix} \quad \text{(CCCS)} \tag{3.70}$$

$$\begin{bmatrix} v_1 \\ v_2 \end{bmatrix} = \begin{bmatrix} 0 & 0 \\ r & 0 \end{bmatrix} \begin{bmatrix} i_1 \\ i_2 \end{bmatrix} \quad \text{(CCVS)} \tag{3.71}$$

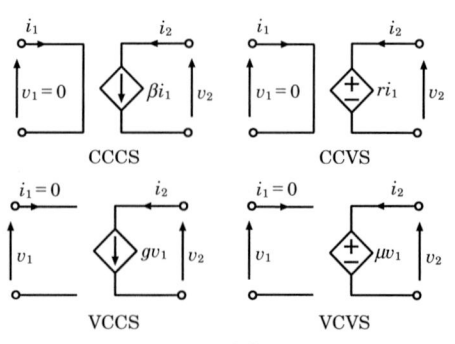

図 3.16 制御電源

3.4 制御電源

(a) 電流制御型電流源 　　　(b) 電圧制御型電圧源

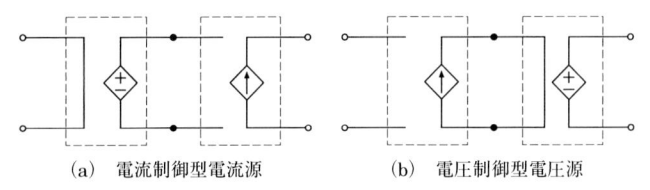

図 3.17　制御電源の縦続接続

$$\begin{bmatrix} i_1 \\ i_2 \end{bmatrix} = \begin{bmatrix} 0 & 0 \\ g & 0 \end{bmatrix} \begin{bmatrix} v_1 \\ v_2 \end{bmatrix} \quad \text{(VCCS)} \tag{3.72}$$

$$\begin{bmatrix} i_1 \\ v_2 \end{bmatrix} = \begin{bmatrix} 0 & 0 \\ \mu & 0 \end{bmatrix} \begin{bmatrix} v_1 \\ i_2 \end{bmatrix} \quad \text{(VCVS)} \tag{3.73}$$

ここに，パラメータ β は電流比，r は抵抗，g はコンダクタンス，μ は電圧比を表す．各制御電源の電流と電圧の方向に注意する．これらの制御電源のなかで電流制御型電流源と電圧制御型電圧源は，図 3.17 に示すように，電流制御型電圧源と電圧制御型電流源を縦続接続することにより構成できるから，この 2 つの制御電源が本質的である．

3.4.1　回路解析の例

回路の方程式をたてれば，制御電源は独立電源のように取り扱うことができることがわかる．

¶例 3.4 ¶　図 3.18 の回路を考える．この回路の制御電源は電圧制御型電圧源であり，それは

$$v_2 = \mu v_1 \tag{3.74}$$

と表される．2 つのループがありそれぞれについて電圧則により

$$(r + R_1) i_1 = E$$
$$-(R_2 + R_L) i_2 = v_2$$

となる．式 (3.74) により，これらの式は

$$-(R_2 + R_L) i_2 = \mu v_1 = \mu R_1 i_1$$

と表されるから

$$i_1 = \frac{E}{r + R_1}$$

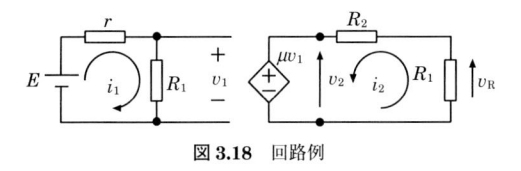

図 3.18　回路例

$$i_2 = \frac{-\mu E R_1}{(r+R_1)(R_2+R_L)}$$

となる．したがって，出力電圧は

$$v_L = -R_L i_2 = \frac{\mu E R_1 R_L}{(r+R_1)(R_2+R_L)} \tag{3.75}$$

となる．制御電圧源が入力側と出力側を結び付けている．ここで，μ を非常に大きくし，抵抗の値を適切に選べば出力電圧 v_L は入力電圧 E よりはるかに大きくなり入力電圧 E が増幅されたことになる．

3.4.2 制御電源の電力

制御電源は2つの異なる枝の電圧と電流を関係づけているから，結合素子である．入力側の電流 i_1，電圧 v_1 と出力側の電流 i_2，電圧 v_2 により制御電源の瞬時電力は

$$p(t) = v_1(t)i_1(t) + v_2(t)i_2(t) \tag{3.76}$$

と表されるが，図3.16からもわかるように入力側は $i_1 = 0$ か $v_1 = 0$ であるから，瞬時電力は

$$p(t) = v_2(t)i_2(t) \tag{3.77}$$

と表され，出力側の電流と電圧で決まることがわかる．したがって，例えば図3.18の回路では

$$p(t) = -i_2^2 R = -\mu^2 v_1^2 / R \quad (R = R_2 + R_L) \tag{3.78}$$

となり，電圧制御型電圧源に入り込む電力は負となる．すなわち，これは電圧制御型電圧源からは常にエネルギーが出ていることを意味する．このことは電圧制御型電圧源が能動素子（active element）であることを示している．

【演 習 問 題】

1. 図3.19で端子電圧を下から上の端子の向きにとるとき，相互インダクタンスの符号が決まらないのはどれか．

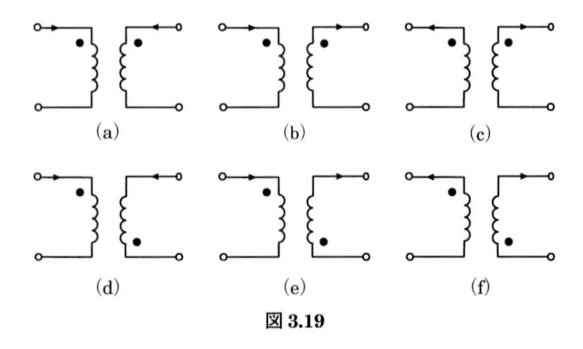

図 3.19

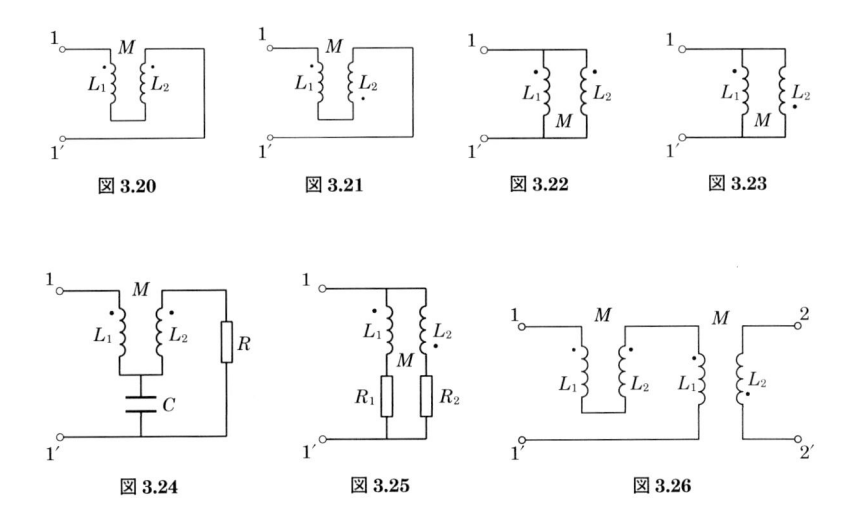

図 3.20　　　　図 3.21　　　　図 3.22　　　　図 3.23

図 3.24　　　　図 3.25　　　　図 3.26

2. 図 3.20 の回路で (a) 端子 1-1' からみたインピーダンス Z はいくらか．
   (b) 図 3.21 のようにドットの位置を変えたとき，インピーダンス Z はいくらか．
3. 図 3.22 の回路で (a) インピーダンス Z を求めよ．
   (b) 図 3.23 のようにドットの位置を変えたとき，インピーダンス Z を求めよ．
4. 図 3.24 の回路で端子対 1-1' からみたインピーダンスを求めよ．
5. 図 3.25 の回路で端子対 1-1' からみたインピーダンスを求めよ．
6. 図 3.26 の回路について，各問の条件のもとでインピーダンスを計算せよ．
   （a） 端子 2-2' が開放のとき，端子 1-1' からみたインピーダンス
   （b） 端子 2-2' が短絡のとき，端子 1-1' からみたインピーダンス
   （c） 端子 1-1' が開放のとき，端子 2-2' からみたインピーダンス
   （d） 端子 1-1' が短絡のとき，端子 2-2' からみたインピーダンス
7. 図 3.27 の回路において，電流 I と I_1 を求めよ．
8. 図 3.28 の回路において，端子対 1-1' からみた抵抗 R を求めよ．また，β が大きくなると，v_L と v_B の関係はどのような式で表されるか．

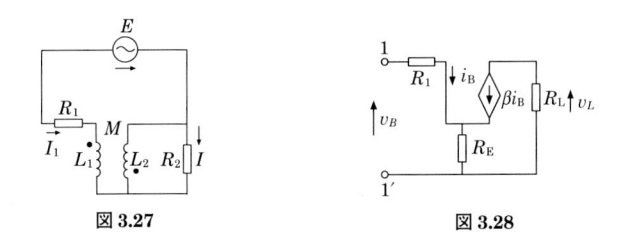

図 3.27　　　　図 3.28

図 3.29

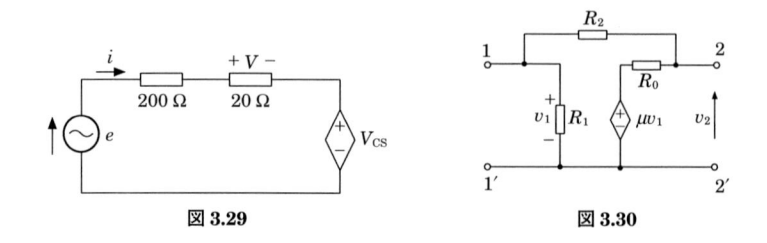

図 3.30

9. 図 3.29 の回路において，電流 i を求めよ．ただし，$e = 32\,\text{V}$，$\mu = 2$ である．
10. 図 3.30 の回路について，下記の問いに答えよ．
    （a）端子対 1-1' からみた抵抗 R を求めよ．
    （b）抵抗 R が受動的であるためには，R_0, R_1, R_2, μ はどのような条件を満たさなければならないか．とくに，$R_0 = 0$ の場合，比 R_2/R_1 はどのような値をとらねばならないか．
    （c）抵抗 R_3 を端子対 2-2' に接続したとき，電圧比 v_2/v_1 を求めよ．とくに，$R_2 = 0$ のとき，この電圧比を求めよ．

4
回路の定式化

　これまで学んだ回路の解析方法では，回路素子の個数が比較的少なく，インピーダンスやアドミタンスの直列接続，並列接続を用いて等価的に素子の数の少ない回路を導き，その回路の方程式を解き，各素子の電流電圧を計算してきた．しかし，素子の個数が増えると，回路の方程式をいかにたてるか，つまり回路の定式化が問題になる．この章では代表的な回路の定式化の方法として，節点電位法，ループ法（閉路法）とその一種であるメッシュ法について説明する．

4.1 節点電位法

　節点電位法は節点法 (nodal method) ともよばれ，電気回路や電子回路を定式化するきわめて一般的な方法であり，キルヒホフの電流則を利用して各節点の電位を求めることがその目的である．未知変数となる節点の電位はある基準となる節点（の電位）に対する電位である．一般に基準節点 (reference node) の電位を0にとる．この基準節点はどの節点をとってもよいが，多くの枝が接続されている節点を基準節点に選ぶのがよい．各節点の電位が求められると，素子の電流，電圧などはオームの法則によって容易に求めることができる．ここで，nを節点の個数とすると，変数の個数は$n-1$になる．

　ここで，節点電位法の手順をまとめておく．
1. 基準節点を定め，これを除くすべての節点について，電流則により枝電流の関係式を導く．
2. オームの法則により枝電流と枝電圧の関係をアドミタンスを使った式$I=YV$で表し，これらを上で求めた枝電流の関係式に代入して枝電圧を変数とする関係式になおす．
3. 枝電圧を$n-1$個の節点電位で表して，手順2の枝電圧の関係式に代入す

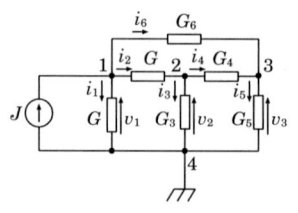

図 4.1 節点法の説明のための回路

ると，節点電位を変数とする連立一次方程式が得られる．この方程式を節点方程式（nodal equation）といい，これを解いて節点電位を求める．

例として，**図 4.1** の回路を節点 4 を基準にとって定式化する．この回路では節点数 $n=4$ であるから変数の個数は $n-1=3$ になる．各節点 $1,2,3$ に対して電流則を適用すると，枝電流の関係式

$$
\left.\begin{array}{l}
1: \ i_1+i_2+i_6 = J \\
2: \ -i_2+i_3+i_4 = 0 \\
3: \ -i_4+i_5-i_6 = 0
\end{array}\right\} \tag{4.1}
$$

が得られる．つぎに，オームの法則により素子の枝電流 i_k と枝電圧 v_{bk} の関係 $i_k = G_k v_{bk}(k=1,\cdots,6)$ を代入して枝電圧 v_{bk} の関係式

$$
\left.\begin{array}{l}
G_1 v_{b1}+G_2 v_{b2}+G_6 v_{b6} = J \\
-G_2 v_{b2}+G_3 v_{b3}+G_4 v_{b4} = 0 \\
-G_4 v_{b4}+G_5 v_{b5}-G_6 v_{b6} = 0
\end{array}\right\} \tag{4.2}
$$

が得られる．節点電位 $v_k(k=1,2,3)$ と枝電圧 $v_{bk}(k=1,\cdots,6)$ の関係は

$$
\left.\begin{array}{l}
v_{b1} = v_1 \\
v_{b2} = v_1-v_2 \\
v_{b3} = v_3 \\
v_{b4} = v_2-v_3 \\
v_{b5} = v_3 \\
v_{b6} = v_1-v_3
\end{array}\right\} \tag{4.3}
$$

となるから，これを式 (4.2) に代入すると

$$
\left.\begin{array}{l}
G_1 v_1+G_2(v_1-v_2)+G_6(v_1-v_3) = J \\
-G_2(v_1-v_2)+G_3 v_3+G_4(v_2-v_3) = 0 \\
-G_4(v_2-v_3)+G_5 v_3-G_6(v_1-v_3) = 0
\end{array}\right\} \tag{4.4}
$$

となる．これを整理すると

$$\left.\begin{array}{r}(G_1+G_2+G_6)\,v_1-G_2v_2-G_6v_3=J\\ -G_2v_1+(G_2+G_3+G_4)\,v_2-G_4v_3=0\\ -G_6v_1-G_4v_2+(G_4+G_5+G_6)\,v_3=0\end{array}\right\} \quad (4.5)$$

となり,節点方程式が求められた.

式 (4.5) の特徴をつかんでおくと,節点方程式は直接的に書き上げることができる.式 (4.5) の第1式は,

第1項 すなわち(節点1に隣接する枝のコンダクタンスの総和と節点電位 v_1 との積)から,

第2項 すなわち(節点1とそれに隣接する節点2の間にある枝のコンダクタンス G_2 と隣接する節点2の電位 v_2 との積)を引き,

第3項 すなわち(節点1とそれに隣接する節点3の間にある枝のコンダクタンス G_6 と隣接する節点3の電位 v_3 との積)を引いた値

が節点1に流れ込む電流源の電流に等しいことを示している.この考え方を $n-1$ 個の各節点について実行すれば,節点方程式を容易に求めることができる.

一般に交流回路の場合も同様で,素子の間に相互インダクタンスが存在しない場合は,節点方程式は行列とベクトルを用いて

$$\boldsymbol{Y}\boldsymbol{V} = \boldsymbol{J} \quad (4.6)$$

と表される.ただし,$\rho = n-1$ とおくと

$$\boldsymbol{Y}=\begin{bmatrix}Y_{11} & -Y_{12} & \cdots & -Y_{1\rho}\\ -Y_{21} & Y_{22} & \cdots & -Y_{2\rho}\\ \vdots & \vdots & \ddots & \vdots\\ -Y_{\rho1} & -Y_{\rho2} & \cdots & Y_{\rho\rho}\end{bmatrix},\quad \boldsymbol{V}=\begin{bmatrix}V_1\\ V_2\\ \vdots\\ V_\rho\end{bmatrix},\quad \boldsymbol{J}=\begin{bmatrix}J_1\\ J_2\\ \vdots\\ J_\rho\end{bmatrix} \quad (4.7)$$

である.

ここに $\boldsymbol{Y}$ を節点アドミタンス行列(node-admittance matrix)といい,式 (4.5) からもわかるように,これは対称行列であり,非対角要素は第 i 節点と第 j 節点を結ぶアドミタンス Y_{ij} にマイナスの符合をつけた要素である.対角要素はプラスの符号であり,Y_{ii} は節点 i につながっているアドミタンスの総和である.また,$\boldsymbol{V}$ は節点電位を要素とするベクトルであり,ベクトル $\boldsymbol{J}$ の要素は各節点に流れ込む電流源の電流の代数和である.

また,方程式 (4.6) を解いて負の値をもつ節点電位が求まれば,この節点電位は基準節点の電位よりも低いことを表している.

節点電位法は電流則に基づいた方法であるから,回路に電圧源とそれに直列なインピーダンスが含まれているときには,等価電流源に変換しておいてからこの

方法を適用すればよい．この変換により電圧源と直列インピーダンスかを結ぶ節点は消えることに注意する．

電圧源に直列につながっているインピーダンスがなく，節点間に電圧源のみがつながっているときは電圧源を等価電流源に変換することはできないから，少し工夫が要る．図 4.2 のような場合には，同じ大きさの電圧源が極性を同じにして並列に接続されているのと等価であるから，図 4.2(b) のように 2 個の電圧源を考え，節点 a で各電圧源を切り離して図 4.2(c) のように，インピーダンスと直列に接続すればよい．2 つの節点 a′, a″ の電圧は節点 a の電圧に等しく，電圧源を流れる電流を問題にしないかぎり図 4.2(a) は図 4.2(c) に等価になる．これによって電圧源とそれに直列なインピーダンスがペアになり，これを等価電流源に変換すればよい．下側の 3 つの電圧源を並列にして，節点 b にこの考え方を適用してもよい．

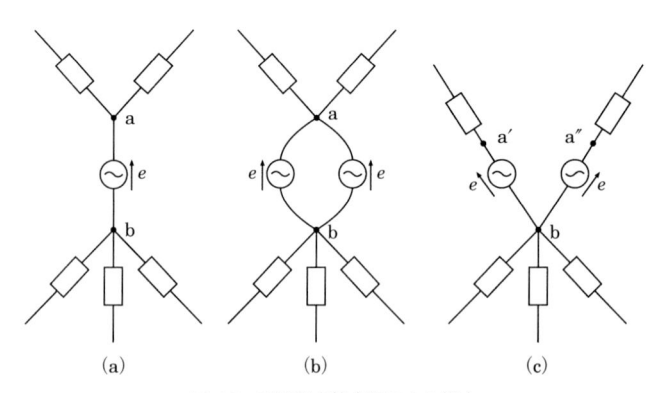

図 4.2 電圧源が節点間にある場合

¶ **例 4.1** ¶ 図 4.3(a) の回路は電圧源と電流源を含む回路である．節点電位 v_b を計算する．

節点 a, d 間には電圧源のみがつながっている．節点 a に 2 つの抵抗 R_1 と R_4 がつながっているから，図 4.3(a) の回路は図 4.3(b) の回路と等価である．図 4.3(b) の回路の電圧源を電流源に変換して図 4.3(c) が得られる．ここに $J_1 = e/R_1$, $J_2 = e/R_4$ である．節点電位 v_b, v_c について節点方程式をたてると

$$\left.\begin{array}{l}\left(\dfrac{1}{R_1}+\dfrac{1}{R_2}+\dfrac{1}{R_3}\right)v_b-\dfrac{1}{R_3}v_c = J_1 \\ -\dfrac{1}{R_3}v_b+\left(\dfrac{1}{R_3}+\dfrac{1}{R_4}\right)v_c = J_2+J\end{array}\right\} \quad (4.8)$$

となる．節点電位 v_b はこれを解いて

(a)

(b)

(c)

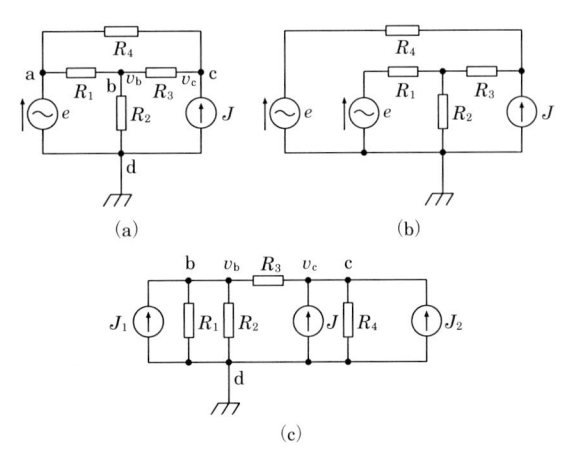

図 4.3 電圧源の変換による節点電位法

$$v_b = \frac{R_2(R_1+R_3+R_4)\,e + R_1R_2R_4J}{R_1(R_3+R_4) + R_2(R_1+R_3+R_4)} \tag{4.9}$$

となる．もちろん，重ね合わせの原理を用いても，同じ解が得られる．すなわち，上の式で $J=0$ と置いた式は図 4.3(a) で電流源を開放除去した回路の節点電位 $v_b^{(1)}$ であり，同じく $e=0$ とおいた式は電圧源を短絡除去した回路の節点電位 $v_b^{(2)}$ であり，これらの和 $v_b^{(1)}+v_b^{(2)}$ が節点電位 v_b となっている．

4.2 ル ー プ 法

4.2.1 ループとメッシュ

まず，回路図におけるループ（loop，閉路ともいう）を定義する．1つの節点から出発して順々に素子の枝を1回だけたどって出発した節点に戻るとき，通過した枝の集合が構成する経路をループという．通常，ループには出発する節点から方向をつける．また，平面上で枝が交叉することなく描かれる回路（平面回路）において，内部に枝を含まないループをメッシュ（mesh，網目）という．メッシュではその方向を時計回りか反時計回りのいずれかを基準の向きにとる．そのため相隣るメッシュは1本の枝を共有し，その枝は互いに逆の向きをもつ．図 4.4 の m_1, m_2, m_3 はメッシュであり，l_1, l_2 はループである．

いま，回路の節点間がループなしに1本の枝だけで連続して結ばれているとすれば，n 個のすべての節点を結ぶ枝の個数は $n-1$ である．この $n-1$ 本の枝集

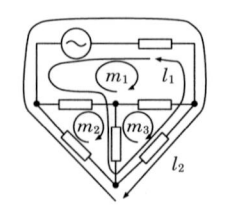

図 4.4 ループとメッシュ

合に1本だけ枝を付け加えるとループができるから，枝の個数を b で表すと独立な $b-(n-1)$ 個のループあるいはメッシュが生成される．ここで，独立なループとはそれらのループを用いて他のループを生成できるループの集合のことである．メッシュが共有する枝を開放除去すれば，相隣るメッシュの集合はループを生成する．図 4.4 ではメッシュ m_1, m_3 でループ l_1 が生成され，m_1, m_2, m_3 によって l_2 が生成されるから，メッシュの集合 $\{m_1, m_2\}$，$\{m_1, m_2, m_3\}$ はそれぞれ独立なループを意味する．

4.2.2 メッシュ法

メッシュ法は後で述べるループ法の一種であるが，節点電位法と同じように回路を定式化する一般的な方法でありよく用いられる．この方法では電圧則を用いてメッシュの電流を未知量とする連立一次方程式を導く．電圧則を使うから電圧源を含む回路の解析にこの方法は有効である．メッシュ法の手順をまとめておく．

1. 回路にメッシュを定め，電圧則により枝電圧の方程式を導く．
2. オームの法則により枝電圧と枝電流の関係をインピーダンスを使った式 $V = ZI$ で表し，これらを手順1で求めた方程式に代入し，枝電流を変数とする方程式になおす．
3. 枝電流をメッシュ電流で表し，手順2で求めた方程式に代入すれば，$b-(n-1)$ 個のメッシュ電流を変数とする連立一次方程式が得られる．

この方程式をメッシュ方程式（mesh equation）あるいは網目方程式という．

¶ 例 4.2 ¶　図 4.5 の回路のメッシュ方程式を求めよう．

節点の個数 $n=5$，枝の個数 $b=7$ であるから独立なメッシュの個数は 3 である．図 4.5 のように3個のメッシュ電流を i_{m1}, i_{m2}, i_{m3} とする．各メッシュ m_1, m_2, m_3 について電圧則により

4.2 ループ法

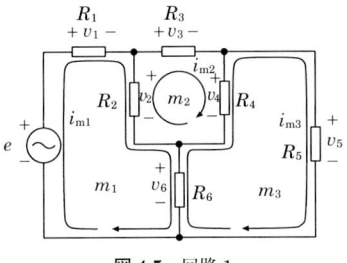

図 4.5 回路 1

$$\left.\begin{array}{l} m_1: \quad v_1+v_2+v_6 = e \\ m_2: -v_2+v_3+v_4 = 0 \\ m_3: -v_4+v_5-v_6 = 0 \end{array}\right\} \quad (4.10)$$

が成り立つ．オームの法則により枝電圧と枝電流の関係は $v_k = R_k i_k (k=1,\cdots,6)$ で与えられるから，これを式 (4.10) に代入して

$$\left.\begin{array}{l} m_1: \quad R_1 i_1 + R_2 i_2 + R_6 i_6 = e \\ m_2: -R_2 i_2 + R_3 i_3 + R_4 i_4 = 0 \\ m_3: -R_4 i_4 + R_5 i_5 - R_6 i_6 = 0 \end{array}\right\} \quad (4.11)$$

となる．枝電流とメッシュ電流の関係は

$$\left.\begin{array}{l} i_1 = i_{m1} \\ i_2 = i_{m1} - i_{m2} \\ i_3 = i_{m2} \\ i_4 = i_{m2} - i_{m3} \\ i_5 = i_{m3} \\ i_6 = i_{m1} - i_{m3} \end{array}\right\} \quad (4.12)$$

で与えられるから，この式を式 (4.11) に代入して整理すれば

$$\left.\begin{array}{l} m_1: \quad (R_1+R_2+R_6) i_{m1} - R_2 i_{m2} - R_6 i_{m3} = e \\ m_2: -R_2 i_{m1} + (R_2+R_3+R_4) i_{m2} - R_4 i_{m3} = 0 \\ m_3: -R_6 i_{m1} - R_4 i_{m2} + (R_4+R_5+R_6) i_{m3} = 0 \end{array}\right\} \quad (4.13)$$

となり，メッシュ電流のみで方程式がたてられた．この方程式はメッシュをみて直接的に書き下すことができる．すなわち，メッシュ m_1 が有するすべての抵抗の和にメッシュ電流 i_{m1} をかけた項から，メッシュ m_1 に相隣るそれぞれのメッシュの抵抗とメッシュ電流との積の各項を引いた値が，メッシュ m_1 内の電圧源の大きさに等しいと置くことによって式 (4.13) の第 1 式が得られる．第 2, 3 式についても同様の考え方で式を導くことができる．

式 (4.13) において，メッシュ電流を電圧に，抵抗をコンダクタンスに，電圧源を電流源に置き換えることにより節点法で導いた式 (4.5) になる．つまり，図 4.5 の回路と図 4.1 の回路は双対であるからこのような置き換えができる．こ

のように節点法とメッシュ法は互いに双対に関係にあることがわかる．したがって，メッシュ方程式は行列とベクトルを用いて

$$ZI = E \tag{4.14}$$

と表される．ただし，$\mu = b-n+1$ と置くと

$$Z = \begin{bmatrix} Z_{11} & -Z_{12} & \cdots & -Z_{1\mu} \\ -Z_{21} & Z_{22} & \cdots & -Z_{2\mu} \\ \vdots & \vdots & \ddots & \vdots \\ -Z_{\mu 1} & -Z_{n2} & \cdots & Z_{\mu\mu} \end{bmatrix}, \quad I = \begin{bmatrix} I_1 \\ I_2 \\ \vdots \\ I_\mu \end{bmatrix}, \quad E = \begin{bmatrix} E_1 \\ E_2 \\ \vdots \\ E_\mu \end{bmatrix} \tag{4.15}$$

ここに Z はメッシュインピーダンス行列（あるいは閉路インピーダンス行列）とよばれ対称行列である．非対角要素 $Z_{ij}(i \neq j)$ は第 i メッシュと第 j メッシュに共通に含まれるインピーダンスにマイナスの符合をつけた要素である．対角要素はプラスの符合であり，Z_{ii} は第 i メッシュに含まれるインピーダンスの総和である．また，I はメッシュ電流ベクトルで各要素はメッシュ電流であり，E の各要素は各メッシュに含まれる電圧源の電圧の代数和である．

4.2.3 ループ法

図4.5の同じ回路において，独立ループを図4.6のようにとったとき，方程式はどのようになるかを調べてみよう．

ループ l_1, l_2, l_3 について電圧則により

$$\left. \begin{aligned} l_1 &: v_1 + v_3 + v_5 = e \\ l_2 &: v_1 + v_3 + v_4 + v_6 = e \\ l_3 &: -v_2 + v_3 + v_5 - v_6 = 0 \end{aligned} \right\} \tag{4.16}$$

となり，枝電流 $i_k(k=1,\cdots,6)$ とループ電流 $i_{lk}(k=1,2,3)$ の関係は

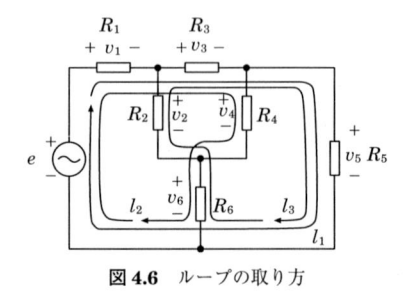

図4.6 ループの取り方

$$\left.\begin{aligned}i_1 &= i_{l1}+i_{l2}\\ i_2 &= -i_{l3}\\ i_3 &= i_{l1}+i_{l2}+i_{l3}\\ i_4 &= i_{l2}\\ i_5 &= i_{l1}+i_{l3}\\ i_6 &= i_{l2}-i_{l3}\end{aligned}\right\} \quad (4.17)$$

で表される．オームの法則による枝電流と枝電圧の関係 $v_k = R_k i_k (k = 1, \cdots, 6)$ を式 (4.16) に代入し，さらに式 (4.17) を用いるとループ方程式は

$$\left.\begin{aligned}l_1 &: (R_1+R_3+R_5)i_{l1}+(R_1+R_3)i_{l2}+(R_3+R_5)i_{l3} = e\\ l_2 &: (R_1+R_3)i_{l1}+(R_1+R_3+R_4+R_6)i_{l2}+(R_3-R_6)i_{l3} = e\\ l_3 &: (R_3+R_5)i_{l1}+(R_3-R_6)i_{l2}+(R_2+R_3+R_5+R_6)i_{l3} = 0\end{aligned}\right\} \quad (4.18)$$

となる．この方程式も，メッシュ方程式と同じように，それぞれのループをたどることにより，直接的にたてることができる．例えば，第1式についてみると，ループ l_1 に含まれるすべての抵抗の和とループ電流 i_{l1} による電圧降下が第1項であり，ループ l_1 とループ l_2 が共有する抵抗による電圧降下が第2項，ループ l_1 とループ l_3 が共有する抵抗による電圧降下が第3項である．各項の符号はループ l_1 と同方向のループはプラス符号，逆方向のループはマイナス符号である．これらの代数和をそのループのなかに含まれる電圧源の代数和に等しく置けば，第1式を得ることができる．他のループについても同じようにしてループ方程式が得られる．メッシュ法と比較すると，同じ回路であっても，このようなループの取り方では係数の項数が増えてくることがわかる．

ループ法は回路に電流源を含みさらに電流源に並列にアドミタンスがつながっているときは電流源は電圧源に変換してから，ループ法を適用すればよい．しかし，電流源に並列にアドミタンスがなく節点間に電流源のみが接続されているときは，つぎのように考えればよい．

図 4.7 は電流源を電圧源に変換する過程の一部を示している．図 4.7(a) は電流源 J を2個直列につないでもその電圧を問題にしなければ，図 4.7(b) と等価であり，さらに図 4.7(c) のように節点 a, p 間と p, b 間に電流源を接続しても節点 p での電流則は変らない．したがって，電流源 J に並列なアドミタンスが接続された回路ができるから，これを電圧源と直列なインピーダンスに変換すればよい．

¶例 4.3 ¶ 図 4.3(a) を図 4.8(a) に再表示し節点電位 v_b をこの方法により求める．

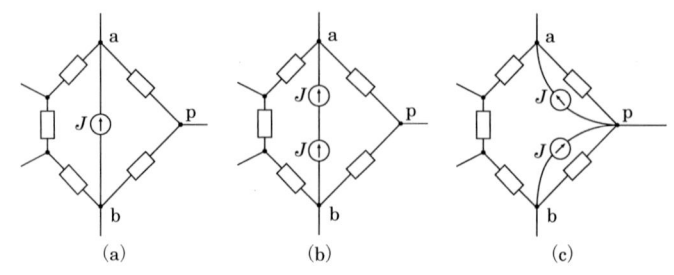

図 4.7 電流源の変換過程

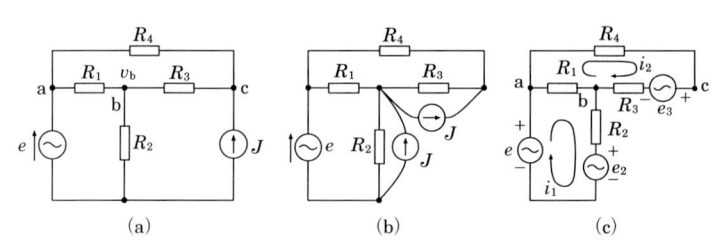

図 4.8 電流源を含む回路へのループ法の適用

　図 4.8(a) の電流源 J を図 4.8(b) のように 2 個の電流源に分割し，これらを電圧源に変換すると図 4.8(c) のような回路になる．この回路にメッシュ法を適用し図 4.8(c) のようにメッシュ電流を i_1, i_2 にとれば，メッシュ方程式は

$$\left.\begin{array}{l}(R_1+R_2)i_1 - R_1 i_2 = e - e_2 \\ -R_1 i_1 + (R_1+R_3+R_4)i_2 = -e_3\end{array}\right\} \quad (4.19)$$

となる．ただし，$e_2 = R_2 J, e_3 = R_3 J$ である．したがって，これを解いて 1 つの解 i_1 だけを書くと

$$i_1 = \frac{(R_1+R_3+R_4)e - \{R_1(R_2+R_3) + R_2(R_3+R_4)\}J}{R_1(R_3+R_4) + R_2(R_1+R_3+R_4)} \quad (4.20)$$

となる．したがって，節点電位 v_b は

$$\begin{aligned}v_b &= R_2 i_1 + e_2 \\ &= \frac{R_2(R_1+R_3+R_4)e + R_1 R_2 R_4 J}{R_1(R_3+R_4) + R_2(R_1+R_3+R_4)}\end{aligned} \quad (4.21)$$

となり，式 (4.9) に一致する．

　以上のように，電圧源と電流源が混在している回路の方程式は重ね合わせの原理によってその解を求めるのが一般的であるが，このような電源の相互変換を利用して等価回路を構成し，節点電位法，あるいはループ法のいずれによっても回路は定式化されることがわかる．

【演 習 問 題】

1. 図 4.9 の回路において，節点 c の電位を基準にとって，(a) 節点電位法で節点電圧 v_a, v_b を求めよ．(b) また，メッシュ法で求めよ．
2. 図 4.10 の回路において，電流 I を (a) 節点電位法，(b) メッシュ法で求めよ．
3. 図 4.11 の回路において，節点 a，b の電圧を求めよ．
4. 図 4.12 の直流回路において，$G = 2\,\mathrm{S}$，$E = 5\,\mathrm{V}$，$J = 1\,\mathrm{A}$ である．節点 a および節点 b の電圧を求めよ．
5. 図 4.13 の回路において，節点 a，b の電圧を求めよ．また，中央の直流電圧源 E ならびに右端の E に流れる電流を求めよ．
6. 図 4.14 の回路について，以下の問いに答えよ．
   (a) 図の回路の双対回路を描け．
   (b) 図の回路の方程式をメッシュ法でたてよ．つぎに，双対回路の方程式を節点法でたて，両方程式を比較せよ．

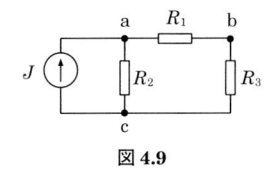

図 4.9

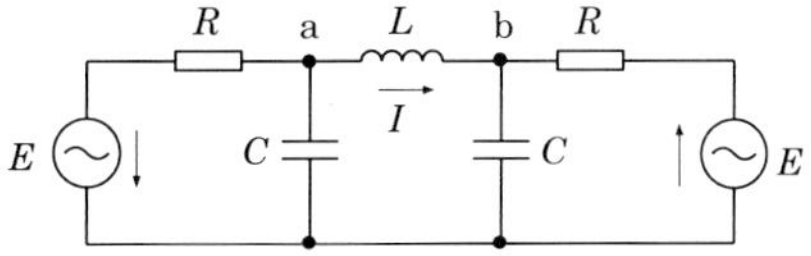

図 4.10

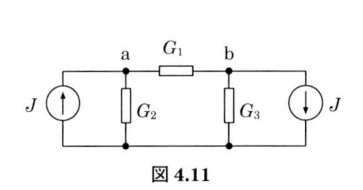

図 4.11

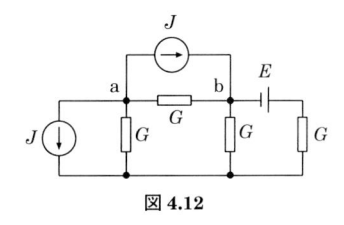

図 4.12

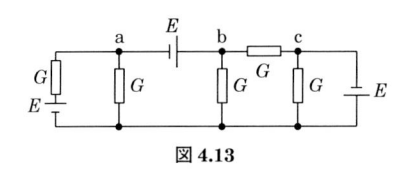

図 4.13

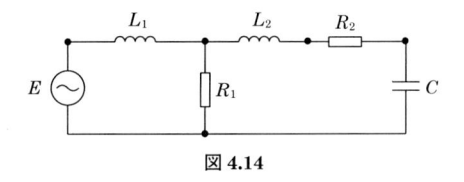

図 4.14

5

グラフ理論と回路方程式

前章で説明した回路の定式化の方法，すなわち，節点電位法とループ法を行列を用いて定式化する方法を説明する．そのため，回路をグラフで表現し，これを表現するインシデンス行列，その階数，零度などを定義して意味を述べる．そして，インシデンス行列を用いて節点方程式を導く．さらに，ループ行列を定義しループ方程式を導く方法を説明する．こうした定式化はコンピュータにより回路解析することを意図している．

5.1 グラフとは

キルヒホフの電流則と電圧則は回路素子の性質（特性）に関わらず成り立つ法則である．したがって，素子を単なる枝で表現することによってこれらの法則を記述できる．回路を枝と節点で表示した図形をグラフ（graph）とよぶ．すなわち，グラフは接続関係（incidence relation）をもった枝と節点の集合（set）である．

グラフでは回路素子のもつ特性は無視される．図 5.1(a) のようなそれぞれの素子は図 5.1(b) のように 1 本の枝で表現され，たとえば，図 5.2(a) の回路は

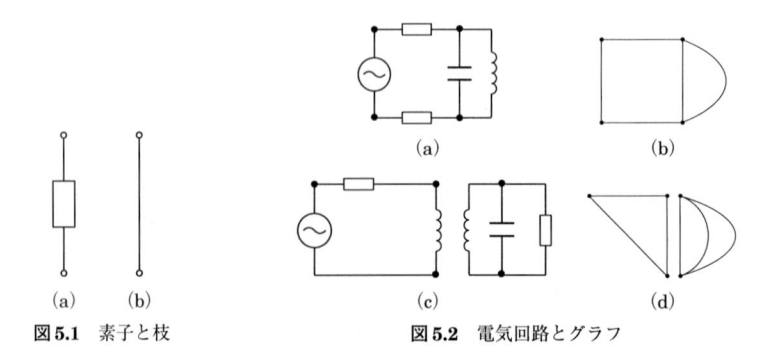

図 5.1 素子と枝

図 5.2 電気回路とグラフ

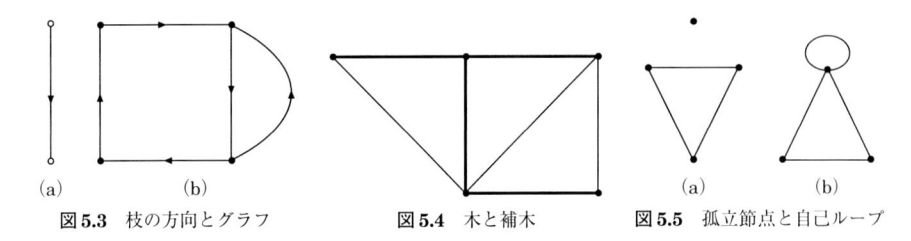

図 5.3 枝の方向とグラフ　　**図 5.4** 木と補木　　**図 5.5** 孤立節点と自己ループ

図 5.2(b) のようにグラフで表される．さらに，図 5.2(c) の変成器を含む回路は (d) のように，2 つのグラフで表現され磁気的な結合は無視される．

　ある節点から出て他の節点に到る枝の集合をパス（道，path）という．各節点から出て他の節点に到るパスが少なくとも 1 本あるとき，そのグラフを連結グラフ（connected graph）という．図 5.2(b) は連結グラフであるが，図 5.2(d) は連結グラフではない．また，**図 5.3**(a) のように矢印で枝に向きをつけ，向きをつけた枝から成るグラフ図 5.3(b) を有向グラフ（oriented graph）とよぶ．枝の向きは電流の向きあるいは電圧の向きなどと考えればよい．

　連結グラフでは 1 本以上のパスが存在するから，ある節点から枝を辿りながらふたたび始めの節点に戻る閉じたパス（closed path）が存在する．これは，すでに前章で定義したように，ループ（loop，閉路）である．また，すべての節点を通りループをもたない枝の集合を木（tree）という．グラフにおいて，1 本の木を指定したとき，木に含まれない枝の集合を補木（cotree）という．**図 5.4** のグラフで太い線の枝の集合は木，細い線の枝集合は補木である．明らかに，木と補木を集合として加えると，元のグラフになる．すなわち，グラフは木と補木に分割することができる．木も補木も元のグラフの一部分である．このように，元のグラフの一部の枝と節点で作られるグラフを部分グラフ（subgraph）という．

　グラフの要素は枝と節点であるから，**図 5.5**(a) のような単独に孤立した節点（isolated node）もグラフに含める．図 5.5(b) のように，1 本の枝のみから構成されているループ（自己ループ（self loop）という）もグラフの一部であるが，回路網（network）では意味がないので考慮しない．

5.2　グラフの行列による表現

5.2.1　インシデンス行列

　グラフの節点は枝と枝を結びつけ，枝はその両端の節点を結びつけている．こ

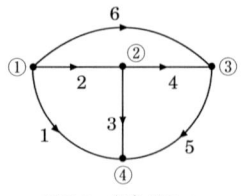

図 5.6 有向グラフ

のように節点を介して2本以上の枝が結ばれ，枝を介して2個の節点が結ばれる．これを枝と枝があるいは節点と節点が互いに隣接 (adjacent) しているという．図 5.6 の有向グラフの枝1で節点①と節点④が互いに隣接している．同図のように向き付きの枝では，たとえば枝1は節点①から出て，節点④に入るという．このような隣接の様子は行列で表現することができる．以下，m 行 n 列の行列を (m, n) 行列と記す．

これまでと同じようにグラフの枝の個数を b，節点の個数を n で表す．いま，図 5.6 のようにすべての枝と節点に番号をつけて，1つの節点 ⓘ と枝の隣接関係を $(1, b)$ 行列（行ベクトル）$\boldsymbol{a}_i$ で表す．つまり，

$$\boldsymbol{a}_i = [a_{i1}, a_{i2}, \cdots, a_{ib}] \tag{5.1}$$

として，$\boldsymbol{a}_i$ の要素 a_{ik} をつぎのように定める．

$$a_{ik} = \begin{cases} 1 : 枝 k が節点 ⓘ から出るとき \\ -1 : 枝 k が節点 ⓘ に入るとき \\ 0 : 枝 k が節点 ⓘ に隣接していないとき \end{cases} \tag{5.2}$$

たとえば，図 5.6 の節点②には枝 2, 3, 4 が隣接し，枝 3, 4 が節点②から出て，枝 2 が節点②に入ってきているから

$$\boldsymbol{a}_2 = [0, -1, 1, 1, 0, 0] \tag{5.3}$$

となる．同様にして，他の節点に対しても $\boldsymbol{a}_1, \boldsymbol{a}_3, \boldsymbol{a}_4$ を作り，これを行列の形にかくと

$$\tilde{\boldsymbol{A}} = \begin{bmatrix} \boldsymbol{a}_1 \\ \boldsymbol{a}_2 \\ \boldsymbol{a}_3 \\ \boldsymbol{a}_4 \end{bmatrix} = \begin{bmatrix} 1 & 1 & 0 & 0 & 0 & 1 \\ 0 & -1 & 1 & 1 & 0 & 0 \\ 0 & 0 & 0 & -1 & 1 & -1 \\ -1 & 0 & -1 & 0 & -1 & 0 \end{bmatrix} \tag{5.4}$$

となる．このように n 個の行ベクトル $\boldsymbol{a}_i (i = 1, 2, \cdots, n)$ を縦に並べて，(n, b) 行列

$$\widetilde{A} = \begin{bmatrix} a_1 \\ a_2 \\ \vdots \\ a_n \end{bmatrix} \tag{5.5}$$

をつくる．これをインシデンス行列（incidence matrix）あるいは接続行列という．各枝は一節点から出て他の節点に入るから，インシデンス行列の各列には $+1$ と -1 がそれぞれ 1 回だけ現われる．

　線形代数学で学んだように，n 個のベクトル $a_1, a_2, \cdots, a_n$ と，すべてが零でない定数 $c_1, c_2, \cdots, c_n$ に対して

$$c_1 a_1 + c_2 a_2 + \cdots + c_n a_n = 0 \tag{5.6}$$

ならば，n 個のベクトル $a_1, a_2, \cdots, a_n$ は一次従属（linearly dependent）であるという．これに反して，すべてが零でない定数 $c_1, c_2, \cdots, c_n$ に対して

$$c_1 a_1 + c_2 a_2 + \cdots + c_n a_n \neq 0 \tag{5.7}$$

ならば，n 個のベクトル $a_1, a_2, \cdots, a_n$ は一次独立（linearly independent）であるという．これによれば，行列 $\widetilde{A}$ の行ベクトル $a_1, \cdots, a_4$ の間には

$$\begin{aligned} a_1 + a_2 + a_3 + a_4 &= [1, 1, 0, 0, 0, 1] + [0, -1, 1, 1, 0, 0] \\ &\quad + [0, 0, 0, -1, 1, -1] + [-1, 0, -1, 0, -1, 0] \\ &= [0, 0, 0, 0, 0, 0] = 0 \end{aligned} \tag{5.8}$$

という関係があるから，4 個の行ベクトル $a_1, \cdots, a_4$ は一次従属である．また，そのなかから 3 個の行ベクトルをとれば，それらは一次独立であることがわかる．行列の基本操作により，行列 $\widetilde{A}$ の行を 1 つ定め，残りの行をその行に加えると要素がすべてゼロの行ができる．これは n 個の行ベクトルが一次従属であることを示している．そこで，インシデンス行列 $\widetilde{A}$ から 1 つの行を取り除いた行列を既約インシデンス行列（reduced insidence matrix）とよび，A で表す．インシデンス行列の各列は 1 と -1 をそれぞれ 1 回ずつもつから，既約インシデンス行列から元のインシデンス行列を生成することができる．したがって，インシデンス行列 $\widetilde{A}$ の代わりに既約インシデンス行列 A を用いても，元のグラフのもつ枝の向き，枝と節点の接続関係に関する情報は失われることはない．取り除いた行に対応する節点は基準節点（reference node）とよばれ，共通接地点に相当する．

5.2.2　行列の階数

　行列の理論で重要な階数（rank）と零度（nullity）または縮退数について説明し，グラフとの関連について述べる．

階　数

行列 C を (m, n) 行列とするとき，すべての $r+1$ 次の小行列式の値が零であり，r 次の小行列式のなかで少なくとも1つは零でないものが存在するとき行列 C の階数は r であるといい

$$\rho(C) = r \tag{5.9}$$

とかく．$r+1$ 次の小行列式は行列 C から適当に行および列を取り除いて作るから，階数 r は m, n の小さい方を越えることはない．すなわち，$r \leq \min(m, n)$ と書ける．また，零行列 $\boldsymbol{0}$ の階数は 0 と定める．たとえば，行列

$$C = \begin{bmatrix} 0 & 0 & 0 & 0 \\ 0 & 0 & 1 & 0 \\ 0 & -1 & 0 & 0 \end{bmatrix} \tag{5.10}$$

において，C の三次の小行列式はすべて零であり，二次の小行列式のなかで

$$\begin{vmatrix} 0 & 1 \\ -1 & 0 \end{vmatrix} \tag{5.11}$$

は零でないから，$\rho(C) = 2$ である．(n, n) 行列を n 次の正方行列という．n 次の正方行列はその n 次の行列式の値が零でなければ，すなわち，非特異 (nonsingular) ならば階数は n であり，特異 (singular) になれば階数は n より小さくなる．

インシデンス行列 $\tilde{A}$ の階数に関してつぎの定理がある．

[定理] インシデンス行列 $\tilde{A}$ を行ベクトルで

$$\tilde{A} = [\boldsymbol{a}_1, \boldsymbol{a}_2, \cdots, \boldsymbol{a}_n]^T \tag{5.12}$$

と表したとき，$\rho(\tilde{A}) = n-1$ である．ただし，n は節点数である．　□

したがって，インシデンス行列 $\tilde{A}$ の n 個の行ベクトルのなかで $n-1$ 個のみが一次独立であり，残りの1個の行ベクトルは $n-1$ 個の一次独立な行ベクトルの一次結合によって表すことができる．この定理は $\tilde{A}$ を列ベクトルで

$$\tilde{A} = [\boldsymbol{b}_1, \boldsymbol{b}_2, \cdots, \boldsymbol{b}_b] \tag{5.13}$$

と表したときも成り立つ．すなわち，b 個の列ベクトルのなかで $\rho(\tilde{A}) = n-1$ 個が一次独立であり，残りの $b-(n-1)$ 個の列ベクトルは $n-1$ 個の一次独立な列ベクトルの一次結合によって表すことができる．たとえば，式 (5.4) のインシデンス行列 $\tilde{A}$ の列ベクトルの組 $\{\boldsymbol{b}_1, \boldsymbol{b}_2, \boldsymbol{b}_3\}$, $\{\boldsymbol{b}_1, \boldsymbol{b}_2, \boldsymbol{b}_4, \boldsymbol{b}_5\}$, $\{\boldsymbol{b}_1, \boldsymbol{b}_2, \cdots, \boldsymbol{b}_6\}$ などは一次従属であり，$\{\boldsymbol{b}_1, \boldsymbol{b}_3, \boldsymbol{b}_4\}$, $\{\boldsymbol{b}_1, \boldsymbol{b}_3, \boldsymbol{b}_5\}$, $\{\boldsymbol{b}_3, \boldsymbol{b}_4, \boldsymbol{b}_6\}$ などは一次独立である．

これらの一次独立な列ベクトルの組と図 5.7 のグラフとの対応をとり，木を枝

5.2 グラフの行列による表現

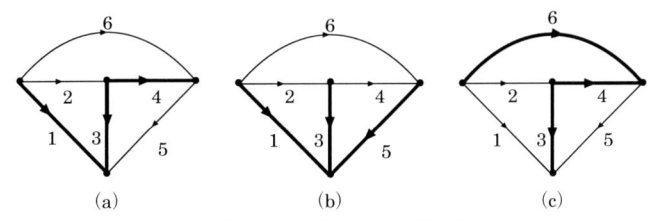

図 5.7 木（太線）と補木（細線）

番号の集合で表すと，これらの列ベクトルは木 (a) $\{1,3,4\}$, (b) $\{1,3,5\}$, (c) $\{3,4,6\}$ などにそれぞれ対応していることがわかる．また，一次従属のベクトルは木の枝の一部またはすべてに補木の枝が付け加わり，ループを生成することがわかる．このようにインシデンス行列はグラフに対応するので，グラフ理論では $\rho = n-1$ をグラフの階数とよぶ．

零 度

(m, n) 行列 C の階数が r であるならば，m 個の行ベクトルのなかから適当な r 個をとれば一次独立な行ベクトルであるから，残りの $m-r$ 個の行ベクトルは r 個の一次独立な行ベクトルの一次結合として表すことができる．同様に，n 個の列ベクトルのなかで適当な r 個の列ベクトルをとればそれらは一次独立であるから，残りの $b-r$ 個の列ベクトルは r 個の列ベクトルの一次結合として表すことができる．

とくに，行列 C が既約インシデンス行列 A であるときは，n を節点数，b を枝の個数とすれば $r = \rho(A) = n-1$ であるから $b-(n-1)$ 個の列ベクトルは $n-1$ の個の列ベクトルで表される．$\mu = b-(n-1)$ とおき，これをグラフの零度という．たとえば，図 5.6 のグラフの場合，$b = 6$, $n = 4$ であるから，$\rho = 3$, $\mu = 3$ である．したがって，$3(=\mu)$ 個の列ベクトルは $3(=\rho)$ 個の一次独立な列ベクトルによって表すことができる．たとえば $\boldsymbol{b}_6 = [1, 0, -1, 0]^T$ は

$$\boldsymbol{b}_6 = \begin{bmatrix} 1 \\ 0 \\ -1 \\ 0 \end{bmatrix} = \begin{bmatrix} 1 \\ 0 \\ 0 \\ -1 \end{bmatrix} - \begin{bmatrix} 0 \\ 1 \\ 0 \\ -1 \end{bmatrix} + \begin{bmatrix} 0 \\ 1 \\ -1 \\ 0 \end{bmatrix} = \boldsymbol{b}_1 - \boldsymbol{b}_3 + \boldsymbol{b}_4 \tag{5.14}$$

となり，一次独立な列ベクトル $\{\boldsymbol{b}_1, \boldsymbol{b}_3, \boldsymbol{b}_4\}$ によって表される．グラフでは零度 μ は補木の枝の個数に対応する．図 5.6 のグラフでは，木 $\{1, 3, 4\}$ に補木の枝 $\{6\}$ を付け足すことによりループができる．しかも，式 (5.14) の負の符号

はいずれの向きのループに対しても枝3の向きが枝1,4とは逆であることを示している．以上のことから零度 μ は独立なループの個数を表すことがわかる．

5.3 節点方程式の行列表示

5.3.1 インシデンス行列と電流則

要素が各素子の電流である列ベクトルを枝電流ベクトルとよび

$$\boldsymbol{i} = [i_1, i_2, \cdots, i_b]^T \quad T：転置 \tag{5.15}$$

で表す．このとき，枝電流の配列の順序をインシデンス行列の枝の配列順序に一致させるものとする．枝電流ベクトル $\boldsymbol{i}$ を用いて，電流則は

$$\tilde{\boldsymbol{A}}\boldsymbol{i} = \boldsymbol{0} \tag{5.16}$$

と表すことができる．すなわち，列ベクトル $\tilde{\boldsymbol{A}}\boldsymbol{i}$ の第 i 成分は節点 $i(i=1,2,\cdots,n)$ に出入りする電流の総和が零であることを示している．また既約インシデンス行列 $\boldsymbol{A}$ により電流則は

$$\boldsymbol{A}\boldsymbol{i} = \boldsymbol{0} \tag{5.17}$$

と表される．ここで，インシデンス行列 $\tilde{\boldsymbol{A}}$ から取り除いた行に対応する節点は基準節点に対応する．

5.3.2 インシデンス行列と電圧則

枝電圧が節点電位によって表されることをつぎに示す．枝は (1) 基準節点に隣接している枝と (2) 基準節点に隣接していない枝とに分けることができる．(1) の枝では，枝の向きにより節点電位が枝電圧になるかあるいは節点電位にマイナスの符号を付した電圧が枝電圧になる．(2) の枝では電圧則により2個の節点電位の差が枝電圧になる．したがって，すべての枝電圧は節点電位によって表されることになる．このことを数式で表現するにはつぎのようにすればよい．

図5.8に示すように基準電位に対する各節点電位を $\hat{v}_i$ $(i=1,\cdots,n-1)$，枝電圧を $v_k (k=1,\cdots,b)$ で表す．(1) の場合は図5.8(a) を参照して

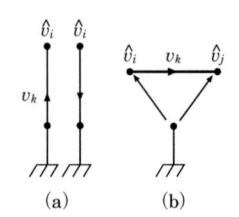

図5.8 枝電圧と節点電圧の関係

$$v_k = \hat{v}_i \text{ または } v_k = -\hat{v}_i \tag{5.18}$$

(2) の場合は図 5.8(b) を参照して

$$v_k = \hat{v}_j - \hat{v}_i \tag{5.19}$$

となる．素子の枝電圧を要素とする列ベクトルを枝電圧ベクトルとよび，$\boldsymbol{v} = [v_1, v_2, \cdots, v_b]^T$ で表す．また，節点の電位を要素とするベクトルを節点電位ベクトルとよび $\hat{\boldsymbol{v}} = [\hat{v}_1, \hat{v}_2, \cdots, \hat{v}_{n-1}]^T$ で表す．したがって，$\boldsymbol{v}$ と $\hat{\boldsymbol{v}}$ の関係は $(b, n-1)$ 行列 $\boldsymbol{D} = (d_{ki})$ により

$$\boldsymbol{v} = \boldsymbol{D}\hat{\boldsymbol{v}} \tag{5.20}$$

と表される．ただし，

$$d_{ki} = \begin{cases} 1 : \text{枝 } k \text{ が節点 } i \text{ から出るとき} \\ -1 : \text{枝 } k \text{ が節点 } i \text{ に入るとき} \\ 0 : \text{枝 } k \text{ が節点 } i \text{ に隣接していないとき} \end{cases} \tag{5.21}$$

である．これは既約インシデンス行列 $\boldsymbol{A}$ の要素 a_{ik} によって d_{ki} が $d_{ki} = a_{ik}$ ($k = 1, 2, \cdots, b$; $i = 1, 2, \cdots, n-1$) と表されることを示している．したがって，$\boldsymbol{D} = \boldsymbol{A}^T$ であるから式 (5.20) は

$$\boldsymbol{v} = \boldsymbol{A}^T\hat{\boldsymbol{v}} \tag{5.22}$$

となる．

5.3.3 節点方程式

電流則を既約インシデンス行列によって表すことができ，枝電圧ベクトルが節点電位ベクトルによって表されることがわかったから，節点方程式を行列とベクトルを用いて表すことができる．すなわち，オームの法則により枝電流ベクトルと枝電圧ベクトルの関係は枝のコンダクタンスを $G_k (k = 1, 2, \cdots, b)$ で表すと

$$\boldsymbol{i} = \boldsymbol{G}\boldsymbol{v} \tag{5.23}$$

となる．ただし，

$$\boldsymbol{G} = \begin{bmatrix} G_1 & 0 & \cdots & 0 \\ 0 & G_2 & \cdots & 0 \\ \vdots & \vdots & \ddots & \vdots \\ 0 & 0 & \cdots & G_b \end{bmatrix} = \mathrm{diag}[G_1, G_2, \cdots, G_b] \tag{5.24}$$

であり，記号 diag は対角行列を表す．図 5.9 のように各枝に並列に電流源が存在するものとして，電流源ベクトルを $\boldsymbol{J}$ で定義すると電流則は

$$\boldsymbol{A}\boldsymbol{i} = \boldsymbol{A}\boldsymbol{J} \tag{5.25}$$

と表すことができる．これに式 (5.23) を代入して

$$\boldsymbol{A}\boldsymbol{G}\boldsymbol{v} = \boldsymbol{A}\boldsymbol{J} \tag{5.26}$$

図 5.9 枝電流と電流源の接続

さらに，式 (5.22) を代入して

$$AGA^T\hat{v} = AJ \tag{5.27}$$

となる．これが節点方程式の行列による表現である．ここで $\hat{G} = AGA^T$ と置き，これを節点コンダクタンス行列（交流の場合は節点アドミタンス行列）ということは前章の定義と同じである．節点コンダクタンス行列 $\hat{G}$ が対称行列であることは

$$\hat{G}^T = (AGA^T)^T = (GA^T)^T A^T = AG^T A^T = \hat{G} \tag{5.28}$$

からわかる．

¶ 例 5.1 ¶ 前章の図 4.1 の回路で求めた節点方程式をここで述べた方法でふたたび求めてみる．図 5.10 の回路の既約インシデンス行列は節点④を基準節点にとり

$$A = \begin{bmatrix} 1 & 1 & 0 & 0 & 0 & 1 \\ 0 & -1 & 1 & 1 & 0 & 0 \\ 0 & 0 & -1 & 0 & 1 & -1 \end{bmatrix}$$

であるから，$G = \mathrm{diag}[G_1, \cdots, G_6]$ と置くと節点コンダクタンス行列は

$$\hat{G} = AGA^T$$
$$= \begin{bmatrix} G_1+G_2+G_6 & -G_2 & -G_6 \\ -G_2 & G_2+G_3+G_4 & -G_4 \\ -G_6 & -G_4 & G_4+G_5+G_6 \end{bmatrix}$$

となる．また，電流源ベクトルは $J = [J, 0, 0, 0, 0, 0]^T$ であるから

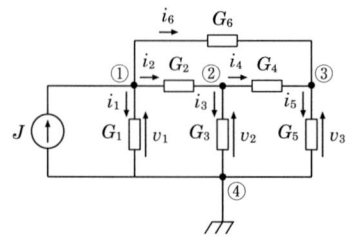

図 5.10 図 4.1 の再掲

$$AJ = \begin{bmatrix} J \\ 0 \\ 0 \end{bmatrix}$$

となる．これらの結果は式（4.5）と一致する．

5.4 ループ行列とループ方程式

5.4.1 ループ行列

図 5.11(a) は前章で扱った回路である．電圧源とそれに直列の抵抗を合わせて 1 本の枝で表すと，この回路のグラフは図 5.11(b) のようになる．ループを l_1, l_2, l_3（図 5.11(b)）および l_4, l_5, l_6, l_7（図 5.11(c)）とする．いま，図のように枝とループに番号をつけてループ i を $(1, b)$ 行ベクトル $\boldsymbol{l}_i$ で表す．ただし，b は枝の個数である．ここで

$$\boldsymbol{l}_i = [l_{i1}, l_{i2}, \cdots, l_{ib}] \tag{5.29}$$

として l_{ik} をつぎのように定める．

$$l_{ik} = \begin{cases} 1 : \text{枝 } k \text{ がループ } i \text{ に含まれ，} \\ \quad\;\;\, \text{枝の向きとループの向きが一致するとき} \\ -1 : \text{枝 } k \text{ がループ } i \text{ に含まれ，} \\ \quad\;\;\, \text{枝の向きとループの向きが反対であるとき} \\ 0 : \text{枝 } k \text{ がループ } i \text{ に含まれないとき} \end{cases} \tag{5.30}$$

たとえば，ループ電流 i_1 に対するループ l_1 は枝 $1, 2, 6$ からできている．どの枝の向きもループと同じ向きであるから

$$\boldsymbol{l}_1 = [1, 1, 0, 0, 0, 1] \tag{5.31}$$

となる．同様にして，$\boldsymbol{l}_2, \boldsymbol{l}_3, \cdots, \boldsymbol{l}_7$ をつくり，これを行列で表すと

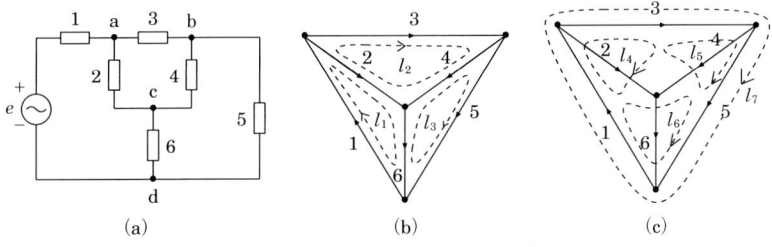

図 5.11 電圧源を含む回路とループ

$$L = \begin{bmatrix} l_1 \\ l_2 \\ \vdots \\ l_7 \end{bmatrix} = \begin{bmatrix} 1 & 1 & 0 & 0 & 0 & 1 \\ 0 & -1 & 1 & 1 & 0 & 0 \\ 0 & 0 & 0 & -1 & 1 & -1 \\ 1 & 0 & 1 & 1 & 0 & 1 \\ 0 & -1 & 1 & 0 & 1 & -1 \\ 1 & 1 & 0 & -1 & 1 & 0 \\ 1 & 0 & 1 & 0 & 1 & 0 \end{bmatrix} \quad (5.32)$$

となる.行列 L をループ行列 (loop matrix) あるいは閉路行列という.

ループ行列 L の行ベクトルの間には,たとえば

$$l_1 + l_2 - l_4 = 0 \quad (5.33)$$

の関係がある.同様にして

$$l_2 + l_3 - l_5 = 0, \quad l_1 + l_3 - l_6 = 0, \quad l_1 + l_2 + l_3 - l_7 = 0 \quad (5.34)$$

が成り立つ.したがって,7個のベクトル $l_1, l_2, \cdots, l_7$ のなかで,4個以上とればそれらは一次従属であり,3個とれば一次独立な組と一次従属な組がある.これらの式をみると,たとえば $l_4 = l_1 + l_2$ はループ l_4 がループ l_1 と l_2 から生成されることを示す.いまの場合,零度 $\mu = 3$ となるから,独立なループは3個である.たとえばループ l_7 は3個の一次独立なループ $\{l_1, l_2, l_3\}$ により生成される.

5.4.2 ループ方程式

独立なループ電流を変数とする方程式をたてる.いま,$\mu = b - (n-1)$ 個のループを選びループ行列 L を作る.このループ行列 L は (μ, b) 行列であり電圧則は

$$Lv = Le \quad (5.35)$$

となる.ここに,$e = [e_1, e_2, \cdots, e_b]^T$ は電圧源ベクトルである.枝の抵抗を R_k ($k = 1, 2, \cdots, b$),枝電流ベクトルを $i = [i_1, i_2, \cdots, i_b]^T$ で表すとオームの法則は

$$v = Ri \quad (5.36)$$

$$R = \begin{bmatrix} R_1 & \cdot & \cdots & \cdot \\ \cdot & R_2 & \cdots & \cdot \\ \vdots & \vdots & \ddots & \vdots \\ \cdot & \cdot & \cdots & R_b \end{bmatrix} = \text{diag}[R_1, R_2, \cdots, R_b] \quad (5.37)$$

である.また,ループ電流ベクトルを $\hat{i} = [\hat{i}_1, \hat{i}_2, \cdots, \hat{i}_\mu]^T$ で表すと

$$i = L^T \hat{i} \quad (5.38)$$

であるから,式 (5.38), (5.36) を式 (5.35) に代入すると

$$LRL^T \hat{i} = Le \tag{5.39}$$

となり，ループ電流ベクトルに関する連立一次方程式が得られる．これをループ方程式（loop equation）あるいは閉路方程式という．ここで，$\hat{R} = LRL^T$ はループ（閉路）抵抗行列，交流の場合にはループ（閉路）インピーダンス行列（loop-impedance matrix）とよばれ，対称行列である．なお，ループがメッシュのときは，メッシュ電流ベクトル，メッシュ抵抗行列などという．

¶例 5.2¶ 図 5.11(b) において，図 5.11(a) で電圧源 e に直列につながっている R_1 も含めて 1 本の枝 1 になっている．独立なループの個数は $\mu = 6-(4-1) = 3$ であるから，たとえば図 5.11(c) のループ l_4, l_5, l_6 をとり，そのループの向きの電流をそれぞれ i_4, i_5, i_6 とする．ループ行列は

$$L = \begin{bmatrix} 1 & 0 & 1 & 1 & 0 & 1 \\ 0 & -1 & 1 & 0 & 1 & -1 \\ 1 & 1 & 0 & -1 & 1 & 0 \end{bmatrix}$$

また，電圧源ベクトル e は $[e, 0, \cdots, 0]^T$ である．したがって，ループ抵抗行列は

$$\hat{R} = LRL^T$$
$$= \begin{bmatrix} R_1+R_3+R_4+R_6 & R_3-R_6 & R_1-R_4 \\ R_3-R_6 & R_2+R_3+R_5+R_6 & -R_2+R_5 \\ R_1-R_4 & -R_2+R_5 & R_1+R_2+R_4+R_5 \end{bmatrix}$$

電圧源に関しては $Le = [e, 0, e]^T$ となる．したがって，これらを用いてループ電流ベクトル $\hat{i} = [i_4, i_5, i_6]^T$ が求められる．また，5.11(b) のループ l_1, l_2, l_3 をとると，ループ抵抗行列は前章の式（4.13）を行列表示したときの係数行列に等しくなる．

このように独立なループのとり方によりループ方程式は異なる．ループの選び方については次章で述べる．

節点方程式，ループ方程式は回路の規模が大きくなると変数の数が多くなり，われわれの手計算ではとても解くことは難しい．そこで，コンピュータを援用して数値的に解くことになり，多変数の連立一次方程式を効率的に解くいろいろな手法が研究開発され，ソフトウェアも提供されている．

【演 習 問 題】

1. 図 5.12 の回路のグラフを描き，キャパシタをできるだけ多く含む木を枝番号で示せ．また，インダクタをできるだけ多く含む木を枝番号で示せ．
2. 図 5.13 のグラフのインシデンス行列と既約インシデンス行列を求めよ．

図 5.12

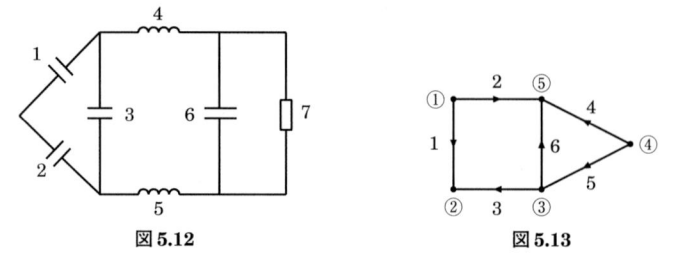

図 5.13

3. インシデンス行列が下記のように与えられている．これに対応するグラフを描け．

$$\begin{bmatrix} -1 & 1 & -1 & 1 & 0 \\ 0 & 0 & 0 & -1 & 0 \\ 1 & -1 & 0 & 0 & 1 \\ 0 & 0 & 1 & 0 & -1 \end{bmatrix} \tag{5.40}$$

4. 図 5.14 のグラフの階数と零度を求めよ．また，それぞれが意味することをこのグラフで確認せよ．

5. 図 5.15 の回路において，キャパシタンスとインダクタンスはすべて等しく $C = C_1 = C_2 = C_3$, $L = L_1 = L_2 = L_3$ とする．また，3 個の電圧源を $e_1 = E$, $e_2 = Ee^{-j2\pi/3}$, $e_3 = Ee^{-j4\pi/3}$ とする．素子の番号を枝番号とする．以下の問に答えよ．
   (a) 回路のグラフを描き，メッシュ行列 $\mathbf{M}$ を求めよ．
   (b) メッシュインピーダンス行列を求めよ．
   (c) メッシュ方程式を求めよ．
   (d) メッシュ電流を求めよ．
   (e) 節点 4 を基準とする既約インシデンス行列 $\mathbf{A}$ を求めよ．
   (f) 節点アドミッタンス行列を求めよ．
   (g) 節点方程式を求めよ．
   (h) 節点 4 に対する節点電位 V_1, V_2, V_3 を求めよ．
   (i) この電位を用いてインダクタを流れる電流を計算し，メッシュ法で求めたメッシュ電流と比較せよ．

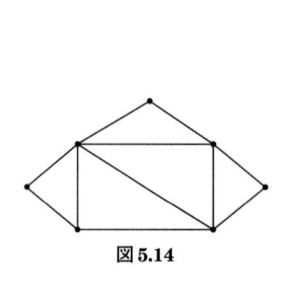

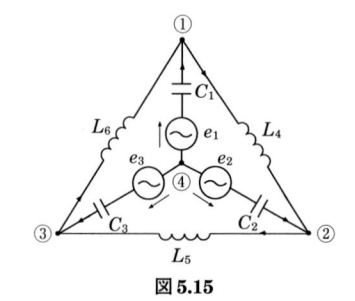

図 5.14

図 5.15

6

カットセット解析とタイセット解析

これまで学んだ節点法とループ法を一般化したカットセット解析とタイセット解析を説明する．これらは互いに双対な定式化の方法である．まず，基本カットセットと基本タイセットを定義し，それらの行列表示を説明する．つぎに，回路網の基本カットセット方程式と基本タイセット方程式のたてかたを述べる．また，基本カットセット行列と基本タイセット行列の関係についても述べる．

6.1 カットセット解析

6.1.1 基本カットセット

取り扱う電気回路網のグラフは連結グラフとする．与えられたグラフから1本もしくはそれ以上の枝を取り除いて，2つの部分グラフができるとき，取り除いた枝の集合をカットセット (cut-set) という．たとえば，図 6.1(a) のグラフで枝 $\{p, q\}$ を取り除くと図 6.1(b) に示すように2つの部分グラフができるから，枝集合 $\{p, q\}$ はカットセットである．また，枝 r, s を取り除くと図 6.1(c) のように孤立節点ができる．孤立節点もグラフと考えて，枝集合 $\{r, s\}$ はカットセットである．以下，節点の個数を n, 枝の個数を b で表す．

グラフにおいて木を1本定め，その木の枝を1本だけ含み他はすべて補木の枝からなるカットセットを基本カットセット (fundamental cut-set) という．したがって，木の枝の個数だけ，つまり $\rho = n-1$ 個の基本カットセットが存在す

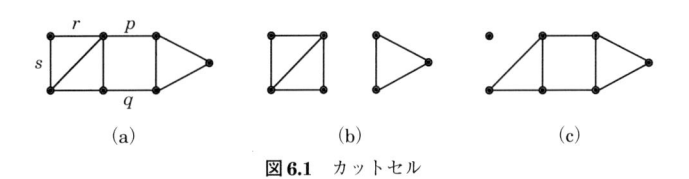

図 6.1 カットセル

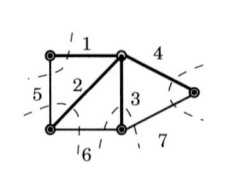

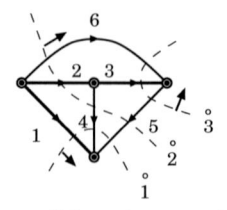

図6.2 基本カットセット **図6.3** 基本カットセットの方向

る．

　以下，枝に番号を付け，木などの枝の集合を番号の集合で表す．図 6.2 では木 $\{1,2,3,4\}$ に対する基本カットセットを示す切断（カット，cut）を破線で示してある．枝集合 $\{1,5\}$，$\{2,5,6\}$，$\{3,6,7\}$，$\{4,7\}$ はそれぞれ基本カットセットである．有向グラフではカットセットに向きをつけることができる．図 6.3 に示すように，破線のカットに対し木の枝の向きをカットセット $\{\dot{1},\dot{2},\dot{3}\}$ の基準の向き（reference direction）に定める．このようにして定めた向き付きのカットセットを行列で表すにはつぎのようにする．

　まず，枝に番号を付ける．すなわち，木を 1 本選び，その枝に 1 から $\rho = n-1$ まで番号を付け，残りの補木の枝に $\rho+1 = n$ から b までの番号を付ける．カットセットの番号は木の枝番号に一致させる．このことを表現する行ベクトル q をつぎのように定義する．

　基本カットセット i を行ベクトル q_i で表す．すなわち，$q_i = [q_{i1}, q_{i2}, \cdots, q_{ib}]$ として，q_i の要素 q_{ik} をつぎのように定める．

$$q_{ik} = \begin{cases} 1 : \text{枝 } k \text{ がカットセット } i \text{ に含まれ，} \\ \quad\quad \text{カットセット } i \text{ と同じ向きのとき} \\ -1 : \text{枝 } k \text{ がカットセット } i \text{ に含まれ，} \\ \quad\quad\; \text{カットセット } i \text{ と反対の向きのとき} \\ 0 : \text{枝 } k \text{ がカットセット } i \text{ に含まれないとき} \end{cases} \quad (6.1)$$

　たとえば，図 6.3 に示すグラフの木 $\{1,2,3\}$ に対する基本カットセットは $\{1,4,5\}$，$\{2,4,5,6\}$，$\{3,5,6\}$ である．したがって，$q_1 = [1,0,0,1,1,0]$ となる．同様にして，q_2，q_3 を作り，これらを縦に並べると

$$Q = \begin{bmatrix} q_1 \\ q_2 \\ q_3 \end{bmatrix} = \begin{bmatrix} 1 & 0 & 0 & 1 & 1 & 0 \\ 0 & 1 & 0 & -1 & -1 & 1 \\ 0 & 0 & 1 & 0 & -1 & 1 \end{bmatrix} \quad (6.2)$$

となる．この行列 $Q = (q_{ik})$ を基本カットセット行列（fundamental cut-set matrix）という．式 (6.2) からわかるように，カットセットの番号と木の枝番号が一致させてあるが，これは本質的なことではない．基本カットセット行列 Q は ρ 次の単位行列 $\mathbf{1}$ と (ρ, μ) 行列 Q_c に分けられ

$$Q = [\mathbf{1} \quad Q_c] \tag{6.3}$$

と表される．したがって，$\text{rank}(Q) = \rho = n-1$ である．枝電流ベクトルを $i = [i_1, i_2, \cdots, i_b]^T$ とすれば，電流則は

$$Qi = 0 \tag{6.4}$$

あるいは

$$[\mathbf{1} \quad Q_c]\begin{bmatrix} i_t \\ i_c \end{bmatrix} = 0 \tag{6.5}$$

となる．ここに i_t は木の枝電流ベクトル，i_c は補木の枝電流ベクトルである．この式は

$$i_t = -Q_c i_c \tag{6.6}$$

と書けるから，木の枝電流（ρ 個）は補木の枝電流（μ 個）の一次結合として表せることを示している．回路の電源は電流源のみとする．図 6.4 のように，電流源 J_k を考慮すると，電流則は

$$Qi = QJ \tag{6.7}$$

と表される．ただし J は枝に並列な電流源のベクトル $J = [J_1, J_2, \cdots, J_b]^T$ である．

つぎにキルヒホフの電圧則により素子の枝電圧と木の枝電圧との関係を求める．たとえば，図 6.4 のように電流源と抵抗素子の並列枝を 1 本の枝とみなすと図 6.5 の回路のグラフは図 6.3 のグラフになる．以下，図の素子の番号は枝電圧と枝電流の番号も表すものとする．木を $\{1, 2, 3\}$ にとり，木の枝電圧を $\hat{v}_1, \hat{v}_2, \hat{v}_3$，素子の枝電圧を $v_k (k = 1, \cdots, 6)$ とすれば，電圧則により

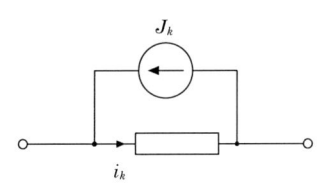

図 6.4 電流源と素子の電流

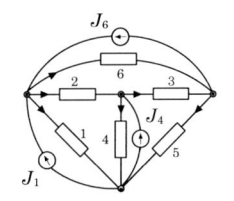

図 6.5 電流源の取り扱い

$$
\left.\begin{aligned}
v_1 &= \hat{v}_1 \\
v_2 &= \hat{v}_2 \\
v_3 &= \hat{v}_3 \\
v_4 &= \hat{v}_1 - \hat{v}_2 \\
v_5 &= \hat{v}_1 - \hat{v}_2 - \hat{v}_3 \\
v_6 &= \hat{v}_2 + \hat{v}_3
\end{aligned}\right\} \tag{6.8}
$$

となるから，行列表示では

$$
\boldsymbol{v} = \begin{bmatrix} 1 & 0 & 0 \\ 0 & 1 & 0 \\ 0 & 0 & 1 \\ 1 & -1 & 0 \\ 1 & -1 & -1 \\ 0 & 1 & 1 \end{bmatrix} \hat{\boldsymbol{v}} \tag{6.9}
$$

となる．ただし，$\boldsymbol{v} = [v_1, v_2, \cdots, v_6]^T$，$\hat{\boldsymbol{v}} = [\hat{v}_1, \hat{v}_2, \hat{v}_3]^T$ である．ここで係数行列は，式 (6.2) の基本カットセット行列の転置行列になっていることがわかる．

素子の枝電圧ベクトルを $\boldsymbol{v} = [v_1, v_2, \cdots, v_b]^T$，木の枝電圧ベクトルを $\hat{\boldsymbol{v}} = [\hat{v}_1, \hat{v}_2, \cdots, \hat{v}_{n-1}]^T$ とすると，木の枝電圧と枝電圧の関係は

$$
\boldsymbol{v} = \boldsymbol{Q}^T \hat{\boldsymbol{v}} \tag{6.10}
$$

で表すことができる．これをカットセット変換 (cut-set transformation) という．$\boldsymbol{G} = \mathrm{diag}[G_1, G_2, \cdots, G_b]$ をコンダクタンス行列またはアドミタンス行列とすればオームの法則は

$$
\boldsymbol{i} = \boldsymbol{G}\boldsymbol{v} \tag{6.11}
$$

と表されるから，これを式 (6.7) に代入し式 (6.10) を考慮すると

$$
\boldsymbol{Q}\boldsymbol{G}\boldsymbol{Q}^T \hat{\boldsymbol{v}} = \boldsymbol{Q}\boldsymbol{J} \tag{6.12}
$$

となり，これはカットセット方程式 (cut-set equation) とよばれ

$$
\boldsymbol{Y}_c \hat{\boldsymbol{v}} = \boldsymbol{J}_s \tag{6.13}
$$

と表される．ただし，$\boldsymbol{Y}_c = \boldsymbol{Q}\boldsymbol{G}\boldsymbol{Q}^T$ をカットセットアドミタンス行列 (cutset adomittance matrix)，$\boldsymbol{J}_s = \boldsymbol{Q}\boldsymbol{J}$ をカットセット電流源ベクトル (cutset current-source vector) という．カットセット方程式を解いて木の枝電圧が求まれば式 (6.10) と式 (6.11) により各枝の電圧と電流が求められる．これをカットセット解析 (cut-set analysis) という．

ここで，カットセットアドミタンス行列の性質を調べておく．コンダクタンス行列 $\boldsymbol{G}$（またはアドミタンス行列 $\boldsymbol{Y}$）は対称行列であるから，$\boldsymbol{Y}_c$ も対称行列で

ある.また,つぎのことが言える.
1. Y_c の第 i 番目の対角要素は第 i 番目のカットセットの枝のアドミタンスの総和である.
2. Y_c の (i,k) 要素 $i \neq k$ はカットセット i とカットセット k に共通な枝のアドミタンスの総和である.ただし,カットセット i とカットセット k の向きが一致するときはアドミタンスに正の符号,向きが反対のときは負の符号を付けて総和をとるものとする.

また,電流源についてはカットセット i に含まれる電流源について,カットセット i と方向が一致するときは負の符号,反対方向のときは正の符号をつけて総和をとる(図6.4参照).以下に示すカットセット方程式の係数行列を見て,これらのことが理解できる.図6.5のカットセット方程式は

$$\begin{bmatrix} G_1+G_4+G_5 & -G_4-G_5 & -G_5 \\ -G_4-G_5 & G_2+G_4+G_5+G_6 & G_5+G_6 \\ -G_5 & G_5+G_6 & G_3+G_5+G_6 \end{bmatrix} \begin{bmatrix} \hat{v}_1 \\ \hat{v}_2 \\ \hat{v}_3 \end{bmatrix} = \begin{bmatrix} J_1+J_4 \\ -J_4+J_6 \\ J_6 \end{bmatrix}$$

となる.

6.2 タイセット解析

6.2.1 基本タイセット

補木の枝を1本だけ含み,他は木の枝であるループを基本タイセット(fundamental tieset)という.したがって,全部で基本タイセットは $\mu = b-(n-1)$ 個できる.図6.6(a) の例では図6.6(b) が示すように木 $\{1,2,3\}$ に対し,$\{4,1,2\}$,$\{5,1,2,3\}$,$\{6,2,3\}$ の3つのループがそれぞれ基本タイセットである.タイセットの基準の向きは補木の枝の向きにとる.基本タイセットの行列表示はループ行列の構成法と同じである.いま基本タイセット i を行ベクトル

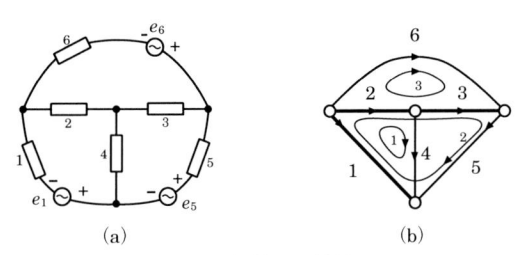

図6.6 タイセット解析の回路例とそのグラフ

$l_i = [\gamma_{i1}, \gamma_{i2}, \cdots, \gamma_{ib}]$ を用いて表す. すなわち,

$$\gamma_{ik} = \begin{cases} 1 : \text{枝 } k \text{ がタイセット } i \text{ に含まれ,} \\ \quad\quad \text{タイセット } i \text{ と同じ向きのとき} \\ -1 : \text{枝 } k \text{ がタイセット } i \text{ に含まれ,} \\ \quad\quad \text{タイセット } i \text{ と反対の向きのとき} \\ 0 : \text{枝 } k \text{ がタイセット } i \text{ に含まれないとき} \end{cases} \tag{6.14}$$

たとえば,図 6.6(b) では基本タイセット 1 を $\{4, 1, 2\}$ とすれば

$$l_1 = [-1, 1, 0, 1, 0, 0]$$

となる.同様にして l_2, l_3 をつくり,これらを縦に並べると

$$B = \begin{bmatrix} l_1 \\ l_2 \\ l_3 \end{bmatrix} = \begin{bmatrix} -1 & 1 & 0 & 1 & 0 & 0 \\ -1 & 1 & 1 & 0 & 1 & 0 \\ 0 & -1 & -1 & 0 & 0 & 1 \end{bmatrix} \tag{6.15}$$

となる.これはループ行列の一種であり,基本タイセット行列 (fundamental tie-set matrix) とよばれる.基本タイセット行列は

$$B = \begin{bmatrix} B_t & 1 \end{bmatrix} \tag{6.16}$$

と表すことができるから,電圧則は

$$Bv = 0 \tag{6.17}$$

あるいは,木の枝電圧ベクトルを v_t,補木の枝電圧ベクトルを v_c とすれば

$$\begin{bmatrix} B_t & 1 \end{bmatrix} \begin{bmatrix} v_t \\ v_c \end{bmatrix} = 0 \tag{6.18}$$

となる.したがって,式 (6.17) は

$$v_c = -B_t v_t \tag{6.19}$$

と表せるから,これは補木の枝電圧が木の枝電圧の一次結合で表されることを示している.以下,回路の電源は電圧源のみとする.

図 6.7 に示す矢印の向きの枝電圧 v_k に,電圧源 e_k を含めると,電圧則は

$$Bv = Be \tag{6.20}$$

と表される.ただし,$v = [v_1, v_2, \cdots, v_b]^T$ は電圧源以外の電圧ベクトル,$e = [e_1, e_2, \cdots, e_b]^T$ は電圧源ベクトルである.一方,オームの法則は

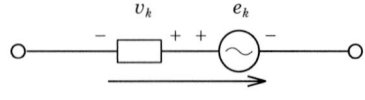

$$v = Ri \tag{6.21}$$

図 6.7 電圧源と素子の電圧

で表される．ここに，$R = \text{diag}[R_1, R_2, \cdots, R_b]$ は対角行列，i は枝電流ベクトルである．ここで補木の枝電流ベクトル，すなわち，基本タイセット電流ベクトルを $\hat{i}$ とすれば，

$$i = B^T \hat{i} = \begin{bmatrix} 1 \\ B_t^T \end{bmatrix} \hat{i} \tag{6.22}$$

となる．これをタイセット変換 (tie-set transformation) という．式 (6.21)，(6.22) を式 (6.20) に代入すると

$$BRB^T \hat{i} = Be \tag{6.23}$$

あるいは

$$\hat{Z}\hat{i} = E_s \tag{6.24}$$

となる．この方程式をタイセット方程式 (tie-set equation) という．ただし，$\hat{Z} = BRB^T, E_s = Be$ であり，それぞれタイセットインピーダンス行列 (tie-set impedance matrix)，タイセット電圧源ベクトル (tie-set voltage-source matrix vector) という．タイセットインピーダンス行列はループインピーダンス行列と同じような性質をもっている．すなわち，インピーダンス行列（ここでは R）が対称行列であるから，$\hat{Z}$ も対称行列である．また，つぎのような性質をもっている．

1. $\hat{Z}$ の第 i 番目の対角要素は第 i 番目のタイセット枝インピーダンスの総和である．
2. $\hat{Z}$ の (i, k) 要素はタイセット i とタイセット k に共通な枝のインピーダンスの総和である．ただし，タイセット i とタイセット k の向きが一致するときはインピーダンスに正の符号，タイセット i とタイセット k の向きが反対のときはインピーダンスに負の符号を付けて総和をとるものとする．

また，電圧源についてはタイセット i に含まれる電圧源の向きが，タイセット i の向きと一致するときは正の符号，反対向きのときは負の符号をつけて総和をとる．

図 6.6(a) の回路のタイセット方程式を求めてみる．電圧源ベクトルは $e = [e_1\ 0\ 0\ 0\ -e_5\ e_6]^T$ であるから，$E_s = [\hat{e}_1\ \hat{e}_2\ \hat{e}_3]^T = [-e_1\ -e_1 -e_5\ e_6]^T$ となる．式 (6.23) よりタイセット抵抗行列を求めると，タイセット方程式

$$\begin{bmatrix} R_1+R_2+R_4 & R_1+R_2 & -R_2 \\ R_1+R_2 & R_1+R_2+R_3+R_5 & -R_2-R_3 \\ -R_2 & -R_2-R_3 & R_2+R_3+R_6 \end{bmatrix} \begin{bmatrix} \hat{i}_1 \\ \hat{i}_2 \\ \hat{i}_3 \end{bmatrix} = \begin{bmatrix} \hat{e}_1 \\ \hat{e}_2 \\ \hat{e}_3 \end{bmatrix}$$

が得られる．ここに，電流 $\hat{i}_1, \hat{i}_2, \hat{i}_3$ はタイセット電流である．よって式 (6.22) から枝電流が求められ，式 (6.21) により枝電圧が計算できる．このように基本タイセットからタイセット方程式を構成し，それを解いて各素子の枝電流や枝電圧を求めることをタイセット解析という．

6.2.2 基本カットセット行列 Q と基本タイセット行列 B の関係

基本カットセット行列 Q と基本タイセット行列 B は連結グラフの1本の木を指定することにより定まる．このことが行列 Q と B の関係を決める．基本タイセット電流ベクトル $\hat{i}$ と枝電流ベクトル i の関係は

$$i = B^T \hat{i} \tag{6.25}$$

で表される．枝電流ベクトルはキルヒホフの電流則を満たしているから

$$Qi = 0 \tag{6.26}$$

となり，式 (6.25) を式 (6.26) に代入すると

$$QB^T \hat{i} = 0 \tag{6.27}$$

となる．ここに，QB^T は (ρ, μ) 行列，$\hat{i}$ は μ 次のベクトルである．基本タイセット電流ベクトル $\hat{i} \neq 0$ であるから

$$QB^T = 0 \tag{6.28}$$

である．これを B と Q との直交性という．また，この関係から

$$BQ^T = 0 \tag{6.29}$$

も成り立つ．式 (6.29) の関係を別の形で表してみる．式 (6.3) で $F = Q_c$ と置くと，行列 Q は，

$$Q = [1 \quad F] \tag{6.30}$$

と書くことができる．行列 1 は ρ 次の単位行列，F は (ρ, μ) 行列であり，基本カセット行列 Q の基本部分とよばれる．一方，基本タイセット行列 B は

$$B = [B_t \quad 1] \tag{6.31}$$

と表される．ここに，行列 1 は μ 次の単位行列，B_t は (μ, ρ) 行列であり，基本タイセット行列 B の基本部分 (principal part) とよばれる．したがって，式 (6.29) は

$$BQ^T = [1 \quad F] \begin{bmatrix} B_t^T \\ 1 \end{bmatrix} = B_t^T + F = 0 \tag{6.32}$$

となる．これより，

$$B_t^T = -F \tag{6.33}$$

となるから，

$$B = \begin{bmatrix} -F^T & 1 \end{bmatrix} \tag{6.34}$$

と表される．このことは基本カット行列 Q から基本タイセット行列 B が構成でき，またその逆も可能であることを示している．

【演 習 問 題】

1. 図 6.8 のグラフについて以下の問に答えよ．
   - （a） 木を $\{1, 3, 5, 7, 8, 9\}$ に選ぶ．この木に関する基本タイセットと基本カットセットを示せ．
   - （b） 上の木に対するすべての基本タイセットとすべての基本カットセットの方程式を枝電流と枝電圧を定めて記せ．
   - （c） 図 6.8 のグラフにおいてすべての基本タイセットがメッシュになるような木は存在するか．存在するならばそれを示せ．

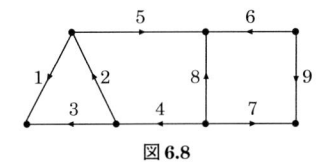

図 6.8

2. 基本タイセット行列が下記のように与えられている．
$$\begin{bmatrix} 1 & 0 & 0 & 1 & 0 & 0 & 0 \\ -1 & 1 & 0 & 0 & 1 & 0 & 0 \\ -1 & 1 & 1 & 0 & 0 & 1 & 0 \\ 0 & -1 & -1 & 0 & 0 & 0 & 1 \end{bmatrix}$$
   - （a） この基本タイセット行列をもつグラフを示せ．
   - （b） この基本タイセット行列に対応する基本カットセット行列を作れ．
3. 基本カットセット行列が下記のように与えられている．
$$\begin{bmatrix} 1 & 0 & 0 & 0 & 1 & -1 & 0 & 0 \\ 0 & 1 & 0 & 0 & -1 & 1 & 1 & 1 \\ 0 & 0 & 1 & 0 & 0 & -1 & -1 & -1 \\ 0 & 0 & 0 & 1 & 0 & -1 & -1 & 0 \end{bmatrix}$$
   - （a） この基本カットセット行列をもつグラフを示せ．
   - （b） この基本カットセット行列に対応する基本タイセット行列を作れ．
4. 図 6.9 の交流回路（角周波数 ω）について，以下の問いに答えよ．ただし，各素子の番号を枝番号に対応させる．
   - （a） 木を $\{3, 5\}$ にとり，基本タイセット行列を求めよ．
   - （b） タイセットインピーダンス行列を求めよ．

図 6.9

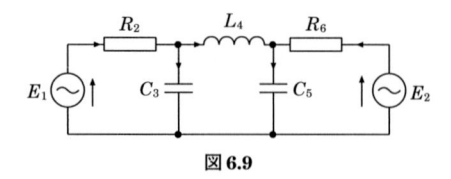

（c）この回路のタイセット方程式を求めよ．

5. 図 6.10 の交流回路（角周波数 ω）について，以下の問に答えよ．ただし，各素子の番号を枝番号に対応させる．

（a）木を $\{1, 3, 6\}$ にとり，基本カットセット行列を求めよ．
（b）カットセットアドミタンス行列を求めよ．
（c）この回路のカットセット方程式を求めよ．

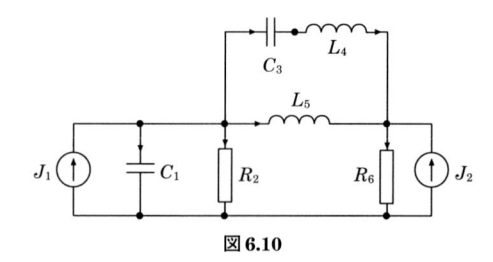

図 6.10

7

テレゲンの定理と感度解析

テレゲン定理は集中定数回路について成り立つきわめて一般的な定理で，キルヒホフの電流則と電圧則のみから導かれる．ここでは，この定理を導きエネルギーの保存則との関連を調べる．次いで，一般化されたテレゲンの定理を述べ，それを用いて随伴回路を導く．これを用いると微分法を用いることなく回路の感度解析をすることができる．

7.1 テレゲンの定理とは

図 7.1(a) に示す回路を考える．この回路のグラフを図 7.1(b) に示す．電流則から

$$i_1+i_2+i_3 = 0, \quad -i_2-i_4 = 0, \quad -i_1-i_5 = 0 \tag{7.1}$$

電圧則から

$$v_1-v_3-v_5 = 0, \quad v_3-v_2+v_4 = 0 \tag{7.2}$$

となる．これらの関係式を用いて各素子の電力 $i_k v_k$ ($k=1,\cdots,5$) を合計すると

$$\begin{aligned}\sum_{k=1}^{5} i_k v_k &= i_1 v_1 + i_2 v_2 + i_3 v_3 + i_4 v_4 + i_5 v_5 \\ &= (i_1+i_2+i_3)v_3 = 0\end{aligned} \tag{7.3}$$

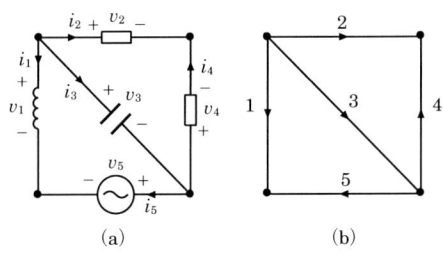

図 7.1　回路とそのグラフ

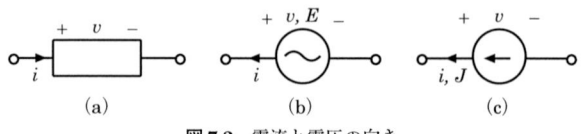

図7.2 電流と電圧の向き

となる．

この計算過程を振り返ると，電流と電圧の向きをそれぞれ図7.1のようにとるとき，素子全体の電力の総和は零なることがわかる．この計算では，電流則と電圧則のみを用い，素子の特性を表すオームの法則は用いていない．いま，枝の個数 b の集中定数回路において，それぞれの素子の枝電流と枝電圧を i_k, v_k ($k = 1, \cdots, b$) で表す．このとき

$$\sum_{k=1}^{b} i_k v_k = 0 \tag{7.4}$$

が成り立つ．これをテレゲンの定理（Tellegen's theorem）という．左辺の積和をテレゲンの和とよぶ．ここで注目すべきことは，電流 $i_k (i = 1, \cdots, b)$ は電流則のみを満たし，これ以外に何ら制約はないということである．同じように電圧 $v_k (k = 1, \cdots, b)$ は電圧則のみを満たし，それ以外に制約がかけられていない．したがって，広い範囲の素子について適用できる定理である．すなわち，素子が線形，非線形に関係なく，受動と能動素子，時不変（パラメータの値が時間的に変わらないこと）と時可変の素子，また電源は例えば正弦波や時間の指数関数であっても成り立つことがわかる．

ここで大切なことは電源以外の素子の電流と電圧の基準の向きは図7.2(a) に示す向きによって定め，電圧源と電流源の場合は図7.2(b), (c) によってそれぞれ定めることである．図7.2(b), (c) の電流の向きが (a) と異なることに注目する．電圧源と電流源をそれぞれ E と J で表すこともある．

7.1.1 エネルギー保存則

図7.3に示すように電源を含まない回路 N_{in} の内部の素子の電流と電圧の向きを定め，その番号をギリシャ文字 $\alpha, \beta, \cdots$ を使って表す．また，回路 N_{in} が端子対（port）をもっているときは，図のように $p, q, \cdots$ などを使って端子対の電流と電圧を表す．ここで，端子対の電圧と電流の向きは内部の素子のものと異なることに注意する．図7.3のように端子対を回路 N_{in} の外部にもつ回路ではテレゲンの定理は

7.1 テレゲンの定理とは

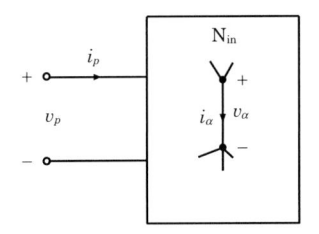

図7.3 電源の取り扱い

$$\sum_{p=1}^{q} i_p v_p = \sum_{\alpha=1}^{b} i_\alpha v_\alpha \tag{7.5}$$

と表すことができる．ただし，q は端子対の個数である．これは回路 N_{in} で消費される電力はその外部から供給される電力に等しいことを示している．

7.1.2 ループ行列による証明

ここでテレゲンの定理を証明する．最も簡単なループ行列 L を用いた証明法を示す．外部の端子対も電流の向きを変えて内部の素子として取り扱う．枝電流ベクトルを $i = [i_1, \cdots, i_b]^T$，枝電圧ベクトルを $v = [v_1, \cdots, v_b]^T$，ループ電流ベクトルを $\tilde{i} = [\tilde{i}_1, \cdots, \tilde{i}_\mu]^T$，$\mu = b - n + 1$（$n$ は節点数）で，内積を記号・で表す．テレゲンの和は

$$\sum_{\alpha=1}^{b} i_\alpha v_\alpha = i^T \cdot v \tag{7.6}$$

である．電圧則 $Lv = 0$ と枝電流とループ電流の関係 $i = L^T \tilde{i}$ により

$$i^T \cdot v = (L^T \tilde{i})^T \cdot v = \tilde{i}^T \cdot Lv = 0 \tag{7.7}$$

が成り立ち，定理が証明された．インシデンス行列と節点電位を用いても同様にして証明できる．つぎに，もう少し一般的な基本カットセット行列と基本タイセット行列を用いた証明法を示す．

7.1.3 カットセット行列とタイセット行列を用いた証明

カットセット行列 Q とタイセット行列 B の関係 $QB^T = 0$ は基本カットセット行列の基本部分行列 F を用いて，式（6.32）により

$$B_t^T = -F \tag{7.8}$$

と表されることに注目する．枝電流ベクトルと枝電圧ベクトルを木と補木の枝電流と枝電圧に分割し，それぞれに添え字 t, c を付けて $i = [i_t, i_c]^T, v = [v_t, v_c]^T$ で表すと電流則と電圧則はそれぞれ

$$Qi = i_t + Fi_c = 0 \tag{7.9}$$

$$Bv = -Fv_t + i_c = 0 \tag{7.10}$$

と表されるから，これらの式と式 (7.8) を用いれば

$$i^T \cdot v = i_t^T \cdot v_t + i_c^T \cdot v_c \tag{7.11}$$
$$= (-Fi_c)^T \cdot v_t + i_c^T \cdot (-B_t v_t) \tag{7.12}$$
$$= -i_c^T F^T \cdot v_t - i_c^T \cdot B_t v_t = 0 \tag{7.13}$$

となり，定理が証明された．

7.2 テレゲンの定理の一般化

図 7.4 に示すように，回路 N と $\hat{N}$ の2つの回路を考える．(1) これら2つの回路のグラフは同一であり，しかも (2) 対応する素子の枝番号と電流と電圧の向きも同じであるとする．また，回路 N と $\hat{N}$ は素子の種類と素子の値が異なる素子から構成され，異なる電源であってもよい．回路 N の枝電流ベクトルを i，ループ電流ベクトルを i_l，枝電圧ベクトルを v で表す．回路 $\hat{N}$ の枝電流ベクトルを $\hat{i}$，ループ電流ベクトルを $\hat{i}_l$，枝電圧ベクトルを $\hat{v}$ で表す．回路 N の電流則と $\hat{N}$ の電圧側を組み合わせてもループ行列が同じであるから，次式の電流則と電圧則が成り立つ．すなわち，

$$i = L^T i_l, \quad L\hat{v} = 0 \tag{7.14}$$

により，

$$i^T \cdot \hat{v} = \hat{i}_l^T \cdot L\hat{v} = 0 \tag{7.15}$$

が得られる．同様にして $\hat{i} = L^T \hat{i}_l, \ Lv = 0$ から

$$\hat{i}^T \cdot v = \hat{i}_l^T \cdot Lv = 0 \tag{7.16}$$

が得られる．したがって，

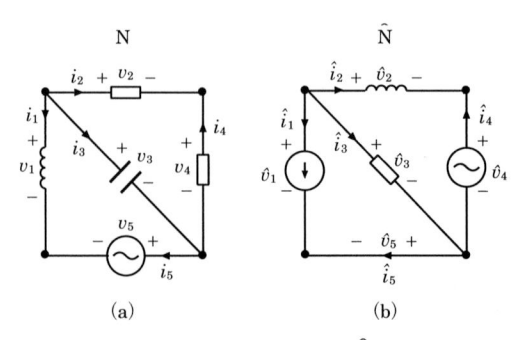

$$\sum_{a=1}^{b} i_a \hat{v}_a = \sum_{a=1}^{b} \hat{i}_a v_a = 0 \tag{7.17}$$

図 7.4 2つの回路 N と $\hat{N}$

7.2 テレゲンの定理の一般化

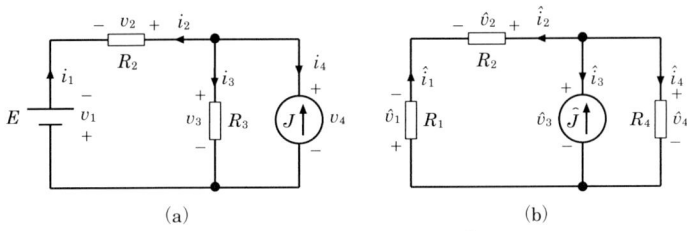

図 7.5 回路 (a) が N, (b) が $\hat{\text{N}}$

が成り立つ．これを一般化されたテレゲンの定理 (generalized Tellegen's theorem) という．一般化されたテレゲンの定理のエレガントなところはまさにこの式 (7.17) にある．もちろん，N と $\hat{\text{N}}$ が同一のときは元のテレゲンの定理である．回路 N と $\hat{\text{N}}$ の電源 q 個だけを外部に取り出すと式 (7.17) は

$$\sum_{p=1}^{q} i_p \hat{v}_p = \sum_{\alpha=1}^{b-q} i_\alpha \hat{v}_\alpha \tag{7.18}$$

$$\sum_{p=1}^{q} \hat{i}_p v_p = \sum_{\alpha=1}^{b-q} \hat{i}_\alpha v_\alpha \tag{7.19}$$

のように表すことができる．これは準電力保存則 (quasi-power conservation law) とよばれ，式 (7.5) を一般化したものである．容易にわかるように，これは回路 N と $\hat{\text{N}}$ にまたがって成り立つ式であり，回路 N または $\hat{\text{N}}$ のエネルギー保存則を表しているのではない．

一般化されたテレゲンの定理を確かめるために，図 **7.5** の (a), (b) の回路を考える．図 7.5(a) では

$$E = 12\,V, \quad J = 4\,A, \quad R_2 = 2\,\Omega, \quad R_3 = 4\,\Omega$$

図 7.5(b) では

$$\hat{J} = 6\,A, \quad R_1 = 2\,\Omega, \quad R_2 = 2\,\Omega, \quad R_3 = 4\,\Omega$$

である．図 7.5(a) の各素子の電流と電圧を求めると

$$i_1 = -2/3\,A, \quad i_2 = 2/3\,A, \quad i_3 = 10/3\,A, \quad i_4 = -4\,A$$
$$v_1 = -12\,V, \quad v_2 = 4/3\,V, \quad v_3 = 40/3\,V, \quad v_4 = 40/3\,V$$

となる．また，図 7.5(b) では

$$\hat{i}_1 = -2\,A, \quad \hat{i}_2 = 2\,A, \quad \hat{i}_3 = -6\,A, \quad \hat{i}_4 = 4\,A$$
$$\hat{v}_1 = -4\,V, \quad \hat{v}_2 = 4\,V, \quad \hat{v}_3 = 8\,V, \quad \hat{v}_4 = 8\,V$$

となる．したがって，

$$\sum_{\alpha=1}^{4} i_\alpha \hat{v}_\alpha = (-2/3) \times (-4) + (2/3) \times (4) + (10/3) \times (8) + (-4) \times (8) = 0$$

が成りたつ．同様に

$$\sum_{\alpha=1}^{4} \hat{i}_\alpha v_\alpha = (-2)\times(-12) + (2)\times(4/3) + (-6)\times(40/3) + (4)\times(40/3) = 0$$

となることが確かめられ，式 (7.17) が成り立つことがわかる．

7.3　随　伴　回　路

一般化されたテレゲンの定理では回路 N に対して $\hat{N}$ の素子は任意性をもち，特に制約を受けることはないが，本節では $\hat{N}$ の素子をある条件のもとに定める方法を述べる．電流や電圧の記号は小文字 i, v を用いるが，適宜，実数，複素数に解釈すればよい．

7.3.1　随伴素子の定義

式 (7.17) を電源部と出力部と素子部分とに分けて書き下してみる．電源は複数個ありそれらをまとめて定電圧源の集合 E，定電流源の集合 J で表す．また，出力端子も複数個ありそれをまとめて集合 O で表す．また，α は R, L, C などの線形素子の集合を表す．記号 $\sum_X$ は集合 X の個々の素子に関する総和を意味する．いま，回路 N の電圧 v と電流 i が素子値のわずかな変化によって変化したものとする．変化量を記号 $\Delta v, \Delta i$ などで表す．回路 N, $\hat{N}$ に対して一般化されたテレゲンの定理により

$$\left(\sum_E v_E \hat{i}_E + \sum_J v_J \hat{i}_J\right) + \sum_\alpha v_\alpha \hat{i}_\alpha + \sum_O v_O \hat{i}_O = 0 \tag{7.20}$$

$$\left(\sum_E \hat{v}_E i_E + \sum_J \hat{v}_J i_J\right) + \sum_\alpha \hat{v}_\alpha i_\alpha + \sum_O \hat{v}_O i_O = 0 \tag{7.21}$$

と書ける．ここで回路 N の素子値が変化することによって，素子，電源および出力の電流と電圧が変化すると仮定する．これを

$$v_E \to v_E + \Delta v_E, \quad i_J \to i_J + \Delta i_J, \quad v_\alpha \to v_\alpha + \Delta v_\alpha$$
$$i_\alpha \to i_\alpha + \Delta i_\alpha, \quad v_O \to v_O + \Delta v_O, \quad i_O \to i_O + \Delta i_O \tag{7.22}$$

によって表す．これら式を式 (7.20) と式 (7.21) に代入して整理すれば

$$\left(\sum_E \Delta v_E \hat{i}_E + \sum_J \Delta v_J \hat{i}_J\right) + \sum_\alpha \Delta v_\alpha \hat{i}_\alpha + \sum_O \Delta v_O \hat{i}_O = 0 \tag{7.23}$$

$$\left(\sum_E \hat{v}_E \Delta i_E + \sum_J \hat{v}_J \Delta i_J\right) + \sum_\alpha \hat{v}_\alpha \Delta i_\alpha + \sum_O \hat{v}_O \Delta i_O = 0 \tag{7.24}$$

となる．この 2 式の左辺の各項を引くことによって

7.3 随伴回路

$$\sum_E (\Delta v_E \hat{i}_E - \hat{v}_E \Delta i_E) + \sum_J (\Delta v_J \hat{i}_J - \hat{v}_J \Delta i_J)$$
$$+ \sum_\alpha (\Delta v_\alpha \hat{i}_\alpha - \hat{v}_\alpha \Delta i_\alpha) + \sum_O (\Delta v_O \hat{i}_O - \hat{v}_O \Delta i_O) = 0 \tag{7.25}$$

が得られる．回路 $\hat{N}$ の素子はそれ自体定まっていない．そこで，この式が成り立つ特別な仮定を設ける．すなわち，括弧で囲んだ各項ごとに零になり，しかもそれが各変化分 $\Delta(\cdot)$ について恒等的に成り立つものとする．すなわち，電源の項

$$\sum_E (\Delta v_E \hat{i}_E - \hat{v}_E \Delta i_E) = 0 \tag{7.26}$$

$$\sum_J (\Delta v_J \hat{i}_J - \hat{v}_J \Delta i_J) = 0 \tag{7.27}$$

素子の項

$$\sum_\alpha (\Delta v_\alpha \hat{i}_\alpha - \hat{v}_\alpha \Delta i_\alpha) = 0 \tag{7.28}$$

出力の項

$$\sum_O (\Delta v_O \hat{i}_O - \hat{v}_O \Delta i_O) = 0 \tag{7.29}$$

を考える．

いま，電源を定電圧源と定電流源であると仮定すると

$$\Delta v_E = 0, \quad \Delta i_J = 0 \tag{7.30}$$

が成り立つから，それぞれの電源について

$$\hat{v}_E \Delta i_E = 0, \quad \hat{i}_J \Delta v_J = 0 \tag{7.31}$$

が得られる．これらの式は回路 $\hat{N}$ の素子を規定する．すなわち，第1式から $\hat{v}_E = 0$ となる．これは回路 N の電圧源に対応する回路 $\hat{N}$ の素子では短絡を意味する．第2式から得られる $\hat{i}_J = 0$ は $\hat{N}$ では開放を意味する．したがって，これらの電源に関する対応関係は図 7.6 に示すようになる．

次いで，素子の項から

$$\Delta v_\alpha \hat{i}_\alpha - \hat{v}_\alpha \Delta i_\alpha = 0 \tag{7.32}$$

が得られる．いま N の素子が抵抗素子 R であるとすると，$v_\alpha = R_\alpha i_\alpha$ が成り立

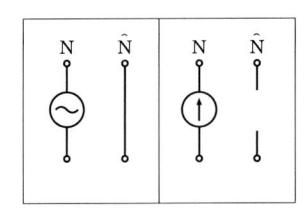

図 7.6　N と $\hat{N}$ における電源の対応関係

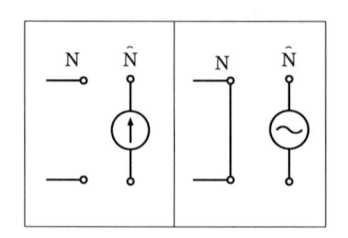

図7.7 Nと$\hat{N}$における出力端子の対応関係

つ．これを簡単に$v = Ri$で表す．したがって，変化分に対して$\Delta v = R\Delta i$であるから，式 (7.32) に代入して

$$(R_\alpha \hat{i}_\alpha - \hat{v}_\alpha)\Delta i_\alpha = 0 \tag{7.33}$$

が成り立つ．したがって，Δi_αのいかんにかかわらずこれが成り立つためには

$$\hat{v}_\alpha = R_\alpha \hat{i}_\alpha \tag{7.34}$$

が各αについて成り立つことである．つまり，$\hat{v} = R\hat{i}$が成り立つ．したがって，抵抗Rに対応する$\hat{N}$の素子は抵抗Rであることがわかる．同様にして，NのインダクタL，キャパシタCに対する$\hat{N}$の素子はそれぞれインダクタL，キャパシタCであることがわかる．

最後に，出力の項についても同様にして，

$$\Delta v_o \hat{i}_o - \hat{v}_o \Delta i_o = 0 \tag{7.35}$$

が得られる．この式からつぎのことがいえる．(1) 回路Nで電圧v_oの開放出力端子対の場合，$\hat{v}_o \Delta i_o = \hat{v}_o \times 0 = 0$であるから，$\hat{v}_o$は未知の有限値である．したがって，回路$\hat{N}$では電流源$\hat{i}_o$が対応する．しかも，$\Delta v_o \hat{i}_o = 0$が成り立つから，$\Delta v_o = 0$，すなわち，Nの端子電圧$v_o$は定電圧である．(2) 回路Nで電流$i_o$の短絡出力端子対の場合，$\Delta v_o \hat{i}_o = 0 \times \hat{i}_o = 0$であるから，$\hat{i}_o$は未知の有限値である．したがって，回路$\hat{N}$では電圧源$\hat{v}_o$が対応する．しかも，$\hat{v}_o \Delta i_o = 0$が成り立つから，$\Delta i_o = 0$，すなわち，Nの端子電流$i_o$は定電流である．この出力端子に対する対応関係を図7.7に示す．このようにして定めたNの素子に対する$\hat{N}$の素子を随伴素子 (adjoint element)，随伴素子から構成される回路$\hat{N}$を随伴回路 (adjoint network) とよぶ．

7.3.2 二端子対素子の随伴素子

相互結合のある素子に対する随伴素子も同様に求めることができる．二端子対素子の随伴素子は式 (7.28) より

$$\Delta v_1 \hat{i}_1 + \Delta v_2 \hat{i}_2 - (\Delta i_1 \hat{v}_1 + \Delta i_2 \hat{v}_2) = 0 \tag{7.36}$$

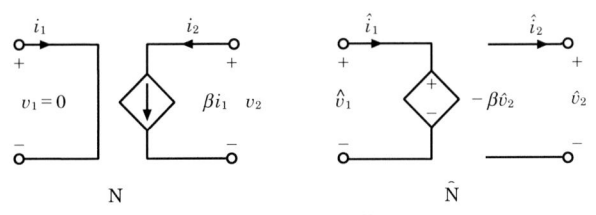

図 7.8 従属電源の随伴回路

によって定められる．したがって，変成器の電流と電圧の変化分に対する関係式

$$\Delta v_1 = j\omega L_1 \Delta i_1 + j\omega M \Delta i_2 \tag{7.37}$$

$$\Delta v_2 = j\omega M \Delta i_1 + j\omega L_2 \Delta i_2 \tag{7.38}$$

を式 (7.36) に代入して

$$(j\omega L_1 \hat{i}_1 + j\omega M \hat{i}_2 - \hat{v}_1)\Delta i_1 + (j\omega M \hat{i}_1 + j\omega L_2 \hat{i}_2 - \hat{v}_2)\Delta i_2 = 0 \tag{7.39}$$

となる．ここで，一端子素子に倣って $\Delta i_1, \Delta i_2$ のいかんにかかわらずこの式が成り立つ条件は $\Delta i_1, \Delta i_2$ の係数を零と置くことによって得られる．したがって，変成器の随伴素子の電圧と電流の関係式は

$$\hat{v}_1 = j\omega L_1 \hat{i}_1 + j\omega M \hat{i}_2 \tag{7.40}$$

$$\hat{v}_2 = j\omega M \hat{i}_1 + j\omega L_2 \hat{i}_2 \tag{7.41}$$

で表される．この関係式は回路 N の変成器の式と変わらない．

しかし，注意すべきことは従属電源に対する随伴電源は元の回路 N のものとは異なることである．例えば，図 7.8 の電流制御型電流源 N は

$$v_1 = 0, \quad i_2 = \beta i_1 \tag{7.42}$$

と表される．したがって，変化分に関して

$$\Delta v_1 = 0, \quad \Delta i_2 = \beta \Delta i_1 \tag{7.43}$$

である．この式を式 (7.36) に代入した式が $\Delta i_1, \Delta v_2$ のいかんにかかわらず成り立つ条件から

$$\hat{i}_2 = 0, \quad \hat{v}_2 = -\frac{1}{\beta}\hat{v}_1 \tag{7.44}$$

が得られる．この関係より随伴電源は同図 $\hat{N}$ であり，同図 N とは異なる．同様にして，いろいろな従属電源の随伴電源を導くことができる．

7.4　感度解析——その 1

回路のパラメータが温度などの影響によって少し変化すると，各素子の電流や電圧は少し変化を受ける．このようにパラメータの微小変化に対する出力端子な

どの電流や電圧の変化，固有周波数の変化，Q値の変化などの影響を解析することを回路の感度解析（sensitivity analysis）という．ここでは，線形回路の感度解析を一般化されたテレゲンの定理を用いて行う方法を述べる．

簡単のため，添え字 a の代わりに素子の種類 R, L, C を用い，素子の番号も表す．抵抗 R に対して $v_R = Ri_R$ であるから式 (7.28) の素子 R に関する項 Δv_R は全微分により

$$\Delta v_R = \frac{\partial v_R}{\partial R}\Delta R + \frac{\partial v_R}{\partial i_R}\Delta i_R \tag{7.45}$$

となる．同様にインダクタンス L に対しては $v_L = j\omega L i_L$ であるから

$$\Delta v_L = j\omega\left(\frac{\partial v_L}{\partial L}\Delta L + \frac{\partial v_L}{\partial i_L}\Delta i_L\right) \tag{7.46}$$

キャパシタンス C に対しては $i_C = j\omega C v_C$ であるから

$$\Delta i_C = j\omega\left(\frac{\partial i_C}{\partial C}\Delta C + \frac{\partial i_C}{\partial v_C}\Delta v_C\right) \tag{7.47}$$

となる．したがって，これらの全微分を用い，随伴素子の特性 $\hat{v}_R = R\hat{i}_R$, $\hat{v}_L = j\omega L \hat{i}_L$, $\hat{i}_C = j\omega C \hat{v}_C$ などを用いて

$$\Delta v_R \hat{i}_R - \hat{v}_R \Delta i_R = i_R \hat{i}_R \Delta R \tag{7.48}$$

$$\Delta v_L \hat{i}_L - \hat{v}_L \Delta i_L = j\omega i_L \hat{i}_L \Delta L \tag{7.49}$$

$$\Delta v_C \hat{i}_C - \hat{v}_C \Delta i_C = -j\omega v_C \hat{v}_C \Delta C \tag{7.50}$$

が得られる．前節で述べたように，電源は定電圧源と定電流源であるから電源に関する項は零になる．また，出力端子の電圧の変化分 Δv_O と電流の変化分 Δi_O を考慮すると，式 (7.25) は式 (7.48), (7.49) と式 (7.50) を用いて

$$\sum_O (\Delta v_O \hat{i}_O - \hat{v}_O \Delta i_O) + \sum_R i_R \hat{i}_R \Delta R \\ + \sum_L j\omega i_L \hat{i}_L \Delta L - \sum_C j\omega v_C \hat{v}_C \Delta C = 0 \tag{7.51}$$

となる．この式は感度解析のもとになる式であり，素子値の変化分と出力の変化分の関係を与えている．

簡単な例として図 7.9(a) の抵抗 R_1, R_2 が $\Delta R_1, \Delta R_2$ だけ変化したとき出力端子 v_O の変化分 Δv_O を求める．式 (7.51) は

$$i_{R_1}\hat{i}_{R_1}\Delta R_1 + i_{R_2}\hat{i}_{R_2}\Delta R_2 + \Delta v_O \hat{i}_O = 0 \tag{7.52}$$

と書くことができる．回路 N と図 7.9(b) の随伴回路 $\hat{N}$ から

$$i_{R_1} = i_{R_2} = \frac{E}{R_1 + R_2} \tag{7.53}$$

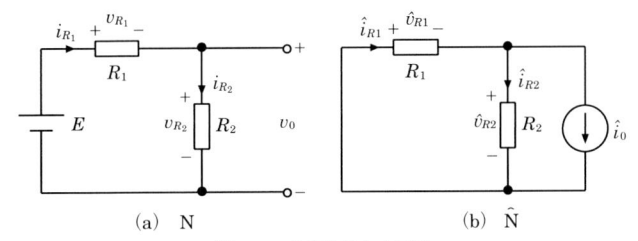

図 7.9 感度解析する回路

$$\hat{i}_{R_1} = \frac{R_2 \hat{i}_o}{R_1 + R_2}, \quad \hat{i}_{R_2} = -\frac{R_1 \hat{i}_o}{R_1 + R_2} \tag{7.54}$$

が得られる．これらを式 (7.52) に代入し，$\hat{i}_o = 1$ と置くと

$$\Delta v_o = -\frac{R_2 E}{(R_1 + R_2)^2} \Delta R_1 + \frac{R_1 E}{(R_1 + R_2)^2} \Delta R_2 \tag{7.55}$$

が得られる．これより各抵抗の変化による出力電圧の変化，すなわち感度が

$$\frac{\Delta v_o}{\Delta R_1} = -\frac{R_2 E}{(R_1 + R_2)^2}, \quad \frac{\Delta v_o}{\Delta R_2} = -\frac{R_1 E}{(R_1 + R_2)^2} \tag{7.56}$$

のように求められる．一方，全微分を用いて

$$\Delta v_o = \frac{\partial v_o}{\partial R_1} \Delta R_1 + \frac{\partial v_o}{\partial R_2} \Delta R_2 \tag{7.57}$$

からも式 (7.55) と同じ結果を得る．前者は微分を用いないで回路方程式を 2 回解いて感度の計算をしているのに対し，後者は微分を用いている．数値計算では微分の計算に桁落ちなどの計算誤差が生じるのに対し，随伴回路を用いる方法は微分計算を一切使わないからこのような心配はいらない．

7.5 感度解析——その 2

前節では回路 $\hat{\mathrm{N}}$ として，随伴回路を定義し，それを用いて感度解析する方法を説明した．この節では素子値が変化したときの回路を $\hat{\mathrm{N}}$ にとり，微分を用いないで交流回路の感度解析をする方法を説明する．図 7.10 の角周波数 ω の正弦流交流 RLC 回路において，電源電圧が E のとき，回路 N の第 m 番目の抵抗 R_m を流れる電流を I_m とする．何らかの原因で R_m のみが $R_m + \Delta R_m$ だけ増加したとき電圧源を流れる電流 I_1 の変化分 ΔI_1 を求める．いま，抵抗が変化したときの回路を $\hat{\mathrm{N}}$ とする．テレゲンの定理より

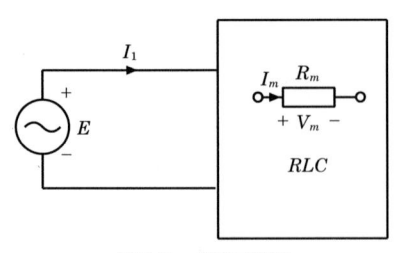

図7.10 交流回路 N

$$E\hat{I}_1 = \sum_R V_R \hat{I}_R + \sum_L V_L \hat{I}_L + \sum_C V_C \hat{I}_C \tag{7.58}$$

$$\hat{E}I_1 = \sum_R \hat{V}_R I_R + \sum_L \hat{V}_L I_L + \sum_C \hat{V}_C I_C \tag{7.59}$$

が成り立つ．ただし，$\sum_R$ などの記号は個々の抵抗素子 R などについての和を意味する．ここで，各素子について次式が成り立つ．すなわち，回路 N の素子について

$$V_R = RI_R, \quad V_L = j\omega L I_L, \quad V_C = (1/j\omega C) I_C \tag{7.60}$$

回路 $\hat{N}$ について

$$\hat{V}_{Ri} = R_i \hat{I}_{Ri} (i \neq m), \quad \hat{V}_{Rm} = (R_m + \Delta R_m) \hat{I}_{Rm} \tag{7.61}$$

$$\hat{V}_L = j\omega L \hat{I}_L, \quad \hat{V}_C = (1/j\omega C) \hat{I}_C \tag{7.62}$$

となる．したがって

$$\sum_R V_R \hat{I}_R = \sum_R RI_R \hat{I}_R \tag{7.63}$$

$$\sum_R \hat{V}_R I_R = \sum_R RI_R \hat{I}_R + \Delta R_m I_{Rm} \hat{I}_{Rm} \tag{7.64}$$

が成り立つ．
　一方，インダクタンス L とキャパシタンス C については

$$\sum_L V_L \hat{I}_L = \sum_L \hat{V}_L I_L = \sum_L j\omega L I_L \hat{I}_L \tag{7.65}$$

$$\sum_C V_C \hat{I}_C = \sum_C \hat{V}_C I_C = \sum_C (1/j\omega C) I_C \hat{I}_C \tag{7.66}$$

が成り立つ．いま，電圧源 E は定電圧源であるから抵抗 R_m が変化しても $E = \hat{E}$ が成り立つ．したがって，式 (7.58) と式 (7.59) から

$$E(\hat{I}_1 - I_1) = I_{Rm} \hat{I}_{Rm} \Delta R_m \tag{7.67}$$

となる．ここで電流の変化分を $\Delta I_1 = \hat{I}_1 - I_1$ と置けば，抵抗の変化分 ΔR_m に対する電圧源の電流の変化分は

$$\frac{\Delta I_1}{\Delta R_m} = I_{Rm} \hat{I}_{Rm} / E \tag{7.68}$$

によって与えられる．この式は電流の変化分がNと$\hat{N}$の抵抗R_mを流れる電流の積から定まることを意味し，微分を用いずに電流の変化分が計算できることを示している．

7.6 複素電力

テレゲンの定理は回路全体のエネルギーに基づく定理である．そこで，テレゲンの定理を交流回路に適用して，駆動点インピーダンスを回路網のエネルギーで表現することを試みる．b 個の複素インピーダンスの電流フェーザと電圧フェーザをそれぞれ $I_1, \cdots, I_b$ と $V_1, \cdots, V_b$ で表す．これらの電流フェーザは電流則を満たし，電圧フェーザは電圧則を満たす．電流フェーザの複素共役値を $\bar{I}_1, \cdots, \bar{I}_b$ で表すとこれらも電流則を満たし，したがって，テレゲンの定理により

$$\sum_{\alpha=1}^{b} V_\alpha \bar{I}_\alpha = 0 \tag{7.69}$$

が成り立つ．ここで電源が1個の図 **7.11** の回路を考える．電流 I_1 を電流源の電流，V_1 をその電圧とすると式 (7.69) は

$$-V_1 \bar{I}_1 = \sum_{\alpha=2}^{b} V_\alpha \bar{I}_\alpha \tag{7.70}$$

となる．この式の左辺は電源が供給する複素電力を表し，右辺は電源以外のインピーダンス負荷が受け取る複素電力である．この式はもちろん電源が2個以上あっても同様に書き表すことができる．したがって，「同一周波数の電源をもつ正弦波定常状態にある回路網Nからすべての独立電源を抜き出した残りの回路N′に独立電源が供給する複素電力の総和はN′の複素電力の総和に等しい」といえる．これは回路網のエネルギーの保存則である．これを用いて図 7.11 の回路の駆動点インピーダンス Z_d をエネルギーの保存則から導いてみる．いま，回路 N′ は一端子対回路網であり角周波数 ω の正弦波電流源 I_1 に接続されている．こ

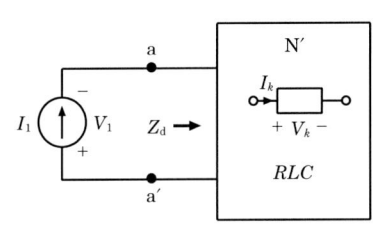

図 **7.11** RLC 線形回路

こで，電流源 I_1 の電圧 V_1 の方向に注意する．端子対 a-a' から見た N' の駆動点インピーダンスを Z_d とすれば

$$V_1 = -Z_d(j\omega)I_1 \tag{7.71}$$

が成り立つ．回路網 N' の各枝には 2 から b までの枝番号を付け，枝電流とインピーダンスをそれぞれ $I_\alpha(\alpha=2,\cdots,b)$ と $Z_\alpha(\alpha=2,\cdots,b)$ とする．電流源から N' に送られる複素電力を P とするとテレゲンの定理によって

$$P = -V_1\bar{I}_1 = Z_d(j\omega)|I_1|^2 = \sum_{\alpha=2}^{b} V_\alpha\bar{I}_\alpha = \sum_{\alpha=2}^{b} Z_d(j\omega)|I_\alpha|^2 \tag{7.72}$$

となる．したがって，電源から回路網 N' に供給される有効電力 P は

$$P = \mathrm{Re}\{Z_d(j\omega)\}|I_1|^2 = \sum_{\alpha=2}^{b} \mathrm{Re}\{Z_d(j\omega)\}|I_\alpha|^2 \tag{7.73}$$

となる．

ここで回路網 N' が複数個の抵抗 $R_\alpha(\alpha=1,2,\cdots)$，インダクタ $L_\beta(\beta=1,2,\cdots)$，キャパシタ $C_\gamma(\gamma=1,2,\cdots)$ および理想変圧器から成り立っているとする．理想変圧器の入力側と出力側の電力の総和は零であるから，テレゲンの和には関係しない．したがって，この電源から N' に供給される複素電力は

$$P = Z_d(j\omega)|I_1|^2 = \sum_\alpha R_\alpha|I_\alpha|^2 + j\left(\sum_\beta \omega L_\beta|I_\beta|^2 - \sum_\gamma \frac{1}{\omega C_\gamma}|I_\gamma|^2\right) \tag{7.74}$$

と書くことができる．ここで $P_{av} = \sum_\alpha R_\alpha|I_\alpha|^2$, $Q_M = \sum_\beta \frac{1}{2}L_\beta|I_\beta|^2$, $Q_E = \sum_\gamma \frac{1}{2}C|V_\gamma| = \sum_\gamma \frac{1}{2\omega^2 C_\gamma^2}|I_\gamma|^2$ と置くと，P_{av} はこの回路で消費される平均電力，Q_M はインダクタの平均磁気エネルギー，Q_E はキャパシタの平均電気エネルギーである．したがって，駆動点インピーダンスは

$$Z_d(j\omega) = \frac{P_{av} + 2j\omega(Q_M - Q_E)}{|I_1|^2} \tag{7.75}$$

となる．すなわち，平均消費電力，平均磁気エネルギー，平均電気エネルギーと正弦波交流電流源の大きさによって駆動点インピーダンスを表現できることがわかる．

【演 習 問 題】

1. 図 7.4 の回路 N と $\hat{N}$ について一般化されたテレゲンの定理が成り立つことを確かめよ．
2. 理想変圧器にテレゲンの定理を適用して，テレゲンの和が零になることを確かめ

演 習 問 題

よ．

3. 図 7.12 の回路において，抵抗 R_2 と電源電圧 v_1 を 2 回計測したところ，1 回目は $R_2 = 2\,\Omega$, $v_1 = 4\,\mathrm{V}$, $i_1 = 1\,\mathrm{A}$, $v_2 = 1\,\mathrm{V}$, 2 回目は $R_2 = 4\,\Omega$, $v_1 = 8\,\mathrm{V}$, $i_1 = 0.6\,\mathrm{A}$ であった．2 回目の v_2 はいくらか．ただし，回路 N は測定中に変わらないものとする．

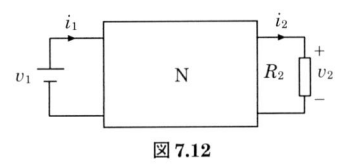

図 7.12

4. 図 7.13 の左の回路 N は電源を含まない RLC 回路である．同じ電圧源 E を右の図のように接続するとき，$\hat{i}_1 = i_2$ が成り立つことを示せ．

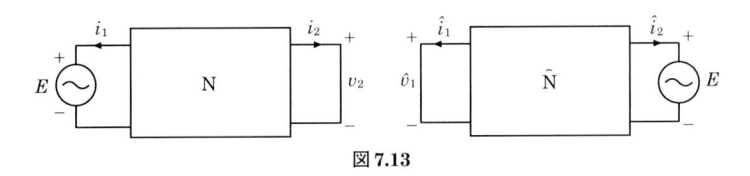

図 7.13

5. 図 7.14 の電圧制御型電流源 N の随伴回路は右の $\hat{\mathrm{N}}$ になることを示せ．

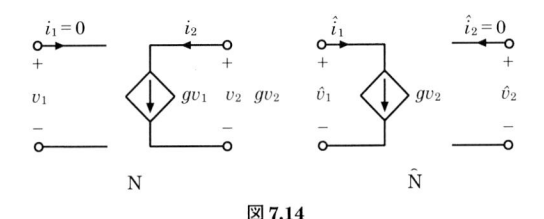

図 7.14

6. 二端子対回路 N で一次側，二次側の電流と電圧をそれぞれ i_1, i_2 と v_1, v_2 で表す．電流と電圧の方向は通常の二端子対回路の方向とする．いま，$\boldsymbol{i} = [i_1, i_2]^T$, $\boldsymbol{v} = [v_1, v_2]^T$ (T は転置)，コンダクタンス行列を $\boldsymbol{G}$ とする．
$$\boldsymbol{i} = \boldsymbol{G}\boldsymbol{v}$$
が成り立つとき，N の随伴回路 $\hat{\mathrm{N}}$ のコンダンタンス行列 $\hat{\boldsymbol{G}}$ は
$$\hat{\boldsymbol{G}} = \boldsymbol{G}^T$$
で与えられることを示せ．

8

簡単な線形回路の応答

本章では，線形回路のステップ応答とインパルス応答という概念を簡単な回路例をとって説明する．そのため，はじめにステップ関数，インパルス関数を定義し，これらの関係と性質を述べる．とくに，インパルス関数の超関数としての性質を形式的に説明し，それを利用して回路の微分方程式からステップ応答とインパルス応答を求めることにも言及する．

8.1 ステップ関数とインパルス関数

電気回路の解析で用いられる単位ステップ関数（unit step function）と単位インパルス関数（unit impulse function）を定義し，この2つの関数の関係について述べる．これらの関数はスイッチの開閉に伴う過渡現象の解析や，線形回路の基本的な特性の把握に用いられる．

8.1.1 単位ステップ関数

単位ステップ関数 $H(t)$ は図8.1に示す関数で

$$H(t) = \begin{cases} 1 & t \geq 0 \\ 0 & t < 0 \end{cases} \tag{8.1}$$

で定義される．単位ステップ関数はヘビサイド関数（Heaviside step function）ともよばれ，$t=0$ で不連続である．図8.2は右に t_0 だけ平行移動した単位ステ

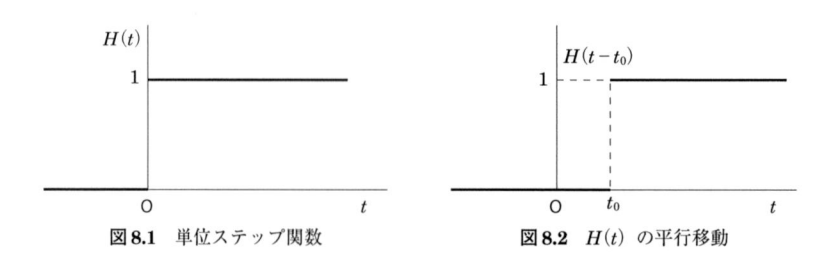

図8.1 単位ステップ関数

図8.2 $H(t)$ の平行移動

ップ関数，$H(t-t_0)$ を示す．明らかに，$H(t-t_0) = 1 (t \geq t_0)$, $H(t-t_0) = 0 (t < t_0)$ である．

なお，一般にステップ関数 $f(t)$ は $f(t) = aH(t)$ で表され，$t \geq 0$ で一定値 a をとる関数である．

8.1.2 単位インパルス関数

単位インパルス関数はディラックのデルタ関数（Dirac's delta function）ともよばれ，つぎの 2 条件を満たす関数である．

条件 1：
$$\delta(t) = \begin{cases} 0 & t \neq 0 \\ \infty & t = 0 \end{cases} \tag{8.2}$$

しかも

$$\int_{-\infty}^{\infty} \delta(t) \mathrm{d}t = 1 \tag{8.3}$$

が成り立つ．

条件 2：連続関数 $f(t)$ に対して

$$\int_{-\infty}^{\infty} f(t) \delta(t-t_0) \mathrm{d}t = f(t_0) \tag{8.4}$$

が成り立つ．

条件 1 から

$$\delta(at) = \frac{1}{|a|} \delta(t) \tag{8.5}$$

および

$$\delta(-t) = \delta(t) \tag{8.6}$$

が導かれ，単位インパルス関数は偶関数であることがわかる．また条件 2 において $f(t)$ が $t = t_0$ で連続ならば

$$\int_{-\infty}^{\infty} f(t) \delta(t-t_0) \mathrm{d}t = f(t_0) = \int_{-\infty}^{\infty} f(t_0) \delta(t-t_0) \mathrm{d}t \tag{8.7}$$

と書けるから，形式的に

$$f(t) \delta(t-t_0) = f(t_0) \delta(t-t_0) \tag{8.8}$$

という関係式が得られる．とくに，$t_0 = 0$ と書くと

$$f(t) \delta(t) = f(0) \delta(t) \tag{8.9}$$

が得られる．この式は便利な式であり，後にしばしば使うので覚えておくとよい．この奇妙な性質は $\delta(t)$ がいわゆる通常の関数ではなく超関数であることに

図 8.3 パルス関数

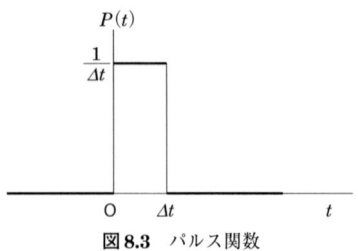

よる．これら 2 つの条件から明らかなように，単位インパルス関数は積分によって定義される．条件 1 は直感的にはつぎのように理解できる．いま，図 8.3 に示す幅 Δt，高さ $1/\Delta t$ の矩形状のパルス関数

$$P(t) = \frac{1}{\Delta t}\{H(t) - H(t - \Delta t)\} \tag{8.10}$$

を考える．$P(t)$ の面積は 1 である．ここで $\Delta t \to 0$ を考えると，その幅は限りなく 0 に近づき，$P(t)$ の高さは無限大に近づくが，矩形の面積は 1 に保たれている．これが条件 1 の直感的な解釈である．式 (8.3) において，もし $t=0$ で $\delta(t)$ が有限の値であれば，積分値は 0 であるから，$\delta(0)$ は無限大と考えざるを得ない．

パルス関数を用いて単位インパルス関数と単位ステップ関数の関係を形式的に求めてみる．パルス関数の幅 Δt を限りなく 0 に近づけた極限が単位インパルス関数と考えられるから

$$\lim_{\Delta t \to 0} \frac{H(t) - H(t - \Delta t)}{\Delta t} = \delta(t) \tag{8.11}$$

と書くことができる．したがって，形式的に

$$\frac{\mathrm{d}H(t)}{\mathrm{d}t} = \delta(t) \tag{8.12}$$

ならびに

$$H(t) = \int_{-\infty}^{t} \delta(\xi)\mathrm{d}\xi \tag{8.13}$$

が導かれる．式 (8.12) は単位インパルス関数 $\delta(t)$ の直観的な表現であり，定義式と考えてよい．つまり，単位ステップ関数の微分は単位インパルス関数となり，単位インパルス関数の積分が単位ステップ関数になる．

8.2 単位傾斜関数と n 次単位インパルス関数

電気回路の解析に有用な関数をつぎに示す．
（i） 単位傾斜関数

図 8.4 に示すように $t > 0$ で勾配が 1 になる関数は単位傾斜関数（unit ramp function）あるいは単位ランプ関数とよばれ，$f(t) = tH(t)$ で表される．容易にわかるように，これは単位ステップ関数の積分

$$tH(t) = \int_{-\infty}^{t} H(t) \mathrm{d}t \tag{8.14}$$

によって与えられる．また，逆に単位傾斜関数の微分は

$$\frac{\mathrm{d}tH(t)}{\mathrm{d}t} = H(t) + t\delta(t) = H(t) \tag{8.15}$$

となって，単位ステップ関数となる．ここで，式 (8.15) の右辺の導出には式 (8.9) を用いていることに注意する．
（ii） n 次単位インパルス関数

単位インパルス関数 $\delta(t)$ の一連の微分は特異関数（singular function）とよばれ

$$\frac{\mathrm{d}\delta^{(k)}(t)}{\mathrm{d}t} = \delta^{(k+1)}(t) \tag{8.16}$$

$$\int_{-\infty}^{t} \delta^{(k+1)}(\xi) \mathrm{d}\xi = \delta^{(k)}(t) \tag{8.17}$$

$$\delta^{(0)}(t) = \delta(t) \qquad k = 0, 1, 2, \cdots, n \tag{8.18}$$

のように定義される．とくに，$\delta^{(1)}(t)$ は単位二次インパルス関数あるいはダブレット (doublet)，$\delta^{(2)}(t)$ は単位三次インパルス関数あるいはトリプレット (triplet) とよばれることがある．特異関数による回路解析の応用例は後述する．

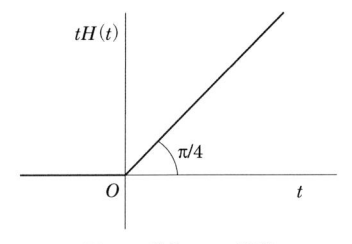

図 8.4 単位ランプ関数

8.3 簡単な回路のステップ応答

回路に電池などの直流電源を接続し，スイッチを開くかあるいは閉じる（以後，開閉すると略記）かして，抵抗に流れる電流の時間変化を知りたい．こうしたことは実際問題としてよく経験する．いまの場合，入力端子対の電圧あるいは電流は，スイッチを開閉した時刻において，一定値まで跳躍し，以後一定値を保つ．このような入力をステップ入力とよぶ．ステップ入力に対して過渡現象が発生し，注目する素子の電圧あるいは電流をこの入力に対する出力と考え，その時間変化を応答（response）とよぶ．

8.3.1 初期値について

スイッチの開閉によってキャパシタやインダクタが含まれる回路のステップ応答を求めるには，キャパシタ電圧 $v_C(t)$，インダクタ電流 $i_L(t)$ を変数とする常微分方程式を解かなければならない．スイッチは時刻 $t=0$ において開閉するものとし，スイッチ開閉直前のキャパシタ電圧とインダクタ電流をそれぞれ

$$v_C(-0) = \lim_{t \to -0} v_C(t), \quad i_L(-0) = \lim_{t \to -0} i_L(t)$$

で表し，それぞれキャパシタの初期電圧，インダクタの初期電流とよぶ．両方を初期値という．ただし，$t \to -0$ は t を負の方から限りなく 0 に近づけることを表す．よく混同するのは

$$v_C(+0) = \lim_{t \to +0} v_C(t), \quad i_L(+0) = \lim_{t \to +0} i_L(t)$$

と表された場合で，これらはスイッチ開閉直後の値であって，微分方程式におけるキャパシタ電圧の初期値，インダクタ電流の初期値であることに注意する．ここに，$t \to +0$ は t を正の方から限りなく 0 に近づけることを表す．

8.3.2 理想的なキャパシタとインダクタのステップ応答

"理想的な"とはキャパシタとインダクタに損失（抵抗分）がないという意味である．いま，回路のすべてのキャパシタの初期電圧とすべてのインダクタの初期電流を零にして，入力端子対に単位ステップ関数 $H(t)$ に相当する電圧または電流を印加したとき，出力端子対に現われる電圧または電流をステップ応答（step response）とよぶ．以下に，キャパシタとインダクタのステップ応答を求める．

キャパシタの場合

キャパシタ C に直流電圧源 E を接続すると大きな電流が流れることは実験などによって経験的にもよく知っている．これを解析的に扱うとつぎのようにな

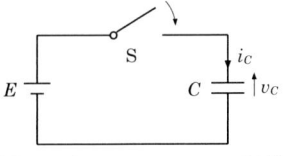

図 8.5 キャパシタのステップ応答 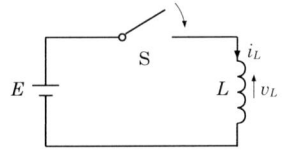　　**図 8.6** インダクタのステップ応答

る．図 8.5 の回路において，キャパシタ C の初期電圧を 0 とする．時刻 $t = 0$ でスイッチを閉じると $v_C(t) = EH(t)$，$E = 1$ の電圧がキャパシタの端子対にかかり，その応答，すなわち出力となるキャパシタ電流 $i_C(t)$ である．したがって，ステップ応答は

$$i_C(t) = C\frac{dv_C}{dt} = CE\frac{dH(t)}{dt} = CE\delta(t), \quad E = 1 \tag{8.19}$$

となり，$t = 0$ にスイッチを閉じた瞬間，無限大の電流が流れることになる．実際には電源やキャパシタに抵抗が存在するから，無限大の電流は流れない．

インダクタの場合

図 8.6 のようにインダクタ L に直流電圧源 E を印加したらどうなるだろうか．インダクタに初期電流が流れていないものとする．このインダクタに $t = 0$ の瞬間に電圧 $E = 1$ がかかる．すなわち，$v_L(t) = EH(t)$ とすれば

$$L\frac{di_L}{dt} = v_L(t) = EH(t), \quad E = 1 \tag{8.20}$$

が成り立つ．したがって，ステップ応答，すなわち，インダクタ電流は

$$i_L(t) = \frac{E}{L}\int_{-\infty}^{t} H(\xi)d\xi = \frac{E}{L}tH(t), \quad E = 1 \tag{8.21}$$

となり，スイッチを閉じてから以後，直線的に増えていく．

8.3.3　直列抵抗を含むキャパシタのステップ応答

図 8.7 のように，キャパシタ C を抵抗 R を介して充電するとき，キャパシタ C の電圧 v_C や電流 i_C はどのように変化するかを考える．キャパシタに初期電圧はないものとする．時刻 $t = 0$ にスイッチ S を閉じる．電圧則により

$$RC\frac{dv_C}{dt} + v_C = EH(t) \tag{8.22}$$

が成り立つ．この微分方程式の一般解は

$$v_C(t) = \frac{E}{RC}\int_{-\infty}^{t} e^{-\frac{t-\xi}{RC}} H(\xi)d\xi + Ae^{-\frac{t}{RC}}$$

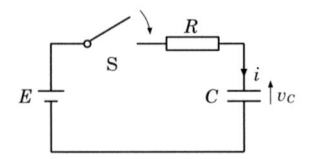

図 8.7 RC 回路のステップ応答

$$= \frac{E}{RC} e^{-\frac{t}{RC}} \int_0^t e^{\frac{\xi}{RC}} d\xi + A e^{-\frac{t}{RC}}$$

$$= E(1 - e^{-\frac{t}{RC}})H(t) + A e^{-\frac{t}{RC}} \tag{8.23}$$

である．ただし，A は任意定数である．この一般解の初期値 $v_C(+0) = A$ を定めるには，スイッチ S を閉じる直前の初期電圧 $v_C(-0) = 0$ と $v_C(+0)$ を関連づける必要がある．そのため式 (8.22) の両辺を区間 $(-0, +0)$ で積分すれば

$$RC \int_{-0}^{+0} \frac{dv_C}{dt} dt + \int_{-0}^{+0} v_C(t) dt = E \int_{-0}^{+0} H(t) dt \tag{8.24}$$

すなわち

$$RC\{v_C(+0) - v_C(-0)\} = 0 \tag{8.25}$$

となるから，$v_C(+0) = v_C(-0) = 0$ であるから，$A = 0$ が定まる．したがって，出力をキャパシタ電圧 $v_C(t)$ とすれば

$$v_C(t) = E(1 - e^{-\frac{t}{RC}})H(t) \tag{8.26}$$

で表される．この式で $E = 1$ とおけば，$v_C(t)$ はステップ応答になる．さらに，この式を用いてキャパシタ電流 $i_C(t)$ のステップ応答は

$$i_C(t) = C \frac{dv_C}{dt}$$

$$= \frac{E}{R} e^{-\frac{t}{RC}} H(t) + EC(1 - e^{-\frac{t}{RC}})\delta(t)$$

$$= \frac{E}{R} e^{-\frac{t}{RC}} H(t), \quad E = 1 \tag{8.27}$$

である．インパルス電流は抵抗 R の作用により流れないことがわかる．抵抗 R が 0 に近づくにつれてこの電流波形はインパルス状になる．抵抗 R の電圧のステップ応答はこの式から $v_R(t) = Ri_C(t)$ により求められる．

8.3.4 LC 直列共振回路のステップ応答

図 8・8 に示す抵抗のない LC 直列共振回路のステップ応答を求める．ループ電流を $i(t)$，電圧源を $e(t) = EH(t)$ とすれば，電圧則により

8.3 簡単な回路のステップ応答

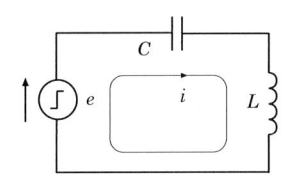

図 8.8 LC 直列共振回路のステップ応答

$$L\frac{\mathrm{d}i}{\mathrm{d}t} + \frac{1}{C}\int_{-\infty}^{t} i(\xi)\mathrm{d}\xi = EH(t) \tag{8.28}$$

が成り立つ．この両辺を t で微分すると微分方程式

$$L\frac{\mathrm{d}^2 i}{\mathrm{d}t^2} + \frac{1}{C}i = E\delta(t) \tag{8.29}$$

が得られ，単位インパルス関数が右辺に表される．いま，p を微分演算子 $\mathrm{d}/\mathrm{d}t$ とすれば，式 (8.29) は

$$f(p)\,i(t) = E\delta(t) \tag{8.30}$$

ただし，$f(p) = Lp^2 + 1/C$ である．$f(\lambda) = 0$ の解を λ_1, λ_2 とすれば，$\lambda_1 = \mathrm{j}/\sqrt{LC}$, $\lambda_2 = -\mathrm{j}/\sqrt{LC}$ である．

特殊解の求め方 (1)

定数変化法による．同次型の方程式の基本解は $\{e^{\lambda_1 t}, e^{\lambda_2 t}\}$ であるから，ロンスキー行列式は $W(e^{\lambda_1 t}, e^{\lambda_2 t}) = (\lambda_2 - \lambda_1)e^{(\lambda_1 + \lambda_2)t}$ である．いま，$g(t) = E\delta(t)$ と置く．特殊解は

$$\begin{aligned}
i(t) &= -e^{\lambda_1 t}\int_{-\infty}^{t}\frac{e^{\lambda_2 \xi}}{W(e^{\lambda_1 \xi}, e^{\lambda_2 \xi})}\frac{g(\xi)}{L}\mathrm{d}\xi + e^{\lambda_2 t}\int_{-\infty}^{t}\frac{e^{\lambda_1 \xi}}{W(e^{\lambda_1 \xi}, e^{\lambda_2 \xi})}\frac{g(\xi)}{L}\mathrm{d}\xi\\
&= \frac{e^{\lambda_1 t}}{\lambda_1 - \lambda_2}\int_{-\infty}^{t}e^{\lambda_1 \xi}\frac{E}{L}\delta(\xi)\mathrm{d}\xi + \frac{e^{\lambda_2 t}}{\lambda_2 - \lambda_1}\int_{-\infty}^{t}e^{\lambda_2 \xi}\frac{E}{L}\delta(\xi)\mathrm{d}\xi
\end{aligned} \tag{8.31}$$

と表される．上式の被積分項はインパルス関数の性質によりいずれも $(E/L)H(t)$ となるから，特殊解は

$$i(t) = \sqrt{\frac{C}{L}}E\sin\left(\frac{t}{\sqrt{LC}}\right)H(t) \tag{8.32}$$

となる．

特殊解の求め方 (2)

特殊解を $i(t) = (A_1 e^{\lambda_1 t} + A_2 e^{\lambda_2 t})H(t)$ と置いて式 (8.29) に代入すると

$$f(p)i(t) = L(\lambda_1 A_1 + \lambda_2 A_2)\delta(t) + L(A_1 + A_2)\delta^{(1)}(t) = E\delta(t) \tag{8.33}$$

となる．両辺の $\delta(t)$ と $\delta^{(1)}(t)$ の係数を比較すると

$$L(\lambda_1 A_1 + \lambda_2 A_2) = E \qquad (8.34\text{-a})$$
$$L(A_1 + A_2) = 0 \qquad (8.34\text{-b})$$

となり，これより $A_1 = \sqrt{C/L}\,E/(2\mathrm{j})$, $A_2 = \sqrt{C/L}\,E/(-2\mathrm{j})$ が得られ，特殊解は式 (8.32) となる．

ここで $E = 1$ とおけば，式 (8.32) はステップ応答である．すなわち，LC直列共振回路のステップ応答は振幅 $\sqrt{C/L}$，角周波数 $1/\sqrt{LC}$ の正弦波振動になる．直流電圧源の内部抵抗は零だから，LC回路ではこの振動が持続することを示している．

8.4 簡単な回路のインパルス応答

例えば直流電源を入力端子対にきわめて短い時間接続したときに，出力端子対に電流と電圧の時間変化，つまり過渡現象が現れる．このような場合，入力はインパルスの入力波形に近い．ステップ応答の場合と同様に，回路のキャパシタの初期電圧とインダクタの初期電流をすべて零にして，入力端子対に単位インパルス関数に相当する電圧または電流を印加したとき，出力端子対に現われる電圧または電流をインパルス応答 (impulse response) という．はじめに抵抗分のない理想的なキャパシタとインダクタのインパルス応答を求める．

8.4.1 理想的なキャパシタとインダクタのインパルス応答

初期電圧のないキャパシタ C に単位インパルス電流 $J\delta(t)$, $J = 1$ を印加したとき，キャパシタの端子電圧を $v_C(t)$ とすると

$$C\frac{\mathrm{d}v_C}{\mathrm{d}t} = J\delta(t),\ J = 1 \qquad (8.35)$$

が成り立つから，これを積分してインパルス応答は

$$\begin{aligned}v_C(t) &= \frac{J}{C}\int_{-\infty}^{t}\delta(\xi)\mathrm{d}\xi \\ &= (J/C)H(t),\quad J = 1\end{aligned} \qquad (8.36)$$

となりキャパシタ電圧がステップ状に変化することがわかる．これと双対的にいえば，初期電流のないインダクタにインパルス電圧を印加したとき，インダクタの端子電流はステップ状に変化する．

8.4.2 キャパシタと直列に抵抗がある場合

初期電圧のないキャパシタ C に直列に抵抗 R を接続した回路に単位インパルス電圧 $E\delta(t)$, $E = 1$ を印加したとき，キャパシタ電圧 $v_C(t)$ のインパルス応

答を求める．回路の微分方程式は

$$RC\frac{\mathrm{d}v_C}{\mathrm{d}t}+v_C = E\delta(t), \quad E=1 \tag{8.38}$$

となる．特殊解は

$$v_C(t) = \frac{E}{RC}\int_{-\infty}^{t} e^{-\frac{t-\xi}{RC}}\delta(\xi)\mathrm{d}\xi$$

$$= \frac{E}{RC}e^{-\frac{t}{RC}}\int_{-\infty}^{t} e^{\frac{\xi}{RC}}\delta(\xi)\mathrm{d}\xi$$

$$= \frac{E}{RC}e^{-\frac{t}{RC}}H(t) \tag{8.39}$$

したがって，式 (8.41)，すなわち，インパルス応答は

$$v_C(t) = \frac{E}{RC}e^{-\frac{t}{RC}}H(t), \quad E=1 \tag{8.40}$$

となる．キャパシタ電圧 $v_C(t)$ が $E/(RC)$ から時間的に指数関数的に減衰して零になることがわかる．

上記の解法では単位インパルス関数の超関数としての性質を利用して特殊解，すなわちインパルス応答を導いている．比較のため，微分方程式の通常の解法に従い，式 (8.38) を解いてみる．$t>0$ では式 (8.38) は

$$RC\frac{\mathrm{d}v_C}{\mathrm{d}t}+v_C = 0 \tag{8.41}$$

である．したがって，一般解は $v_C(t) = v_C(+0)e^{-t/RC}$ であるから，初期値 $v_C(+0)$ を与えなければならない．このため式 (8.38) の両辺を -0 から $+0$ まで積分すると

$$RC\int_{-0}^{+0}\frac{\mathrm{d}v_C}{\mathrm{d}t}\mathrm{d}t + \int_{-0}^{+0}v_C(t)\mathrm{d}t = \int_{-0}^{+0}E\delta(t)\mathrm{d}t \tag{8.42}$$

となり，単位インパルス関数 $\delta(t)$ の定義により，

$$RC\{v_C(+0)-v_C(-0)\} = E, \quad E=1 \tag{8.43}$$

が得られる．この式に $v_C(-0)=0$ を代入することにより $v_C(+0)=E/(RC)$ が得られ，解 $v_C(t)$ は式 (8.40) に一致する．このように，微分方程式の初期値と物理的な意味の初期値を区別して取り扱わねばならない．初期値については第 10 章で詳しく説明する．

8.4.3 LC 直列共振回路のインパルス応答

図 8.9 に示す理想的な LC 直列共振回路のインパルス応答を求めてみる．ループ電流を $i(t)$，電圧源を $e(t)=E\delta(t)$，$E=1$ とすれば，電圧則により

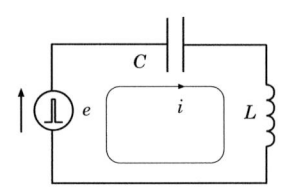

図 8.9 LC 回路のインパルス応答

$$L\frac{di}{dt} + \frac{1}{C}\int_{-\infty}^{t} i(\xi)d\xi = E\delta(t), \quad E = 1 \tag{8.46}$$

が成り立つ．この両辺を t で微分すると

$$L\frac{d^2i}{dt^2} + \frac{1}{C}i = E\delta^{(1)}(t), \quad E = 1 \tag{8.47}$$

となり，ダブレットが現れる．いま，8.3.4 項と同様にして解を $i(t) = (A_1 e^{\lambda_1 t} + A_2 e^{\lambda_2 t})H(t)$ で表す．ただし，$\lambda_1 = \mathrm{j}/\sqrt{LC}$, $\lambda_2 = -\mathrm{j}/\sqrt{LC}$ である．式 (8.47) に代入すると

$$L(\lambda_1 A_1 + \lambda_2 A_2)\delta(t) + L(A_1 + A_2)\delta^{(1)}(t) = E\delta^{(1)}(t) \tag{8.48}$$

となる．したがって，両辺の $\delta(t)$, $\delta^{(1)}(t)$ の係数をそれぞれ比較し等置すると

$$\lambda_1 A_1 + \lambda_2 A_2 = 0 \tag{8.49}$$
$$L(A_1 + A_2) = E \tag{8.50}$$

となり，これより A_1, A_2 に関する連立一次方程式が得られる．これを解いて $A_1 = A_2 = E/(2L)$ を得る．よって，インパルス応答は

$$i(t) = \frac{E}{L}\cos\left(\frac{t}{\sqrt{LC}}\right)H(t), \quad E = 1 \tag{8.51}$$

となる．すなわち，LC 直列共振回路にインパルス状の電圧がかかると，それ以後，余弦関数で表される振動が持続することを示している．

【演習問題】

1. 図 8.10 のグラフの関数 y を単位ステップ関数 $H(t)$ を用いて表せ．
2. 図 8.11 のグラフの関数 y を単位ステップ関数 $H(t)$ を用いて表せ．
3. 図 8.12 に示すように，インパルス電圧 $e(t) = E\delta(t)$ がインダクタ L にかかった．インダクタの応答 $i(t)$ を求めよ．
4. 回路の入力 $x(t)$ と出力 $y(t)$ の関係が次の微分方程式で表される．この回路のインパルス応答を求めよ．ただし，変数の初期値はすべて零である．

図 8.10

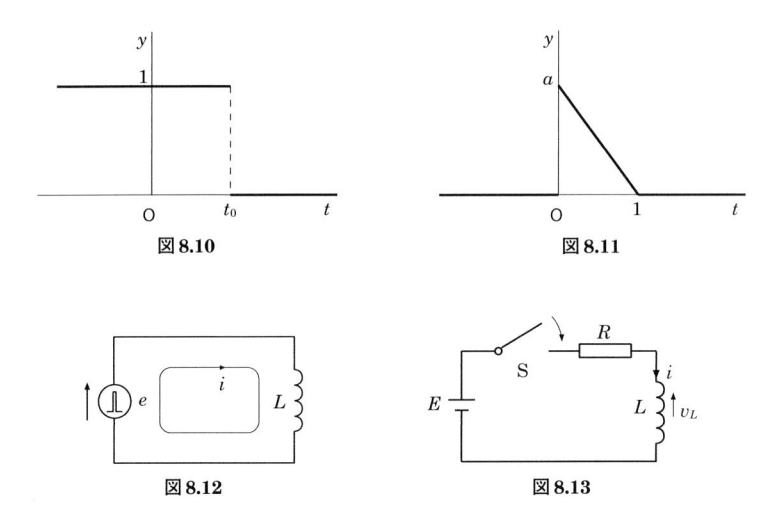

図 8.11

図 8.12

図 8.13

$$\frac{\mathrm{d}^2 y}{\mathrm{d}t^2} + 3\frac{\mathrm{d}y}{\mathrm{d}t} + 2y = 3\frac{\mathrm{d}x}{\mathrm{d}t} + 4x$$

5. 図 8.13 のように，インダクタ L に直列に抵抗 R が接続された回路のステップ応答を求めよ．出力はインダクタ L の電圧 v_L とする．ただし，インダクタ L に初期電流は流れていないものとする．

9

ラプラス変換

この章では主にラプラス変換の基礎知識と，線形回路の解析に必要な定数係数の線形常微分方程式の解法を述べる．ラプラス変換の定義式において，積分区間の下限を-0にとるラプラス変換と$+0$にとるラプラス変換が存在するが，電気回路の解析に適した前者のラプラス変換を述べる．ラプラス変換によって，独立変数が実数 t の常微分方程式を複素数 s の代数方程式に変換し，その代数方程式の解から，逆ラプラス変換によって常微分方程式の解が求められる．線形回路は常微分方程式によって定式化されるから，ラプラス変換によって過渡現象を容易に解析することができる．

9.1 ラプラス変換

9.1.1 定　　義

定義域を $(-\infty, \infty)$ とする関数 $f(t)$ を，区分的に連続かつ微分可能であって，しかも

$$f(t) = 0, \quad t < 0 \tag{9.1}$$

を満たす実数値関数とする．このような関数 $f(t)$ を因果関数（causal function）という．いま，関数 $f(t)$ の積分

$$F(s) = \int_{-0}^{\infty} f(t) e^{-st} dt \tag{9.2}$$

が収束するとき，$F(s)$ を $f(t)$ のラプラス変換（Laplace transform）とよび，$F(s) = \mathcal{L}[f(t)]$ で表す．ここに，s は複素数で

$$s = \sigma + j\omega \tag{9.3}$$

である．式 (9.2) は広義積分であり

$$F(s) = \lim_{a \to -0} \lim_{b \to \infty} \int_a^b f(t) e^{-st} dt \tag{9.4}$$

を意味する．ここに，$a \to -0$ は a を負の方から限りなく 0 に近づけることを示

す．本書では電気回路の解析には下限を-0とする上記のラプラス変換を用いるが，下限を$+0$とするラプラス変換，すなわち，式(9.4)においてaを正の方から限りなく0に近づける（$a \to +0$）ラプラス変換$\mathcal{L}_+$もよく用いられ，つぎのように定義される．

$$F(s) = \mathcal{L}_+[f(t)] = \int_{+0}^{\infty} f(t) e^{-st} dt \tag{9.5}$$

ラプラス変換$\mathcal{L}$と$\mathcal{L}_+$の相異は後述する．

区分的に連続な関数

関数$f(t)$が(1)閉区間Iで有限個の点を除いて連続であり，(2)不連続点では$f(t)$の左極限値と右極限値がともに存在して有限値をとるとき，関数$f(t)$を区分的に連続な関数という．関数$f(t)$の定義域が無限区間である場合には，そのなかの任意の有限区間において$f(t)$が区分的に連続であるとき$f(t)$は無限区間において区分的に連続であるという．図9.1は区分的に連続な関数の概念図で，$f(t)$は$t = 0, a, b$で不連続である．

指数位数の関数

$t \geq t_0$のとき$|f(t)| \leq Me^{at}$を満たすM, aが存在するとき，関数$f(t)$を指数位数 (exponential order) aの関数，あるいは$f(t)$は指数位数であるという．例えば，t^2は指数位数である．なぜなら，すべての$t > 0$に対して正の実数$M = 1$と$a = 1$とすれば

$$|t^2| = t^2 < e^t \tag{9.6}$$

が成り立つからである．区分的に連続な関数$f(t)$について$t \geq 0$に対して，$f(t)$が指数位数のとき

$$|f(t) e^{-st}| = |f(t)| e^{-at} < M \tag{9.7}$$

すなわち

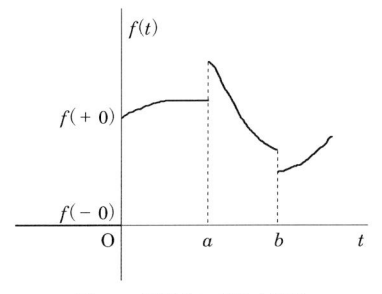

図9.1 区分的に連続な関数

$$|f(t)| < Me^{at} \tag{9.8}$$

は広義積分 (9.2) は絶対収束し，ラプラス変換が存在する．

以上は関数 $f(t)$ についての制約であるが，複素数 s についても式 (9.2) が収束するための条件としての s の領域が存在する．すなわち，$\mathrm{Re}(s) > a$ ならば式 (9.2) が収束し，$\mathrm{R}(s) < a$ ならば収束しない実数 a が存在する．$\mathrm{Re}(s) > a$ が示す領域を収束域，a を収束座標という．このように関数 $f(t)$ と複素数 s に広義積分 (9.2) が収束するための条件が付くが，線形回路で扱う $f(t)$ はほとんどこの条件を満たしていると考えてよい．

2つの関数の対 $(f(t), F(s))$ をそれぞれ (t 関数，s 関数)，(表関数，裏関数)，(原関数，像関数) などとよぶ．また，t の領域を時間領域あるいは t 領域，s の領域を (複素) 周波数領域あるいは s 領域という．

なお，表関数 $f(t)$ の因果性を記述するために，単位ステップ関数 $H(t)$ を用いて $f(t)H(t)$，あるいは $f(t)$，$t \geq 0$ と表記する．

9.1.2 単位ステップ関数のラプラス変換

単位ステップ関数 $H(t)$ のラプラス変換は

$$\mathcal{L}[H(t)] = \int_{-0}^{\infty} H(t)e^{-st}\mathrm{d}t = \left[-\frac{e^{-st}}{s}\right]_{-0}^{\infty}$$
$$= \lim_{t \to \infty}\left(-\frac{e^{-(\sigma+j\omega)t}}{\sigma+j\omega}\right) + \lim_{t \to -0}\left(\frac{e^{-st}}{s}\right)$$

となる．ここで，$\sigma > 0$ ならば第1項は0に収束し

$$\mathcal{L}[H(t)] = \frac{1}{s} \quad (\mathrm{Re}(s) > 0) \tag{9.9}$$

となる．すなわち，$H(t)$ のラプラス変換は $\mathrm{Re}(s) > 0$ においてのみ定義される．つぎに，$H(t)$ を τ だけ正の方向に平行移動した $H(t-\tau)$ は

$$\mathcal{L}[H(t-\tau)] = \int_{\tau}^{\infty} 1e^{-st}dt = \left[-\frac{1}{s}e^{-st}\right]_{\tau}^{\infty} = \frac{1}{s}e^{-\tau s} \quad (\mathrm{Re}(s-\tau) > 0) \tag{9.10}$$

となり，$1/s$ に $e^{-\tau s}$ が掛かる．$e^{-\tau s}$ は遅れ演算子 (delay operator) とよばれる．

9.1.3 単位インパルス関数のラプラス変換

つぎに単位インパルス関数のラプラス変換を考える．前章で述べた単位インパルス関数の条件1と2より

$$\mathcal{L}[\delta(t)] = \int_{-0}^{\infty} \delta(t)\,e^{-st} \mathrm{d}t = 1 \tag{9.11}$$

となる．一方，積分区間を $+0$ から ∞ にとるラプラス変換を $\mathcal{L}_+$ で定義する．したがって，

$$\mathcal{L}_+[\delta(t)] = \int_{+0}^{\infty} \delta(t)\,e^{-st} \mathrm{d}t = 0 \tag{9.12}$$

となる．したがって，関数 $f(t)$ が $t=0$ で $\delta(t)$ を含むときはそのラプラス変換は

$$F(s) = \int_{-0}^{\infty} f(t)\,e^{-st} \mathrm{d}t = \int_{-0}^{+0} f(t)\,e^{-st} \mathrm{d}t + \int_{+0}^{\infty} f(t)\,e^{-st} \mathrm{d}t \tag{9.13}$$

となる．このように関数 $f(t)$ に単位インパルス関数 $\delta(t)$ が含まれているときは上式の第1項を考慮しなければならない．関数 $f(t)$ が $t=0$ で単位インパルス関数を含んでないときは

$$F(s) = \mathcal{L}[f(t)] = \int_{-0}^{\infty} f(t)\,e^{-st} \mathrm{d}t = \int_{+0}^{\infty} f(t)\,e^{-st} \mathrm{d}t = \mathcal{L}_+[f(t)] \tag{9.14}$$

となるから，下限を $t=+0$ としたラプラス変換と $t=-0$ としたラプラス変換とは一致する．電気回路の過渡現象の解析では単位インパルス関数を含む関数をラプラス変換する場合があるから，ラプラス変換の定義式 (9.2) の下限が $t=-0$ となっている．

平行移動した単位インパルス関数 $\delta(t-\tau)$ のラプラス変換は

$$\mathcal{L}[\delta(t-\tau)] = \int_{-0}^{\infty} \delta(t-\tau)\,e^{-st} \mathrm{d}t = e^{-s\tau} \tag{9.15}$$

となる．

9.1.4 よく用いられる初等関数のラプラス変換

ここでは，線形回路の解析とくに過渡現象の解析に必要となる s 関数のラプラス変換を求め，その性質を述べる．

（1） 指数関数

指数関数 $e^{at}H(t)$ のラプラス変換は

$$\mathcal{L}[e^{at}H(t)] = \int_{-0}^{\infty} e^{at}e^{-st} \mathrm{d}t = \left[\frac{e^{(a-s)t}}{s-a}\right]_{-0}^{\infty} = \frac{1}{s-a} \quad (\mathrm{Re}(s) > a) \tag{9.16}$$

となり，s の分数関数になる．

（2）単位傾斜関数

第 8 章で述べた単位傾斜関数 $f(t) = tH(t)$ のラプラス変換は部分積分を用いて

$$\mathcal{L}[tH(t)] = \int_{-0}^{\infty} te^{-st}dt = \left[-\frac{1}{s}te^{-st}\right]_{-0}^{\infty} + \frac{1}{s}\int_{-0}^{\infty} e^{-st}dt$$

$$= \frac{1}{s^2} \quad (\text{Re}(s) > 0) \tag{9.17}$$

となる．これを利用すると

$$\mathcal{L}[t^2 H(t)] = \frac{2!}{s^3} \tag{9.18}$$

一般に n が自然数のとき

$$\mathcal{L}[t^n H(t)] = \frac{n!}{s^{n+1}} \tag{9.19}$$

となる．

表 9.1 によく用いられる関数のラプラス変換を示す．

表 9.1 ラプラス変換表

$f(t)$	$F(s)$	$f(t)$	$F(s)$	$f(t)$	$F(s)$
$H(t)$	$\dfrac{1}{s}$	$\sin(\omega t)H(t)$	$\dfrac{\omega}{s^2+\omega^2}$	$\sinh(\alpha t)H(t)$	$\dfrac{\alpha}{s^2-\alpha^2}$
$\delta(t)$	1	$\cos(\omega t)H(t)$	$\dfrac{s}{s^2+\omega^2}$	$\cosh(\alpha t)H(t)$	$\dfrac{s}{s^2-\alpha^2}$
$\delta^{(1)}(t)$	s				
$\delta^{(n)}(t)$	s^n	$e^{-\alpha t}\sin(\omega t)H(t)$	$\dfrac{\omega}{(s+\alpha)^2+\omega^2}$		
$tH(t)$	$\dfrac{1}{s^2}$	$e^{-\alpha t}\cos(\omega t)H(t)$	$\dfrac{s+\alpha}{(s+\alpha)^2+\omega^2}$		
$t^n H(t)$	$\dfrac{n!}{s^{n+1}}$	$t\sin(\omega t)H(t)$	$\dfrac{2\omega s}{(s^2+\omega^2)^2}$		
$e^{-at}H(t)$	$\dfrac{1}{s+a}$	$t\cos(\omega t)H(t)$	$\dfrac{s^2-\omega^2}{(s^2+\omega^2)^2}$		

9.2 ラプラス変換の性質

（1）線形性

ラプラス変換は線形変換（linear transformation）である．すなわち，ラプラス変換可能な関数 $f_1(t), f_2(t)$，$t \geq 0$ と任意の定数 c_1, c_2 に対して

$$\mathcal{L}[c_1 f_1(t) + c_2 f_2(t)] = c_1 \mathcal{L}[f_1(t)] + c_2 \mathcal{L}[f_2(t)] \tag{9.20}$$

が成り立つ．記号 $\mathcal{L}$ は関数 $f(t)$ に作用させる線形演算子（linear operator）である．

¶ **例 9.1** ¶ 線形性を利用して $\cos(\omega t) H(t)$ のラプラス変換を求めてみる．

$$\mathcal{L}[\cos(\omega t) H(t)] = \mathcal{L}\left[\frac{1}{2}(e^{j\omega t} + e^{-j\omega t})H(t)\right] = \frac{1}{2}\mathcal{L}[e^{j\omega t}H(t)] + \frac{1}{2}\mathcal{L}[e^{-j\omega t}H(t)]$$
$$= \frac{1}{2}\frac{1}{s-j\omega} + \frac{1}{2}\frac{1}{s+j\omega} = \frac{s}{s^2+\omega^2}$$

となる．

¶ **例 9.2** ¶ もう 1 つ例を示す．

$$\mathcal{L}[\{2t^2 - 3\cos 3t + 4e^{-t}\}H(t)] = 2\mathcal{L}[t^2 H(t)] - 3\mathcal{L}[\cos(3t)H(t)] + 4\mathcal{L}[e^{-t}H(t)]$$
$$= \frac{4}{s^3} - \frac{3s}{s^2+9} + \frac{4}{s+1}$$

のように計算される．

（2） t 領域における移動則

関数 $f(t)$，$t \geq 0$ のラプラス変換を $F(s)$ とするとき，$f(t)$ を t の正方向に $\tau > 0$ だけ平行移動した関数 $f(t-\tau) H(t-\tau)$ のラプラス変換は

$$\mathcal{L}[f(t-\tau) H(t-\tau)] = \int_\tau^\infty f(t-\tau) e^{-st} dt \tag{9.21}$$

となる．ここで $t' = t - \tau$ と置くと

$$\int_{-0}^\infty f(t') e^{-s(t'+\tau)} dt' = e^{-s\tau} \mathcal{L}[f(t)] = e^{-s\tau} F(s) \tag{9.22}$$

が得られる．したがって

$$\mathcal{L}[f(t-\tau) H(t-\tau)] = e^{-s\tau} F(s) \tag{9.23}$$

¶ **例 9.3** ¶ $\mathcal{L}[t^3 H(t)] = 6/s^4$ であるから，$(t-2)^3 H(t-2)$ のラプラス変換は，$6e^{-2s}/s^4$ となる．

（3） s 領域における移動則

関数 $f(t)$，$t \geq 0$ のラプラス変換を $F(s)$ とするとき，$e^{at}f(t)H(t)$ のラプラス変換は

$$\mathcal{L}[e^{at}f(t)H(t)] = \int_{-0}^\infty f(t) e^{-(s-a)t} dt$$
$$= F(s-a) \tag{9.24}$$

である．

¶ **例 9.4** ¶ $\cos(t) H(t)$ のラプラス変換は

$$\mathcal{L}[\cos(t) H(t)] = \frac{s}{s^2+1}$$

であるから

$$\mathcal{L}[e^{-2t}\cos(t)H(t)] = \frac{s+2}{(s+2)^2+1} = \frac{s+2}{s^2+4s+5}$$

となる.

（4） 相似則

関数 $f(t)$, $t \geq 0$ のラプラス変換を $F(s)$ とするとき，$f(t)$ の時間スケールを a 倍したときは

$$\mathcal{L}[f(at)] = \frac{1}{a}F\left(\frac{s}{a}\right) \tag{9.25}$$

となる．この式は

$$\mathcal{L}[f(at)] = \int_{-0}^{\infty} f(at)\,e^{-st}\mathrm{d}t = \frac{1}{a}\int_{-0}^{\infty} f(t')\,e^{-st'/a}\mathrm{d}t' = \frac{1}{a}F\left(\frac{s}{a}\right)$$

により容易に導ける.

¶ **例 9.5** ¶ $\sin(t)H(t)$ のラプラス変換は

$$\mathcal{L}[\sin(t)H(t)] = \frac{1}{s^2+1}$$

であるから，

$$\mathcal{L}[\sin(3t)H(t)] = \frac{1}{3}\frac{1}{(s/3)^2+1} = \frac{3}{s^2+9}$$

となる.

（5） $t^n f(t) H(t)$（n：自然数）のラプラス変換

関数 $f(t)$, $t \geq 0$ のラプラス変換を $F(s)$ とするとき，

$$\mathcal{L}[t^n f(t) H(t)] = (-1)^n F^{(n)}(s) \tag{9.26}$$

である．いま，$F(s) = \mathcal{L}[f(t)] = \int_{-0}^{\infty} f(t)\,e^{-st}\,\mathrm{d}t$ であるから，両辺を s で微分すると

$$F^{(1)}(s) = \frac{\mathrm{d}F(s)}{\mathrm{d}s} = \frac{\mathrm{d}}{\mathrm{d}s}\int_{-0}^{\infty} f(t)\,e^{-st}\mathrm{d}t = \int_{-0}^{\infty} \frac{\partial}{\partial s}(f(t)\,e^{-st})\mathrm{d}t$$

$$= -\int_{-0}^{\infty} tf(t)\,e^{-st}\mathrm{d}t = (-1)\mathcal{L}[tf(t)H(t)] \tag{9.27}$$

であるから，$n=1$ の場合が示された．数学的帰納法により，$n=k$ の場合

$$\int_{-0}^{\infty} t^k f(t) H(t)\,e^{-st}\mathrm{d}t = (-1)^k F^{(k)}(s) \tag{9.28}$$

が成り立つと仮定する．この式の両辺を s で微分すると

$$-\int_{-0}^{\infty}(t^{k+1}f(t)H(t))\,e^{-st}\mathrm{d}t = (-1)^k F^{(k+1)}(s) \tag{9.29}$$

すなわち，$\mathcal{L}[t^{k+1}f(t)H(t)] = (-1)^{k+1}F^{k+1}(s)$ が得られ，$n = k+1$ の場合が成り立つ．したがって，式 (9.27) が成り立つ．

¶ **例 9.6** ¶　$t^2\cos(t)H(t)$ のラプラス変換を求める．$\mathcal{L}[\cos(t)H(t)] = s/(s^2+1)$ であるから $\mathcal{L}[t^2\cos(t)H(t)] = \mathrm{d}^2/\mathrm{d}s^2(s/s^2+1) = (2s^3-6s)/(s^2+1)^3$ となる．

（6）関数 $f(t)/t$（$t > 0$）の場合

関数 $f(t)$，$t \geq 0$ のラプラス変換を $F(s)$ とするとき，極限値 $\lim_{t\to 0}(f(t)/t)$（$t > 0$）が存在するならば

$$\mathcal{L}\left[\frac{f(t)}{t}\right] = \int_s^\infty F(\xi)\mathrm{d}\xi \tag{9.30}$$

である．

¶ **例 9.7** ¶　$\mathcal{L}[\sin(t)H(t)] = 1/(s^2+1)$，かつ $\lim_{t\to 0}(\sin t/t) = 1$ であるから

$$\mathcal{L}\left[\frac{\sin t}{t}\right] = \int_s^\infty \frac{\mathrm{d}\xi}{\xi^2+1} = \tan^{-1}\frac{1}{s}$$

である．

9.3　微分則と積分則

9.3.1　微分則――導関数のラプラス変換

関数 $f(t)$，$t \geq 0$ のラプラス変換を $F(s)$ とし，導関数 $f'(t) = \mathrm{d}f/\mathrm{d}t$ がラプラス変換可能な関数であれば，

$$\mathcal{L}\left[\frac{\mathrm{d}f}{\mathrm{d}t}\right] = sF(s) - f(-0) \quad (\mathrm{Re}(s) > 0) \tag{9.31}$$

が成り立つ．なぜなら，部分積分法により

$$\mathcal{L}\left[\frac{\mathrm{d}f}{\mathrm{d}t}\right] = \left[f(t)e^{-st}\right]_{-0}^\infty + s\int_{-0}^\infty f(t)e^{-st}\mathrm{d}t$$
$$= sF(s) - f(-0) \quad (\mathrm{Re}(s) > 0) \tag{9.32}$$

となるからである．これを時間領域の微分則（time differential formula）という．2 階導関数のラプラス変換も同様に部分積分法により

$$\mathcal{L}[f''(t)] = s\mathcal{L}[f'(t)] - f'(-0)$$
$$= s^2F(s) - sf(-0) - f'(-0) \tag{9.33}$$

となる．記号 $'$ は t による微分を表す．

例として図 9.2，9.3 に示す 2 つの関数の導関数のラプラス変換を考えてみる．図 9.2 の $v(t)$ は $t = 0$ において不連続な関数であり，

$$v(t) = -EH(-t) + Ee^{-at}H(t) \tag{9.34}$$

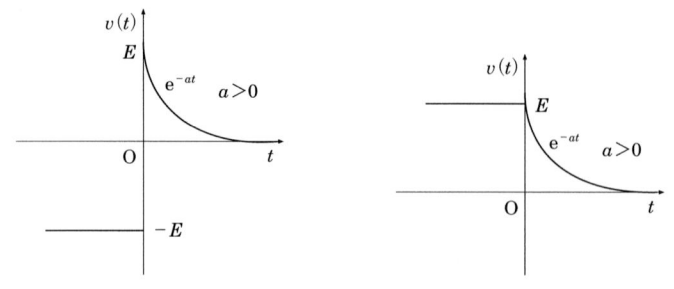

図 9.2 不連続関数　　　　**図 9.3** 連続関数

と表される．この場合，$v(t)$ のラプラス変換は

$$\mathcal{L}[v(t)] = \frac{E}{s+a} \tag{9.35}$$

となり $v(-0) = -E$ であるから，式 (9.31) を用いると，

$$\mathcal{L}\left[\frac{dv}{dt}\right] = \frac{sE}{s+a} - (-E) = E\frac{2s+a}{s+a} \tag{9.36}$$

が得られる．

一方，式 (9.34) の導関数は

$$\frac{dv}{dt} = 2E\delta(t) - aEe^{-at}H(t) \tag{9.37}$$

となり単位インパルス関数が現れる．係数 $2E$ は不連続点 $t=0$ における関数値の差，すなわち，ジャンプ量 $v(+0) - v(-0) = 2E$ を表している．この式のラプラス変換は

$$\mathcal{L}\left[\frac{dv}{dt}\right] = 2E + \frac{aE}{s+a} = E\frac{2s+a}{s+a} \tag{9.38}$$

となり，式 (9.36) と一致する．しかし，下限を $t=+0$ にとるラプラス変換 $\mathcal{L}_+$ では

$$\int_{+0}^{\infty} \frac{dv}{dt} e^{-st} dt = \int_{+0}^{\infty} 2E\delta(t) e^{-st} dt - \int_{+0}^{\infty} aEe^{-at} e^{-st} dt = -\frac{aE}{s+a} \tag{9.39}$$

となり，式 (9.36) と一致しない．ラプラス変換 $\mathcal{L}_+$ において

$$\mathcal{L}_+[f(t)] = F(s) \tag{9.40}$$

ならば，式 (9.31) と同様な式

$$\mathcal{L}_+\left[\frac{df}{dt}\right] = sF(s) - f(+0) \quad (\mathrm{Re}(s) > 0) \tag{9.41}$$

が成り立つ．電気回路のスイッチの開閉に伴う過渡現象の解析に，ラプラス変換 $\mathcal{L}_+$ を用いる場合には，スイッチ開閉直前の時刻 $t=-0$ のキャパシタ電圧 $v_C(-0)$ とインダクタ電流 $i_L(-0)$ から $v_C(+0)$ と $i_L(+0)$ を求める工夫が必要になる．それについては後述する．

つぎに，図 9.3 の関数 $v(t)$ は $t=0$ で連続であり，$v(0)=E$
$$v(t) = EH(-t) + Ee^{-at}H(t) \quad (t \neq 0) \tag{9.42}$$
と表される．いまの場合 $v(-0) = v(+0) = E$ であるから微分則の式 (9.31) を用いると
$$\mathcal{L}\left[\frac{dv}{dt}\right] = \frac{Es}{s+a} - E = \frac{-aE}{s+a} \tag{9.43}$$
が得られる．一方，式 (9.42) を t を微分すると
$$\frac{dv}{dt} = -aEe^{-at}H(t) \tag{9.44}$$
となり，インパルス関数は現れない．したがって，この式のラプラス変換は
$$\mathcal{L}\left[\frac{dv}{dt}\right] = \mathcal{L}[-aEe^{-at}H(t)] = \frac{-aE}{s+a} \tag{9.45}$$
となり微分則によって求めた式 (9.43) と一致する．

これらの例でわかるように，$t=0$ における $f(t)$ の連続，不連続に関わらず，ラプラス積分の下限を $t=-0$ とするラプラス変換であれば，微分則 (9.31) が成り立つ．この微分則は線形電気回路の過渡現象を解析するとき有用である．なぜなら，回路をキャパシタの電圧 $v_C(t)$ とインダクタの電流 $i_L(t)$ を変数とする連立微分方程式で定式化すれば，スイッチの開閉直前のキャパシタの電圧 $v_C(-0)$ とインダクタの電流 $i_L(-0)$ を初期値にとることができるからである．

¶例 9.8¶ $f(t) = \cos(\omega t)H(t)$ に対し，$F(s) = \mathcal{L}[\cos(\omega t)H(t)] = s/(s^2+\omega^2)$，$f(-0) = 0$ であるから，微分則により
$$\mathcal{L}\left[\frac{d\cos(\omega t)H(t)}{dt}\right] = \frac{s^2}{s^2+\omega^2}$$
となる．この結果は $f(t)$ を微分した式
$$f'(t) = -\omega\sin(\omega t)H(t) + \delta(t)$$
をラプラス変換した式
$$\mathcal{L}[f'(t)] = -\frac{\omega^2}{s^2+\omega^2} + 1 = \frac{s^2}{s^2+\omega^2}$$
と一致する．

¶例 9.9¶ $f(t) = e^{at}H(t)$ とすると，$f(-0) = 0$, $f'(-0) = 0$, $F(s) = \mathcal{L}[f(t)]$

$$= \frac{1}{s-a}$$ であるから
$$\mathcal{L}[f''(t)] = \frac{s^2}{s-a}$$
となる．実際，
$$f''(t) = a^2 e^{at} H(t) + a\delta(t) + \delta'(t)$$
であるから，これをラプラス変換すると
$$\mathcal{L}[f''(t)] = \frac{a^2}{s-a} + a + s = \frac{s^2}{s-a}$$
となり，上の結果に一致する．

9.3.2 積分則——積分関数のラプラス変換

関数 $f(t)$, $t \geq 0$ のラプラス変換を $\mathcal{L}[f(t)] = F(s)$ とするとき，下限が $-\infty$ の広義積分 $g(t) = \int_{-\infty}^{t} f(\xi) \mathrm{d}\xi$ のラプラス変換

$$G(s) = \mathcal{L}\left[\int_{-\infty}^{t} f(\xi) \mathrm{d}\xi\right] \tag{9.46}$$

を求める．いま，$f(t) = \mathrm{d}g/\mathrm{d}t$ であるから

$$F(s) = \mathcal{L}[f(t)] = \mathcal{L}\left[\frac{\mathrm{d}g}{\mathrm{d}t}\right] = sG(s) - g(-0) \tag{9.47}$$

である．ただし，

$$g(-0) = \int_{-\infty}^{-0} f(\xi) \mathrm{d}\xi \tag{9.48}$$

である．したがって，

$$G(s) = \frac{F(s)}{s} + \frac{g(-0)}{s} \tag{9.49}$$

となる．この式は初期電荷をもつキャパシタの放電電流の計算などに利用される．とくに，積分区間 $[-0, t]$ のとき，すなわち $g(t) = \int_{-0}^{t} f(\xi) \mathrm{d}\xi$ のときは $g(-0) = 0$ であるから，式 (9.49) は

$$G(s) = \frac{F(s)}{s} \tag{9.50}$$

となる．

¶例 9.10¶ 式 (9.50) が成り立つことを確かめてみる．関数 $f(t) = \sin(\omega t) H(t)$ とすれば，$g(t) = \int_{-0}^{t} \sin(\omega \xi) \mathrm{d}\xi$ のラプラス変換は

$$G(s) = \mathcal{L}\left[\int_{-0}^{t} \sin(\omega \xi) \mathrm{d}\xi\right] = \mathcal{L}\left[\left[-\frac{1}{\omega}\cos\omega\xi\right]_{-0}^{t}\right]$$

$$= \mathcal{L}\left[\left(-\frac{1}{\omega}\cos\omega t+\frac{1}{\omega}\right)H(t)\right]$$

$$= \frac{1}{\omega}\left\{\frac{1}{s}-\frac{s}{s^2+\omega^2}\right\}$$

$$= \frac{\omega}{s(s^2+\omega^2)}$$

となる.一方,$F(s) = \mathcal{L}[f(t)] = \mathcal{L}[\sin(\omega t)H(t)] = \omega/(s^2+\omega^2)$ であるから,これに $1/s$ を掛けた式は,上の式と一致する.

9.4 初期値定理と最終値定理

初期値定理は $f(t)$ の $t = +0$ における関数値 $f(+0)$ を $s \to \infty$ における $sF(s)$ の値から求める定理である.また,最終値定理は $s \to 0$ における $sF(s)$ の値から $t = \infty$ における関数値 $f(\infty)$ を求める定理である.

9.4.1 初期値定理

先に述べた $f(t)$ の微分 df/dt のラプラス変換の定義により,

$$sF(s) - f(-0) = \int_{-0}^{\infty}\frac{df(t)}{dt}e^{-st}dt \tag{9.51}$$

$$= \int_{-0}^{+0}\frac{df(t)}{dt}e^{-st}dt + \int_{+0}^{\infty}\frac{df(t)}{dt}e^{-st}dt$$

$$= f(+0) - f(-0) + \int_{+0}^{\infty}\frac{df(t)}{dt}e^{-st}dt \tag{9.52}$$

となるから,

$$sF(s) = f(+0) + \int_{+0}^{\infty}\frac{df(t)}{dt}e^{-st}dt \tag{9.53}$$

が得られる.ここで,この式の右辺第2項の積分で $s \to \infty$ とすれば

$$\lim_{s\to\infty}\int_{+0}^{\infty}\frac{df}{dt}e^{-st}dt = \int_{+0}^{\infty}\frac{df}{dt}(\lim_{s\to\infty}e^{-st})dt = 0 \quad (\text{Re}(s) > 0) \tag{9.54}$$

であるから,式 (9.53) により

$$f(+0) = \lim_{s\to\infty}\{sF(s)\} \tag{9.55}$$

が成り立つ.これを初期値定理(initial value theorem)という.左辺が $f(+0)$ であることに注意する.関数 $f(t)$ が $t = 0$ で連続である場合は明らかに $f(-0) = f(+0) = \lim_{s\to\infty}sF(s)$ である.

¶ 例 9.11 ¶ 有理関数

から，$f(+0)$ を求めよう．初期値定理により
$$F(s) = \frac{(s+1)(s+2)}{(s+3)(s+4)(s+5)}$$

$$f(+0) = \lim_{s \to \infty} sF(s) = \lim_{s \to \infty} \frac{s(s+1)(s+2)}{(s+3)(s+4)(s+5)} = 1$$

として求めることができる．

また，$f(-0) = f(+0) = 1$ ならば，
$$\mathcal{L}\left[\frac{\mathrm{d}f}{\mathrm{d}t}\right] = sF(s) - f(-0) = \frac{s(s+1)(s+2)}{(s+3)(s+4)(s+5)} - 1$$
$$= \frac{-9s^2 - 45s - 60}{(s+3)(s+4)(s+5)}$$

であるから，もう一度初期値定理をこの式に適用すると
$$f'(+0) = \lim_{s \to \infty} s[sF(s) - f(-0)]$$
$$= \lim_{s \to \infty} \frac{s(-9s^2 - 45s - 60)}{(s+3)(s+4)(s+5)} = -9$$

となる．このようにして初期値定理を2回繰り返すことによって，初期値 $f'(+0)$ も求めることができる．

9.4.2 最終値定理

式 (9.51) の $s \to 0$ における極限をとり，
$$\lim_{s \to 0} \mathcal{L}\left[\frac{\mathrm{d}f}{\mathrm{d}t}\right] = \lim_{s \to 0}[sF(s) - f(-0)] \tag{9.56}$$

となるが，左辺の積分の順序を変更して
$$\lim_{s \to 0} \mathcal{L}\left[\frac{\mathrm{d}f}{\mathrm{d}t}\right] = \mathcal{L}\left[\lim_{s \to 0} \frac{\mathrm{d}f}{\mathrm{d}t}\right] = \int_{-0}^{\infty} \frac{\mathrm{d}f}{\mathrm{d}t} \mathrm{d}t$$
$$= [f(t)]_{-0}^{\infty} = f(\infty) - f(-0) \tag{9.57}$$

となる．

したがって $F(s)$ を $f(t)$，$t \geq 0$ のラプラス変換とし，$\mathrm{d}f/\mathrm{d}t$ もラプラス変換可能で，かつ $s \to \infty$ における極限値が存在すれば，
$$f(\infty) = \lim_{s \to 0} sF(s) \tag{9.58}$$

が成り立つ．これを最終値定理 (final value theorem) という．$F(s)$ が有理関数で分母多項式の次数が分子多項式の次数より大きいとき（強プロパーという），$sF(s)$ のすべての極の実部が負であれば，最終値定理が成り立つ．この条件は $s \to \infty$ の極限が存在することの別表現である．例えば，$e^t H(t)$ や $\sin(t)H(t)$ は $t \to \infty$ における極限値が存在しないから最終値定理は成り立たない．つまり，$s/(s-1)$ や $1/(s^2+1)$ のすべての極の実部が負でないから最終値定理は成り立

たない．

¶例 9.12 ¶　最終値定理を確かめておく．
$$f(t) = (2+3e^{-4t}+5e^{-6t})H(t)$$
とすると，
$$\lim_{t \to \infty} f(t) = 2$$
となる．一方，$f(t)$ のラプラス変換は
$$F(s) = \frac{2}{s}+\frac{3}{s+4}+\frac{5}{s+6}$$
であるから
$$\lim_{s \to 0} sF(s) = 2$$
となり，両者の結果は一致する．

9.5　周期的関数のラプラス変換

　関数 $f(t)$，$t \geq 0$ を周期 T の周期的関数とすれば，$f(t-T) = f(t)$ が成り立つ．なお，周期関数 $f(t)$ は $-\infty < t < \infty$ において周期性をもつが，周期的関数 $f(t)$ は因果性をもち，$-\infty < t < 0$ において $f(t) = 0$，$0 \leq t < \infty$ において $f(t)$ は周期性をもつ．いま，関数 $f(t)$ の1周期分をとった関数を $f_p(t) = f(t)(H(t)-H(t-T))$ で表せば，$f(t)$，$t \geq 0$ は，
$$\begin{aligned} f(t) &= f_p(t)+f_p(t-T)+\cdots+f_p(t-kT)+\cdots \\ &= \sum_{k=0}^{\infty} f_p(t-kT) \end{aligned} \quad (9.59)$$
と表すことができる．したがって，$F_p(s) = \mathcal{L}[f_p(t)]$ とすれば，$\mathcal{L}[f_p(t-kT)] = e^{-kTs}F_p(s)$ であるから
$$\begin{aligned} F(s) &= \mathcal{L}[f(t)] \\ &= \sum_{k=0}^{\infty} \mathcal{L}[f_p(t-kT)] = F_p(s) \sum_{k=0}^{\infty} e^{-kTs} \\ &= \frac{F_p(s)}{1-e^{-Ts}} \end{aligned} \quad (9.60)$$
となる．したがって，1周期の関数 $f_p(t)$ のラプラス変換 $F_p(s)$ を求めておけば，それを $1-e^{-Ts}$ で割ることによって $F(s)$ が求められる．周期的関数のラプラス変換では裏関数が超越関数になる．

¶例 9.13 ¶　図 9.4 のような波形の関数 $f(t)$，$t \geq 0$ のラプラス変換を求めてみる．同図から波形は周期 $T=2$ の周期的関数で

図 9.4 周期的関数の波形

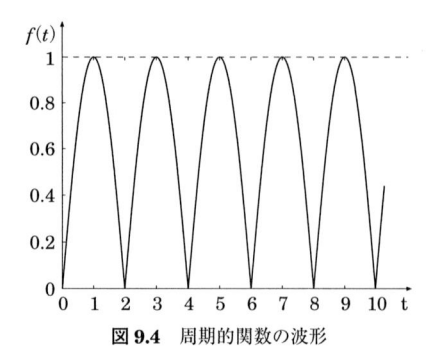

$$f_p(t) = \sin\left(\frac{\pi}{2}t\right)\{H(t) - H(t-2)\}$$

である．この式から

$$F_p(s) = \int_{-0}^{\infty} f_p(t) e^{-st} dt = \int_{-0}^{\infty} \sin\left(\frac{\pi}{2}t\right)\{H(t) - H(t-2)\} e^{-st} dt$$

$$= \int_{-0}^{2} \sin\left(\frac{\pi}{2}t\right) e^{-st} dt = \frac{2\pi(1 + e^{-2s})}{4s^2 + \pi^2}$$

が得られる．よって

$$\mathcal{L}[f(t)] = \frac{2\pi(1 + e^{-2s})}{(1 - e^{-2s})(4s^2 + \pi^2)}$$

となる．

9.6 逆ラプラス変換

複素数 s の裏関数 $F(s)$ から実変数 t の表関数 $f(t)$, $t \geq 0$ に戻す操作を逆ラプラス変換 (inverse Laplace transform) とよび，

$$\mathcal{L}^{-1}[F(s)] = f(t) \tag{9.61}$$

で表す．記号 $\mathcal{L}^{-1}$ は逆ラプラス変換を表す演算子である．逆ラプラス変換は複素積分

$$f(t) = \frac{1}{2\pi \mathrm{j}} \int_{\sigma - \mathrm{j}\omega}^{\sigma + \mathrm{j}\omega} F(s) e^{st} ds \tag{9.62}$$

によって定義される．ただし，$t = 0$ の不連続点は除かれる．この積分はブロムヴィチ・ワグナー (Bromwich-Wagner) の積分とよばれ，積分路は直線で $s = \sigma + \mathrm{j}\omega$ $(-\infty < \omega < \infty)$，向きは ω の増加する向きである．また，σ は $\sigma \leq \mathrm{Re}(s)$ において $F(s)$ が正則になる実数である．線形回路の解析に必要な逆ラプ

ラス変換ではこの積分を実際に行う必要性は非常に少ない．そこで，以下ではラプラス変換表の範囲内で逆ラプラス変換を求める．

9.6.1 変換表を用いた逆ラプラス変換

線形回路の解析ではほとんど $F(s)$ は有理関数になるのでラプラス変換表を逆にみることによって，表関数 $f(t)H(t)$ を求めることができる．ただ，連続した方形パルス波形などの周期的電源の場合には，$F(s)$ が超越関数になるから，特別の工夫が必要になる．まず，逆ラプラス変換の性質を簡単にみておく．

9.6.2 性　　質

（1）　線形性

逆ラプラス変換の演算子 $\mathcal{L}^{-1}$ は線形演算子である．すなわち，c_1, c_2 を定数として $F_1(s), F_2(s)$ をそれぞれ $f_1(t), f_2(t)$，$t \geq 0$ のラプラス変換とすれば

$$\mathcal{L}^{-1}[c_1 F_1(s) + c_2 F_2(s)] = c_1 \mathcal{L}^{-1}[F_1(s)] + c_2 \mathcal{L}^{-1}[F_2(s)]$$
$$= c_1 f_1(t) + c_2 f_2(t) \quad t \geq 0 \tag{9.63}$$

が成り立つ．

¶例 9.14 ¶ ラプラス変換表をみることにより，逆ラプラス変換を求める．

$$\mathcal{L}^{-1}\left[\frac{5}{s+3} - \frac{4s}{s^2+9} + \frac{3}{s^2+4}\right]$$
$$= 5\mathcal{L}^{-1}\left[\frac{1}{s+3}\right] - 4\mathcal{L}^{-1}\left[\frac{s}{s^2+9}\right] + 3\mathcal{L}^{-1}\left[\frac{1}{s^2+4}\right]$$
$$= \left(5e^{-3t} - 4\cos 3t + \frac{3}{2}\sin 2t\right)H(t)$$

ここで注意するべきことは単位ステップ関数 $H(t)$ が掛かっていることである．この式は $5e^{-3t} - 4\cos 3t + (3/2)\sin 2t$，$t \geq 0$ と表しても同じことであるが，逆ラプラス変換して得られた t 関数を微分するとき，インパルス関数 $\delta(t)$ が現れるから $H(t)$ が掛かった表現が必要になる．

（2）　推移定理

$\mathcal{L}^{-1}[F(s)] = f(t)H(t)$ とする．このとき，$F(s+a)$ の逆ラプラス変換を考える．ラプラス変換表から

$$\mathcal{L}^{-1}[F(s+a)] = e^{-at}f(t)H(t) \tag{9.64}$$

となることがわかる．右辺は関数 $f(t)$ に e^{-at} を乗じた関数になる．

¶例 9.15 ¶

$$\mathcal{L}^{-1}\left[\frac{s}{s^2+\omega^2}\right] = \cos(\omega t)H(t)$$

であるから

$$\mathcal{L}^{-1}\left[\frac{s+a}{(s+a)^2+\omega^2}\right] = e^{-at}\cos(\omega t)H(t)$$

となる.

¶例 9.16 ¶ 推移定理を使って，有理関数 $\dfrac{s+2}{s^2+6s+13}$ の逆ラプラス変換を求める．

$$\frac{s+2}{s^2+6s+13} = \frac{s+3}{(s+3)^2+4} - \frac{1}{(s+3)^2+4}$$

である．$\mathcal{L}^{-1}[s/(s^2+4)] = \cos(2t)H(t)$, $\mathcal{L}^{-1}[2/(s^2+4)] = \sin(2t)H(t)$ であるから推移定理を用いて，逆ラプラス変換は

$$\mathcal{L}^{-1}\left[\frac{s+2}{s^2+6s+13}\right] = e^{-3t}\left\{\cos(2t) - \frac{1}{2}\sin(2t)\right\}H(t)$$

となる.

（3） スケーリング

s を $a\,(\neq 0)$ 倍した $F(as)$ の逆ラプラス変換は関数 $f(t)$, $t \geq 0$ の t を $1/a$ 倍し関数値も $1/a$ 倍する．すなわち,

$$\mathcal{L}^{-1}[F(as)] = \frac{1}{a}f\left(\frac{t}{a}\right)H(t) \tag{9.65}$$

である.

¶例 9.17 ¶

$$\mathcal{L}^{-1}\left[\frac{s}{s^2+9}\right] = \cos(3t)H(t)$$

であるから

$$\mathcal{L}^{-1}\left[\frac{3s}{(3s)^2+9}\right] = \frac{1}{3}\cos\left(\frac{3t}{3}\right)H(t) = \frac{1}{3}\cos(t)H(t)$$

となる.

（1） $sF(s)$ の逆ラプラス変換

$f(-0) = 0$ ならば

$$\mathcal{L}^{-1}[sF(s)] = f'(t) \tag{9.66}$$

が成り立つ．すなわち，関数 $f(t)$, $t \geq 0$ の s 関数 $F(s)$ に s を掛けることは t 関数 $f(t)$ を微分することに対応する．

¶例 9.18 ¶ $\mathcal{L}^{-1}\left[\dfrac{2}{s^2+4}\right] = \sin(2t)H(t)$ であり，しかも $\sin(-0) = 0$ であるから，$\mathcal{L}^{-1}\left[\dfrac{2s}{s^2+4}\right] = \dfrac{\mathrm{d}}{\mathrm{d}t}\sin(2t)H(t) = 2\cos(2t)H(t)$ となる．

（5） $F(s)/s$ の逆ラプラス変換

$$\mathcal{L}^{-1}[F(s)/s] = \int_{-0}^{t} f(\xi)\mathrm{d}\xi \tag{9.67}$$

が成り立つ．すなわち，関数 $f(t)$, $t \geq 0$ の s 関数 $F(s)$ を s で割ることは t 関数では $f(t)$ を -0 から t まで積分することに対応する．

¶ 例 9.19 ¶ $\mathcal{L}^{-1}\left[\dfrac{1}{s^2+1}\right] = \sin(t)H(t)$ であるから，$\mathcal{L}^{-1}\left[\dfrac{1}{s(s^2+1)}\right] = \displaystyle\int_{-0}^{t}\sin(\xi)\,d\xi$
$= (1-\cos t)H(t)$ となる．

（6） 導関数 $F^{(n)}(s)$ (n：自然数) の逆ラプラス変換

$f(t)$, $t \geq 0$ の s 関数 $F(s)$ の n 階導関数を $F^{(n)}(s)$ (n：自然数) で表す．

$$\mathcal{L}^{-1}[F^{(n)}(s)] = \mathcal{L}^{-1}\left[\dfrac{d^n}{ds^n}F(s)\right] = (-1)^n t^n f(t) H(t) \tag{9.68}$$

が成り立つ．証明は数学的帰納法によるが省略する．とくに $n=1$ の場合

$$\mathcal{L}^{-1}\left[\dfrac{dF(s)}{ds}\right] = -tf(t)H(t) \tag{9.69}$$

である．なぜなら

$$\dfrac{dF(s)}{ds} = \dfrac{d}{ds}\mathcal{L}[f(t)] = \mathcal{L}[-tf(t)] \tag{9.70}$$

となるからである．ただし，この式は被積分項が一様収束のとき順序変更が可能であるから成り立つが，$f(t)$ がインパルス関数のときは順序変更はできないからこの式は成り立たない．

¶ 例 9.20 ¶
$$\mathcal{L}^{-1}\left[\dfrac{s}{s^2+1}\right] = \cos(t)H(t)$$

である．一方，
$$\dfrac{d}{ds}\left(\dfrac{s}{s^2+1}\right) = \dfrac{1-s^2}{(s^2+1)^2}$$

であるから
$$\mathcal{L}^{-1}\left[\dfrac{s^2-1}{(s^2+1)^2}\right] = t\cos(t)H(t)$$

となる．

9.7　逆ラプラス変換の計算

はじめに関数 $F(s)$ の零点 (zero) と極 (pole) を定義しておく．関数 $F(s)$ に対して $s=p$ のとき $F(p)=0$ となるとき，点 p を $F(s)$ の零点という．また，点 p が正の整数 m に対し

$$\lim_{s \to p}(s-p)^k F(s) = \infty \quad k=0,1,\cdots,m-1$$

が成り立ち，しかも

$$\lim_{s \to p}(s-p)^m F(s) = \alpha \quad (\alpha：有限確定値)$$

となるとき，点 p を $F(s)$ の m 位の極 (pole)，あるいは位数 m の極という．正の整数 m を極 p の位数，$m=1$ のとき p を単純極 (simple pole)，$m \geq 2$ のとき多重極 (multiple pole) という．

9.7.1 部分分数分解による方法

これまでに示した逆ラプラス変換の例では初等関数のラプラス変換表を逆にみて逆ラプラス変換を求めた．とくに，裏関数 $F(s)$ が s の有理関数のときは，部分分数分解により，$F(s)$ を簡単な分数式の和に分解し，それぞれの逆ラプラス変換の和をとることにより，全体の逆ラプラス変換を求めることができる．いま，有理関数を $F(s) = N(s)/D(s)$ とし

$$D(s) = s^n + a_{n-1}s^{n-1} + \cdots + a_1 s + a_0$$
$$N(s) = b_m s^m + b_{m-1}s^{m-1} + \cdots + b_1 s + b_0$$

とする．ただし，$m \leq n$ とし，$D(s)$ の零点すなわち $F(s)$ の極を $p_i (i=1, 2, \cdots, r ; r \leq n)$ をとする．極 p_k によって，つぎの3つの場合に分けられる．

（1） 単純極の場合

部分分数分解により

$$F(s) = A_0 + \frac{A_1}{s-p_1} + \cdots + \frac{A_n}{s-p_n} \tag{9.71}$$

と表すことができる．係数 A_k を定めるには右辺を通分した式の分子と $F(s)$ の分子 $N(s)$ とが恒等的に等しいことを利用して，未定係数法によって $A_k (k=0,1,\cdots,n)$ の連立一次方程式を作りそれを解けばよい．この方法は極の個数が多くなると手間がかかり面倒である．そこで，つぎのように両辺に $s-p_k$ を掛けた式に $s=p_k$ を代入して1つずつ係数を定めていく．

すなわち，各係数 A_k は

$$A_0 = \lim_{s \to \infty} F(s) = b_m \tag{9.72}$$

$$A_k = (s-p_k)F(s)_{s=p_k} \quad (k=1,\cdots,n) \tag{9.73}$$

により計算できる．したがって，表関数は

$$F(s) = A_0 \delta(t) + A_1 e^{p_1 t} H(t) + \cdots + A_n e^{p_n t} H(t) \tag{9.74}$$

となる．

¶ 例 9.21 ¶

において，
$$F(s) = \frac{2s^2+11s+13}{(s+1)(s+3)} = A_0 + \frac{A_1}{s+1} + \frac{A_2}{s+3}$$

$$A_0 = \lim_{s\to\infty} F(s) = 2$$
$$A_1 = (s+1)F(s)|_{s=-1} = \left.\frac{2s^2+11s+13}{s+3}\right|_{s=-1} = 2$$
$$A_2 = (s+3)F(s)|_{s=-3} = \left.\frac{2s^2+11s+13}{s+1}\right|_{s=-3} = 1$$

であるから，
$$F(s) = 2 + \frac{2}{s+1} + \frac{1}{s+3}$$

となる．したがって，逆ラプラス変換は
$$F(s) = 2\delta(t) + (2e^{-t} + e^{-3t})H(t)$$

となる．

（2） 多重極の場合

$m < n$ とする．いま，p を位数 k の多重極とする．すなわち，
$$F(s) = \frac{N(s)}{(s-p)^k D_1(s)} \tag{9.75}$$

ただし，$D_1(s)$ は残りの因数である．この場合，部分分数分解は
$$F(s) = \frac{A_1}{s-p} + \frac{A_2}{(s-p)^2} + \cdots + \frac{A_k}{(s-p)^k} + \frac{N_1(s)}{D_1(s)} \tag{9.76}$$

と書くことができる．ただし，$N_1(s)$ はこの分解で表される多項式である．k 位の極に対する係数 A_k はつぎのように計算される．
$$A_k = (s-p)^k F(s)|_{s=p} = \left.\frac{N(s)}{D_1(s)}\right|_{s=p} \tag{9.77}$$

残りの $A_1, A_2, \cdots, A_{k-1}$ については両辺を通分した式の分子についての恒等式
$$N(s) \equiv \{(s-p)^{k-1}A_1 + (s-p)^{k-2}A_2 + \cdots + A_k\}D_1(s) + N_1(s)(s-p)^k \tag{9.78}$$

を作り，$k-1$ 個の変数の連立一次方程式を解けばよい．あるいは恒等式であることを利用して，$s=0$ などの簡単な数を代入して連立方程式を作ればよい．

¶**例 9.22**¶ 有理関数 $F(s) = \dfrac{2s^2+5s+2}{(s+1)^3}$ の逆ラプラス変換を求める．$F(s)$ を部分分数分解を

$$F(s) = \frac{A_1}{s+1} + \frac{A_2}{(s+1)^2} + \frac{A_3}{(s+1)^3} \tag{9.79}$$

とする．各係数はつぎのように求められる．
$$A_3 = (s+1)^3 F(s)|_{s=-1} = (2s^2+5s+2)|_{s=-1} = -1$$
式 (9.79) を通分し，分子の係数比較により s^2 の係数 $A_1 = 2$，s の係数 $2A_1+A_2 = 5$ より $A_2 = 1$ を得る．

したがって
$$f(t) = \mathcal{L}^{-1}\left[\frac{2s^2+5s+2}{(s+1)^3}\right] = (2+t-t^2)e^{-t}H(t)$$
となる．

（3） 単純極が複素数になる場合

この場合は分数式の係数が複素数になり，いわゆる複素数の範囲での部分分数分解になる．すなわち，極を $p = -\alpha+j\omega$，$\bar{p} = -\alpha-j\omega$ とし，
$$F(s) = \frac{N(s)}{(s+\alpha+j\omega)(s+\alpha-j\omega)D_2(s)} \tag{9.80}$$
となるとき，$F(s)$ は
$$F(s) = \frac{A}{s+\alpha+j\omega} + \frac{\bar{A}}{s+\alpha-j\omega} + \frac{N_1(s)}{D_2(s)} \tag{9.81}$$
と表される．ただし，A は複素数，$\bar{A}$ はその複素共役値である．部分分数分解式の係数 $A, \bar{A}$ は式 (9.73) により決めることでがきる．

これに対して，実数の範囲の部分分数分解も可能である．すなわち，表 9.1 に示す分母が s の2次式で与えられる部分分数に分解する．式 (9.81) は $A+\bar{A}$ が実数，$A-\bar{A}$ が純虚数であることを考慮すると K, L を実数として
$$F(s) = \frac{Ks+L}{(s+\alpha)^2+\omega^2} + \frac{N_1(s)}{D_2(s)} \tag{9.82}$$
の形に書くことができる．したがって，$F(s)$ を実数の範囲で部分分数分解し表 9.1 と推移定理を用いることによって，逆ラプラス変換が可能である．この部分分数分解においても未定係数法を用いて K, L を定めればよい．

¶例 9.23 ¶ 実数の範囲での部分分数分解を用いて
$$F(s) = \frac{3s^2+9s+10}{(s+2)(s^2+2s+2)}$$
を逆ラプラス変換する．この式を
$$F(s) = \frac{A}{s+2} + \frac{Bs+C}{s^2+2s+2}$$
という部分分数に分解する．係数 A は $A = (s+2)F(s)|_{s=-2} = 2$ であるから，上の式に代入して通分すれば

$$F(s) = \frac{(B+2)s^2 + (2B+C+4)s + 2C+4}{(s+2)(s^2+2s+2)}$$

となる．未定係数法によって，$B+2=3$，$2C+4=10$ であるから $B=1$，$C=3$ が得られる．したがって，式 (9.84) は

$$F(s) = \frac{2}{s+2} + \frac{s+3}{s^2+2s+2}$$

と表せる．ここで，この式を

$$F(s) = \frac{2}{s+2} + \frac{s+1}{(s+1)^2+1} + \frac{2}{(s+1)^2+1}$$

と書き換える．表 9.1 と推移定理を用いて，逆ラプラス変換は

$$f(t) = \{2e^{-2t} + e^{-t}\cos(t) + 2e^{-t}\sin(t)\}H(t)$$

となる．このように複素極の場合でも実数の範囲の部分分数分解により逆ラプラス変換を求めることができる．

9.7.2 ヘビサイドの展開定理

この定理は部分分数分解における各分数式の係数を微分演算を用いて求める方法である．有理関数 $F(s)$ を

$$F(s) = \frac{N(s)}{D(s)} = \frac{b_m s^m + b_{m-1} s^{m-1} + \cdots + b_1 s + b_0}{s^n + a_{n-1} s^{n-1} + \cdots + a_1 s + a_0} \tag{9.83}$$

と表す．ただし，$m<n$ とする．ここに $N(s)$ と $D(s)$ は互いに素，多項式の係数は実数とする．多項式 $D(s)$ を因数分解すると，式 (9.83) は

$$F(s) = \frac{N(s)}{\prod_{k=1}^{r}(s-p_k)^{n_k}} \tag{9.84}$$

$$n_1 + n_2 + \cdots + n_r = n$$

と表される．ここに，$p_k(k=1,\cdots,r)$ は $F(s)$ の n_k 位の極である．

有理関数 $F(s)$ の逆ラプラス変換 $f(t)$ $(t \geq 0)$ は次式によって与えられる．

（1） 単純極の場合

$$f(t) = \mathcal{L}^{-1}[F(s)] = \sum_{k=1}^{n} A_k e^{p_k t} H(t) \tag{9.85}$$

ここに $A_k(k=1,2,\cdots,n)$ は $A_k = \dfrac{N(p_k)}{D'(p_k)}$ $(k=1,2,\cdots,n)$ によって与えられる．ただし，$D'(p_k) = \dfrac{\mathrm{d}D(s)}{\mathrm{d}s}\bigg|_{s=p_k}$ である．

◇証明◇

$F(s)$ の分母は

と因数分解できるから，$F(s)$ の部分分数分解は

$$D(s) = \prod_{k=1}^{n} (s-p_k) \tag{9.86}$$

$$F(s) = \sum_{k=1}^{n} \frac{A_k}{s-p_k} \tag{9.87}$$

となる．式 (9.87) の両辺に $s-p_k$ を乗じると

$$(s-p_k)F(s) = A_k + (s-p_k)\sum_{\substack{i=1 \\ i \neq k}}^{n} \frac{A_i}{s-p_i} \tag{9.88}$$

となる．ロピタルの定理により係数 A_k は

$$\begin{aligned} A_k &= \lim_{s \to p_k} (s-p_k)F(s) = \lim_{s \to p_k} \frac{(s-p_k)N(s)}{D(s)} \\ &= \lim_{s \to p_k} \frac{N(s)+(s-p_k)N'(s)}{D'(s)} = \frac{N(p_k)}{D'(p_k)} \end{aligned} \tag{9.89}$$

となる．ただし，$N'(s)$ は $N(s)$ の s による微分を意味する． □

（2） 多重極の場合

$f(t)$，$t \geq 0$ は次式によって与えられる．

$$\begin{aligned} f(t) = \mathcal{L}^{-1}[F(s)] = \Big\{ &A_{11}e^{p_1 t} + A_{12}te^{p_1 t} + \cdots + A_{1n_1}t^{n_1-1}e^{p_1 t} \\ &+ A_{21}e^{p_2 t} + A_{22}te^{p_2 t} + \cdots + A_{2n_2}t^{n_2-1}e^{p_2 t} \\ &\cdots\cdots\cdots\cdots\cdots\cdots\cdots\cdots\cdots\cdots\cdots\cdots \\ &+ A_{r1}e^{p_r t} + A_{r2}te^{p_r t} + \cdots + A_{rn_r}t^{n_r-1}e^{p_r t} \Big\}H(t) \end{aligned} \tag{9.90}$$

ここに，係数 A_{kl} は

$$\begin{gathered} A_{kl} = \frac{1}{(n_k-l)!} \lim_{s \to p_k} \frac{d^{n_k-l}}{ds^{n_k-l}}(s-p_k)^{n_k}F(s) \\ (k=1,2,\cdots,r \, ; \, l=1,\cdots,n_k) \end{gathered} \tag{9.91}$$

によって与えられる．

◇証明◇

いま，

$$D(s) = (s-p_1)^{n_1}(s-p_2)^{n_2}\cdots(s-p_r)^{n_r} \tag{9.92}$$

であるから，有理関数 $F(s)$ の部分分数分解は

$$F(s) = \frac{A_{11}}{s-p_1} + \frac{A_{12}}{(s-p_1)^2} + \cdots + \frac{A_{1n_1}}{(s-p_1)^{n_1}}$$

$$+\frac{A_{21}}{s-p_2}+\frac{A_{22}}{(s-p_2)^2}+\cdots+\frac{A_{2n_2}}{(s-p_2)^{n_2}}$$

$$\cdots\cdots\cdots\cdots\cdots\cdots\cdots\cdots\cdots$$

$$+\frac{A_{r1}}{s-p_r}+\frac{A_{r2}}{(s-p_r)^2}+\cdots+\frac{A_{rn_r}}{(s-p_r)^{n_r}} \quad (9.93)$$

となる．ここで係数 A_{kl} ($k=1,2,\cdots,r$; $l=1,2,\cdots,n_k$) はつぎのようにして決定することができる．すなわち，上の式の両辺に $(s-p_k)^{n_k}$ を乗じると

$$(s-p_k)^{n_k}F(s)=\sum_{l=1}^{n_k}(s-p_k)^{n_k-l}A_{kl}+B_k(s) \quad (k=1,2,\cdots,r) \quad (9.94)$$

ただし，

$$B_k(s)=\sum_{m=1(m\neq k)}^{r}\sum_{l=1}^{n_m}\frac{(s-p_k)^{n_k}}{(s-p_m)^l}A_{ml} \quad (9.95)$$

と書き表すことができる．式 (9.94) の両辺を s で n_k-l 回微分することにより

$$A_{kl}=\frac{1}{(n_k-l)!}\lim_{s\to p_k}\frac{\mathrm{d}^{n_k-l}}{\mathrm{d}s^{n_k-l}}(s-p_k)^{n_k}F(s) \quad (l=1,2,\cdots,n_k) \quad (9.96)$$

が得られる．この場合，$B_k(s)$ の各項には因数 $(s-p_k)^{n_k}$ が掛かっているから

$$\lim_{s\to p_k}\frac{\mathrm{d}^{n_k-l}}{\mathrm{d}s^{n_k-l}}B_k(s)=0 \quad (l=1,2,\cdots,n_k) \quad (9.97)$$

となる．□

¶例 9.24 ¶ 有理関数 $F(s)=\dfrac{-s+5}{s(s+5)}$ の逆ラプラス変換を求める．分子は $N(s)=-s+5$，分母は $D(s)=s(s+5)$ であるから，$D'(s)=2s+5$ である．極は $p_1=0$ と $p_2=-5$ である．よって

$$A_1=\frac{N(0)}{D'(0)}=\frac{-s+5}{2s+5}\bigg|_{s=0}=1$$

$$A_2=\frac{N(-5)}{D'(-5)}=\frac{-s+5}{2s+5}\bigg|_{s=-5}=-2$$

となるから，単純極の場合の展開定理により

$$\mathcal{L}^{-1}[F(s)]=\mathcal{L}^{-1}\left[\frac{-s+5}{s(s+5)}\right]=(1-2e^{-5t})H(t)$$

となる．

¶例 9.25 ¶ 有理関数 $F(s)=\dfrac{3s+2}{(s+1)(s+2)^3}$ を逆ラプラス変換によって表関数を求める．極は 3 位の $p_1=-2$ と 1 位の $p_2=-1$ である．$F(s)$ の部分分数分解を

$$F(s) = \frac{3s+2}{(s+1)(s+2)^3} = \frac{A_{11}}{s+2} + \frac{A_{12}}{(s+2)^2} + \frac{A_{13}}{(s+2)^3} + \frac{A_{21}}{s+1}$$

と置く．この式の両辺に $(s+2)^3$ を掛けて

$$A_{13} = \frac{1}{0!} \lim_{s\to -2} (s+2)^3 F(s) = \lim_{s\to -2} \frac{3s+2}{s+1} = 4$$

$$A_{12} = \frac{1}{1!} \lim_{s\to -2} \frac{\mathrm{d}}{\mathrm{d}s} (s+2)^3 F(s) = \lim_{s\to -2} \frac{\mathrm{d}}{\mathrm{d}s}\left(\frac{3s+2}{s+1}\right) = \lim_{s\to -2} \frac{1}{(s+1)^2} = 1$$

$$A_{11} = \frac{1}{2!} \lim_{s\to -2} \frac{\mathrm{d}^2}{\mathrm{d}s^2} \left(\frac{3s+2}{s+1}\right) = \frac{1}{2!} \lim_{s\to -2} \frac{-2}{(s+1)^3} = 1$$

また

$$A_{21} = \lim_{s\to -1} (s+1) F(s) = \lim_{s\to -1} \frac{3s+2}{(s+2)^3} = -1$$

となる．したがって，逆ラプラス変換は

$$(e^{-2t} + te^{-2t} + 4t^2 e^{-2t} - e^{-t}) H(t)$$

となる．

9.8 常微分方程式の解法への応用

本節では，ラプラス変換による定数係数の線形常微分方程式と連立線形常微分方程式の解法を例を用いて説明する．常微分方程式

$$y''(t) + y'(t) - 2y(t) = 2H(t) \tag{9.98}$$

の $t \geq 0$ における解を初期条件

$$y(+0) = 1, \quad y'(+0) = -3 \tag{9.99}$$

で求めることを考える．式 (9.98) の両辺をラプラス変換 $\mathcal{L}_+$ すれば

$$\{s^2 Y(s) - (s + (-3))\} + (sY(s) - 1) - 2Y(s) = \frac{2}{s} \tag{9.100}$$

となる．ただし，$Y(s)$ は $y(t)$ のラプラス変換 $\mathcal{L}_+$ である．これより

$$Y(s) = \frac{s^2 - 2s + 2}{s(s-1)(s+2)} \tag{9.101}$$

となる．部分分数分解により，この式は

$$Y(s) = \frac{-1}{s} + \frac{1}{3} \frac{1}{s-1} + \frac{5}{3} \frac{1}{s+2} \tag{9.102}$$

と書き換えられるから，逆ラプラス変換により解

$$y(t) = \left(-1 + \frac{1}{3} e^t + \frac{5}{3} e^{-2t}\right) H(t) \tag{9.103}$$

が得られる．

つぎに，連立常微分方程式

$$\left.\begin{array}{l} x'(t) = -2x(t)+3y(t) \\ y'(t) = 2x(t)-y(t) \end{array}\right\} \quad (9.104)$$

の $t \geq 0$ における解を初期条件

$$x(+0) = 8, \quad y(+0) = 3 \quad (9.105)$$

で求める．両辺をラプラス変換すると線形連立方程式

$$\left.\begin{array}{l} (s+2)X(s)-3Y(s) = 8 \\ (s+1)Y(s)-2X(s) = 3 \end{array}\right\} \quad (9.106)$$

が得られる．ただし，$X(s), Y(s)$ はそれぞれ $x(t), y(t)$ のラプラス変換 $\mathscr{L}_+$ である．これを解いて

$$\left.\begin{array}{l} X(s) = \dfrac{8s+17}{(s+4)(s-1)} = \dfrac{3}{s+4}+\dfrac{5}{s-1} \\ Y(s) = \dfrac{3s+22}{(s+4)(s-1)} = \dfrac{-2}{s+4}+\dfrac{5}{s-1} \end{array}\right\} \quad (9.107)$$

となる．それぞれを逆ラプラス変換して解は $t \geq 0$ に対し

$$x(t) = 3e^{-4t}+5e^t, \quad y(t) = -2e^{-4t}+5e^t \quad (9.108)$$

が得られる．

以上の2つの例題によって解はつぎのような手順で求められることがわかる．まず常微分方程式をラプラス変換し，s 関数表示の未知変数を代数的に求め，その s 関数表示の変数から対応する t 関数を逆ラプラス変換によって求める．つまり，

$\boxed{\text{常微分方程式}} \rightarrow \boxed{\text{ラプラス変換 } \mathscr{L}_+} \rightarrow \boxed{s\text{ の代数方程式}}$

$\rightarrow \boxed{s\text{ 関数の未知変数}}$

という手順によって，s 関数表示の変数を求める．次いで，

$\boxed{s\text{ 関数表示の未知変数}} \rightarrow \boxed{\text{逆ラプラス変換}} \rightarrow \boxed{t\text{ 関数表示の変数(解)}}$

という計算手順を経て，微分方程式の解を求めることができる．

9.9　微積分方程式の解法

1つの式のなかに変数の微分と積分を含む方程式を微積分方程式（integrodifferential equation）という．これは積分方程式（integral equation）の1つのタイプである．微積分方程式の解もラプラス変換 $\mathscr{L}_+$ を用いることにより，容

易に求めることができる．微積分方程式

$$a\frac{\mathrm{d}x(t)}{\mathrm{d}t}+bx(t)+c\int_{-\infty}^{t}x(t)\mathrm{d}t = e(t) \tag{9.109}$$

を考える．式 (9.46) の積分のラプラス変換 $\mathcal{L}_+$ により

$$\mathcal{L}_+\left[\int_{-\infty}^{t}x(t)\mathrm{d}t\right] = \frac{X(s)}{s}+\frac{x^{(-1)}(+0)}{s} \tag{9.110}$$

である．ここに

$$x^{(-1)}(+0) = \lim_{t\to +0}\int_{-\infty}^{t}x(\xi)\mathrm{d}\xi \tag{9.111}$$

である．したがって，式 (9.110) のラプラス変換 $\mathcal{L}_+$ は

$$a\{sX(s)-x(+0)\}+bX(s)+c\left\{\frac{X(s)}{s}+\frac{x^{(-1)}(+0)}{s}\right\} = E(s) \tag{9.112}$$

となる．ただし，$X(s) = \mathcal{L}_+[x(t)]$, $E(s) = \mathcal{L}_+[e(t)]$ である．これより

$$X(s) = \frac{sE(s)/a}{s^2+bs/a+c/a}+\frac{x(+0)s-cx^{(-1)}(+0)/a}{s^2+bs/a+c/a} \tag{9.113}$$

となる．この s 関数 $X(s)$ の右辺を逆ラプラス変換すれば，解 $x(t)$ を求めることができる．

また，この微積分方程式において

$$y(t) = \int_{-\infty}^{t}x(t)\mathrm{d}t \tag{9.114}$$

と置き，常微分方程式

$$a\frac{\mathrm{d}^2y(t)}{\mathrm{d}t^2}+b\frac{\mathrm{d}y(t)}{\mathrm{d}t}+cy(t) = e(t) \tag{9.115}$$

に変換して，解 $y(t)$ を求め，それを微分することによって，解 $x(t)$ を求める．この手順は，電気回路ではキャパシタ電圧やインダクタ電流に対応する変数 $x(t)$ を電荷や磁束を変数とする方程式 (9.109) を書きなおして常微分方程式として解を求めることに対応する．

【演 習 問 題】

1. つぎの関数をラプラス変換せよ．
   (1) $3e^{4t}H(t)$ 　(2) $(5t-3)H(t)$ 　(3) $(3t^2-e^{-t})H(t)$
   (4) $5\cos(3t)H(t)$ 　(5) $(\cos t-\sin t)^2H(t)$
2. つぎの関数をラプラス変換せよ．
   (1) $(t^3e^{-3t})H(t)$ 　(2) $e^t\cos(2t)H(t)$ 　(3) $e^{-2t}\cosh(5t)H(t)$

(4) $e^{-2t}(3\sinh 2t - 5\cosh 2t)H(t)$ (5) $e^{-t}\cos^2(t)H(t)$

3. つぎの関数をラプラス変換せよ．
   (1) $tH(t-2)$ (2) $t^2H(t-2)$ (3) $e^{-2t}\{H(t)-H(t-5)\}$
   (4) $\sum_{k=0}^{\infty}\delta(t-kT)$ (5) $f(t) = 2t \ (0 \le t < 4), \ = 1 \ (t \ge 4)$

4. 図 9.5 の周期的波形のラプラス変換を求めよ．

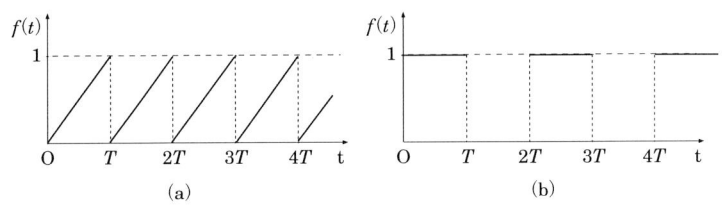

図 9.5

5. つぎの関数を逆ラプラス変換せよ．
   (1) $\dfrac{1}{s^2+16}$ (2) $\dfrac{1}{s^4}$ (3) $\dfrac{1}{s^2-3}$ (4) $\dfrac{5s+4}{s^3}$ (5) $\dfrac{se^{-3\pi s/4}}{s^2+16}$

6. つぎの関数を逆ラプラス変換せよ．
   (1) $\dfrac{6s-4}{s^2-4s+20}$ (2) $\dfrac{3s+7}{s^2-2s-3}$ (3) $\dfrac{4s+12}{s^2+8s+16}$
   (4) $\dfrac{s+1}{s^2+s+1}$ (5) $\dfrac{3s+2}{(s-1)(s^2+1)}$

7. つぎの裏関数の逆ラプラス変換を求めよ．
   (1) $\dfrac{s}{(s+a)(s+b)(s+c)}$ (2) $\dfrac{s^2+s+1}{s^3+s^2+s+1}$ (3) $\dfrac{2s+1}{(s-1)(s^2+1)}$
   (4) $\dfrac{s^2-2s+3}{(s-2)^2(s+1)}$ (5) $\dfrac{3s+1}{s^2-2s-3}$

8. つぎの関数を逆ラプラス変換せよ．
   (1) $\dfrac{s}{(s^2+p^2)^2}$ (2) $\log\left(1+\dfrac{1}{s^2}\right)$

9. つぎの常微分方程式をラプラス変換を使って解け．
   (1) $y''(t)+4y(t)=e^{-t}, \quad y(+0)=3, \quad y'(+0)=-1$
   (2) $y''(t)+3y'(t)+2y(t)=\cos t, \quad y(+0)=1, \quad y'(+0)=-2$

10. つぎの連立微分方程式の特殊解をラプラス変換を使って求めよ．
    $\left.\begin{array}{l} x'(t) = 2x(t)-3y(t)+e^{-t} \\ y'(t) = -2x(t)+y(t) \end{array}\right\}$
    初期条件を $x(+0)=0, \ y(+0)=0$ とする．

10

ラプラス変換による回路解析

この章ではラプラス変換による線形回路の解析法について述べる．インダクタ，キャパシタ，抵抗などの線形時不変素子，電圧と電流などを s 領域で定義する．次いで，回路網関数を定義し，回路のインパルス応答とステップ応答を求める方法を説明し，過渡現象を解析する方法を述べる．また，過渡現象の解析に必要な第一種初期値と第二種初期値を説明し，ラプラス変換による解析との関連に言及する．

10.1 回路素子の表示

これまで，$j\omega$ を用いて複素インダクタンス $j\omega L$ や複素キャパシタンス $j\omega C$ などを用いて，回路の正弦波定常現象を解析する方法を学んだ．ラプラス変換を用いると，回路の過渡現象など，より広い時間領域の現象を解析できる．いま，素子の端子電圧 $v(t)$ と電流 $i(t)$ との関係を s 領域の関数として表す．以下，$V(s)$，$I(s)$ はそれぞれ $v(t)$，$i(t)$ のラプラス変換である．

インダクタ

インダクタ L では

$$v(t) = L\frac{\mathrm{d}i(t)}{\mathrm{d}t} \tag{10.1}$$

が成り立つ．この両辺をラプラス変換すると

$$V(s) = LsI(s) - Li(-0) \tag{10.2}$$

となる．ただし，$i(-0)$ はインダクタ電流の初期値（初期電流）である．初期電流 $i(-0) = 0$ ならば，$Z(s) = Ls$ と置いて $V(s) = Z(s)I(s)$ となるから，形式的にオームの法則のように，s 領域の端子電圧 $V(s)$ が計算される．$Z(s)$ を s 領域におけるインピーダンス（表示）という．

キャパシタ

キャパシタ C では

$$i(t) = C\frac{\mathrm{d}v(t)}{\mathrm{d}t} \tag{10.3}$$

が成り立つ．この両辺をラプラス変換すると

$$I(s) = CsV(s) - Cv(-0) \tag{10.4}$$

となる．ただし，$v(-0)$ はキャパシタ電圧の初期値（初期電圧）である．キャパシタの初期電圧 $v(-0) = 0$ ならば，$Y(s) = Cs$ と置いて $I(s) = Y(s)V(s)$ となる．ここに $Y(s)$ はキャパシタのアドミタンスでそのインピーダンスは $Z(s) = 1/Y(s) = 1/Cs$ と表される．

このような関係を使って図 **10.1** や図 **10.2** のようにインダクタやキャパシタの s 領域の等価回路がそれぞれ電流源 $Cv(-0)$，電圧源 $Li(-0)$ を伴って表現され，これを利用して過渡現象を解析することができる．

抵抗素子

抵抗素子は t 領域では $v(t) = Ri(t)$ が成り立つから，両辺をラプラス変換して $V(s) = RI(s)$ となる．したがって，抵抗素子のインピーダンスは $Z(s) = R$，そのアドミタンスは $Y(s) = 1/R$ である．

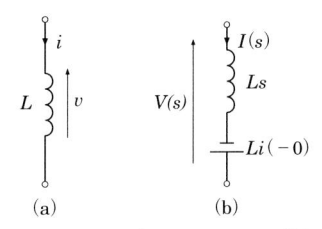

図 10.1 s 領域におけるインダクタの等価回路

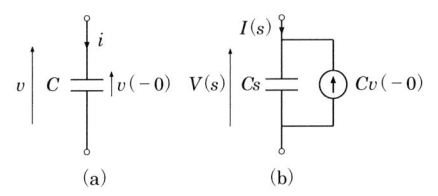

図 10.2 s 領域におけるキャパシタの等価回路

10.2 インピーダンスとアドミタンスの合成

ラプラス変換は線形演算であるから，t 領域で成り立つキルヒホフの電流則，電圧則は s 領域においても成り立つ．したがって，初期電流や初期電圧のないインダクタやキャパシタ，抵抗はインピーダンス $Z(s)$，アドミタンス $Y(s)$ として取り扱うことができる．正弦波定常状態を扱う交流回路の解析に複素インピーダンス $Z(j\omega)$ や複素アドミタンス $Y(j\omega)$ を用いるのに類似している．

例えば，図 10.3 のようにインピーダンス $Z_1(s)$，$Z_2(s)$ の直列接続したときの合成インピーダンス $Z(s)$，図 10.4 のようにアドミタンス $Y_1(s)$，$Y_2(s)$ を並列接続したときの合成アドミタンス $Y(s)$ はそれぞれ

$$Z(s) = Z_1(s) + Z_2(s), \quad Y(s) = Y_1(s) + Y_2(s) \tag{10.5}$$

として計算できる．

¶例 10.1¶ 図 10.5 の RLC 並列回路の合成インピーダンスを求める．各素子のアドミタンスを加えれば

$$Y(s) = \frac{1}{R} + \frac{1}{Ls} + Cs = C\frac{s^2 + s/(RC) + 1/(LC)}{s} \tag{10.6}$$

となる．したがって，合成インピーダンスは

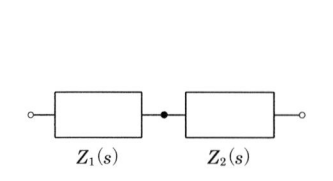

図 10.3 インピーダンスの直列接続

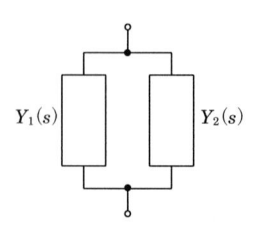

図 10.4 アドミダンスの並列接続

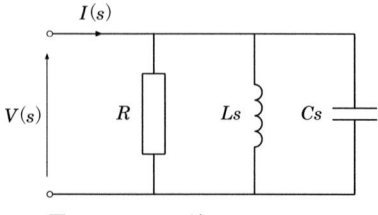

図 10.5 RLC 回路のアドミタンス

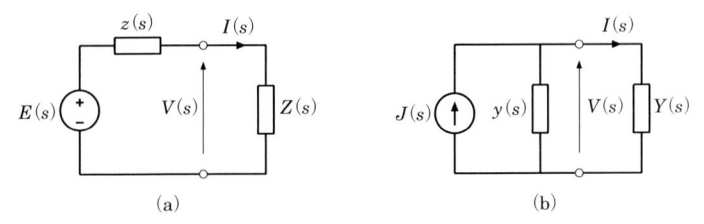

図 10.6 s 領域における電源の等価回路変換．$Y(s) = 1/Z(s)$, $y(s) = 1/z(s)$

$$Z(s) = \frac{1}{Y(s)} = \frac{1}{C}\frac{s}{s^2+s/(RC)+1/(LC)} \quad (10.7)$$

となる．

交流回路の解析のときに行う電源を等価変換する手法も s 領域で用いることができる．すなわち，図 10.6 のように電圧源 $E(s)$ と内部インピーダンス $z(s)$ の直列回路は電流源 $J(s)$ と並列アドミタンス $y(s)$ の並列回路に変換できる．逆も可能である．ただし，$J(s) = E(s)/z(s)$, $y(s) = 1/z(s)$ である．もちろん，電源の等価変換によって $V(s)$, $I(s)$ は変換の前後において不変である．図 10.6(a) において，

$$V(s) = \frac{Z(s)}{z(s)+Z(s)}E(s) = Z(s)I(s) \quad (10.8)$$

である．ここで，$y(s) = 1/z(s)$, $Y(s) = 1/Z(s)$ と置けば，この式は

$$V(s) = \frac{z(s)Z(s)}{z(s)+Z(s)}\frac{E(s)}{z(s)} = \frac{1}{y(s)+Y(s)}J(s) \quad (10.9)$$

となり，図 10.6(b) の回路の式となる．このように交流理論の考え方はそのまま s 領域でも使うことができる．

10.3 回路網関数

10.3.1 定　義

一端子対，二端子対回路について，出力電圧・電流（以下，出力）$y(t)$ の裏関数 $Y(s)$ の入力電圧・電流（以下，入力）$x(t)$ の裏関数 $X(s)$ に対する比 $W(s) = Y(s)/X(s)$ を回路網関数(network function)あるいは回路網の伝達関数(transfer function)という．入力 $x(t)$ は 1 つの端子対に加えた電源の励振関数，出力 $y(t)$ はそれに対する回路の応答（circuit response）である．ただし，

1. 回路網の内部の電源はすべて零とし，
2. インダクタとキャパシタの初期電流と初期電圧も零とする．

したがって，出力は $Y(s) = W(s)X(s)$ で与えられる．1つの回路に対して，複数個ある回路素子の電圧や電流を出力（応答）と考えるから，それぞれの出力に対応して回路網関数が定義される．また，入力（励振）として複数個の電圧源や電流源を取り扱う場合には，それぞれ入力に対して回路網関数を考え，重ね合わせの原理により出力関数を求めることができる．

10.3.2 一端子対回路の場合

インピーダンスやアドミタンスは一端子対素子であるから，入力が端子電圧のとき，出力は端子電流，入力が端子電流のとき，出力は端子電圧となる．いま，図 10.7(a) は回路 N の t 領域における一端子対の電流 $i(t)$ と電圧 $v(t)$ を示し，図 10.7(b) は $V(s), I(s)$ を表している．回路網 N への入力電流を $I(s)$，出力を端子電圧 $V(s)$ とする回路網関数は

$$Z(s) = \frac{V(s)}{I(s)} \tag{10.10}$$

である．これを駆動点インピーダンス（driving-point impedance）とよぶ．同様に入力を電圧源 $V(s)$ とし，端子電流 $I(s)$ を出力とする回路網関数は

$$Y(s) = \frac{1}{Z(s)} = \frac{I(s)}{V(s)} \tag{10.11}$$

であり，これを駆動点アドミタンス（driving-point admittance）とよぶ．ここで注意すべきことは，図 10.7(a) から駆動点インピーダンスを $z(t) = v(t)/i(t)$ としてはならないことである．端子電圧 $v(t)$，電流 $i(t)$ をラプラス変換して $V(s), I(s)$ を求め，インピーダンスの時間変化は，$z(t) = \mathcal{L}^{-1}[Z(s)] = \mathcal{L}^{-1}[V(s)/I(s)]$ として計算しなければならない．アドミタンスの場合も同様である．

二端子対回路の場合

二端子対回路においては，1つの端子対の入力に対する出力は他方の端子対から得られるから'伝達'という接頭語が付く．入力が電流源で出力が端子電圧である場合の回路網関数を伝達インピーダンス（transfer impedance），入力が電圧

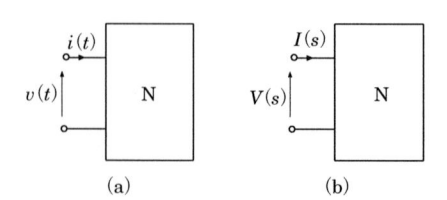

図 10.7 駆動点インピーダンス

10.3 回路網関数

図10.8 二端子対回路

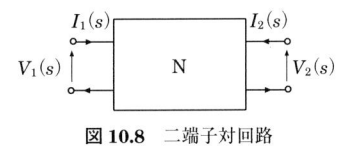

源で出力が電流である場合の回路網関数を伝達アドミタンス（transfer admittance）という．

図 10.8 に示す二端子対回路において，入力電圧・電流のラプラス変換をそれぞれ $V_1(s), I_1(s)$，出力電圧・電流をそれぞれ $V_2(s), I_2(s)$ とすれば，つぎの4種類の伝達関数（回路網関数）が定義できる．

電圧伝達関数 $W_V(s) = \dfrac{V_2(s)}{V_1(s)}$，　電流伝達関数 $W_I(s) = \dfrac{I_2(s)}{I_1(s)}$

伝達アドミタンス $W_Y(s) = \dfrac{I_2(s)}{V_1(s)}$，　伝達インピーダンス $W_Z(s) = \dfrac{V_2(s)}{I_1(s)}$

伝達関数の $W_V(s)$ と $W_I(s)$ は無次元であり，$W_Y(s)$ はジーメンス [S]，$W_Z(s)$ はオーム [Ω] の単位をもつ．

例えば，図 10.9 の分圧回路を二端子対回路と考えると

$$V_2(s) = \frac{Z_2(s)}{Z_1(s) + Z_2(s)} V_1(s) \tag{10.12}$$

であるから，開放電圧伝達関数は

$$W_V(s) = \frac{V_2(s)}{V_1(s)} = \frac{Z_2(s)}{Z_1(s) + Z_2(s)} \tag{10.13}$$

である．同様にして，図 10.10 の分流回路の短絡電流伝達関数は

$$W_I(s) = \frac{I_2(s)}{I_1(s)} = \frac{Y_2(s)}{Y_1(s) + Y_2(s)} \tag{10.14}$$

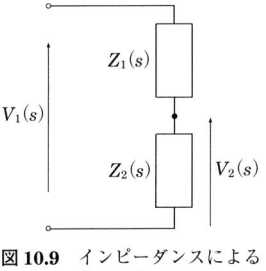

図 10.9　インピーダンスによる分圧回路

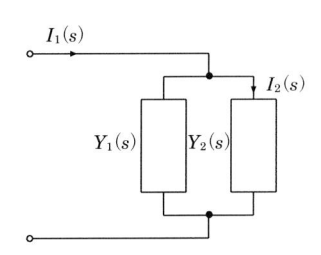

図 10.10　アドミタンスによる分流回路

となる.出力端子が開放か短絡かを区別して表現すれば曖昧さがなくなるから,定義に開放,短絡の接頭語が付いている.

代表的な二端子対回路の表現

第1章の交流理論における二端子対回路で述べたインピーダンス行列,アドミタンス行列,縦続行列,ハイブリッド行列の表現で $s = j\omega$ と置けば,s 領域における表現が得られる.ここでは図 10.11(a)~(g) に代表的な二端子対回路を示し,それぞれの表現を以下に示す.

(a) 直列型インピーダンス

これは特別な二端子対回路で,インピーダンス行列 $\boldsymbol{Z}(s)$ は存在しない.アドミタンス行列 $\boldsymbol{Y}(s)$ と縦続行列 $\boldsymbol{T}(s)$ は

$$\boldsymbol{Y}(s) = \begin{bmatrix} 1/Z(s) & -1/Z(s) \\ -1/Z(s) & 1/Z(s) \end{bmatrix}, \quad \boldsymbol{T}(s) = \begin{bmatrix} 1 & Z(s) \\ 0 & 1 \end{bmatrix} \quad (10.15)$$

(b) 並列型アドミタンス

これも特別な場合で,アドミタンス行列 $\boldsymbol{Y}(s)$ は存在しない.インピーダンス行列 $\boldsymbol{Z}(s)$ と縦続行列 $\boldsymbol{T}(s)$ は

$$\boldsymbol{Z}(s) = \begin{bmatrix} 1/Y(s) & 1/Y(s) \\ 1/Y(s) & 1/Y(s) \end{bmatrix}, \quad \boldsymbol{T}(s) = \begin{bmatrix} 1 & 0 \\ Y(s) & 1 \end{bmatrix} \quad (10.16)$$

である.

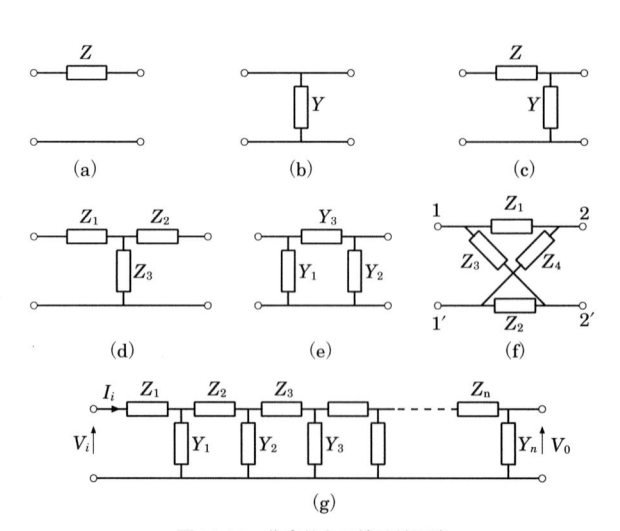

図 10.11 代表的な二端子対回路

（c） L型回路

インピーダンス行列 $\boldsymbol{Z}(s)$ の各要素は

$$\left.\begin{aligned} Z_{11}(s) &= Z(s) + \frac{1}{Y(s)}, \quad Z_{22}(s) = \frac{1}{Y(s)} \\ Z_{12}(s) &= Z_{21}(s) = \frac{1}{Y(s)} \end{aligned}\right\} \tag{10.17}$$

である．また，縦続行列 $\boldsymbol{T}(s)$ の各要素は

$$\begin{aligned} A(s) &= 1 + Z(s)\,Y(s), \quad B(s) = Z(s) \\ C(s) &= Y(s), \quad D(s) = 1 \end{aligned} \tag{10.18}$$

である．

（d） T型回路

インピーダンス行列 $\boldsymbol{Z}(s)$ の各要素は

$$\left.\begin{aligned} Z_{11}(s) &= Z_1(s) + Z_3(s) \\ Z_{22}(s) &= Z_2(s) + Z_3(s) \\ Z_{12}(s) &= Z_{21}(s) = Z_3(s) \end{aligned}\right\} \tag{10.19}$$

である．また，縦続行列 $\boldsymbol{T}(s)$ の各要素は

$$\left.\begin{aligned} A(s) &= 1 + \frac{Z_1(s)}{Z_3(s)}, \quad B(s) = Z_1(s) + Z_2(s) + \frac{Z_1(s)\,Z_2(s)}{Z_3(s)} \\ C(s) &= \frac{1}{Z_3(s)}, \quad D(s) = 1 + \frac{Z_2(s)}{Z_3(s)} \end{aligned}\right\} \tag{10.20}$$

である．逆に，各要素は四端子定数によって

$$Z_1(s) = \frac{A(s) - 1}{C(s)}, \quad Z_2(s) = \frac{D(s) - 1}{C(s)}, \quad Z_3(s) = \frac{1}{C(s)} \tag{10.21}$$

と表される．

（e） π 型回路

アドミタンス行列 $\boldsymbol{Y}(s)$ の各要素は

$$\left.\begin{aligned} Y_{11}(s) &= Y_1(s) + Y_3(s) \\ Y_{22}(s) &= Y_2(s) + Y_3(s) \\ Y_{12}(s) &= Y_{21}(s) = -Y_3(s) \end{aligned}\right\} \tag{10.22}$$

である．また，縦続行列 $\boldsymbol{T}(s)$ の各要素は

$$\left.\begin{aligned} A(s) &= 1 + \frac{Y_2(s)}{Y_3(s)}, \quad B(s) = \frac{1}{Y_3(s)} \\ C(s) &= Y_1(s) + Y_2(s) + \frac{Y_1(s)\,Y_2(s)}{Y_3(s)}, \quad D(s) = 1 + \frac{Y_1(s)}{Y_3(s)} \end{aligned}\right\} \tag{10.23}$$

である．逆に，各要素は四端子定数によって

$$Y_1(s) = \frac{D(s)-1}{B(s)}, \quad Y_2(s) = \frac{A(s)-1}{B(s)}, \quad Y_3(s) = \frac{1}{B(s)} \quad (10.24)$$

と表される．

（f） 格子型回路

この回路は**図 10.12** のように 2 つのブリッジ回路に等価的に描きなおすことができる．これら 2 つのブリッジ回路をインピーダンス行列の計算に用いる．図 10.12(a) から $Z_{11}(s)$ は端子対 2-2′ を開放したときの端子対 1-1′ からみたインピーダンスであるから

$$Z_{11}(s) = \frac{(Z_1(s)+Z_4(s))(Z_2(s)+Z_3(s))}{Z_1(s)+Z_2(s)+Z_3(s)+Z_4(s)} \quad (10.25)$$

となる．同様に，$Z_{22}(s)$ は図 10.12(b) より

$$Z_{22}(s) = \frac{(Z_1(s)+Z_3(s))(Z_2(s)+Z_4(s))}{Z_1(s)+Z_2(s)+Z_3(s)+Z_4(s)} \quad (10.26)$$

となる．非対角要素 $Z_{12}(s) = Z_{21}(s)$ は，端子対 1-1′ に $I_1(s) = 1$ の電流を流したときに，端子対 2-2′ に現れる電圧である．また，同じく端子対 2-2′ に $I_2(s) = 1$ の電流を流したときに，端子対 1-1′ に現れる電圧である．したがって

$$\begin{aligned}
Z_{12}(s) = Z_{21}(s) &= \frac{(Z_2(s)+Z_3(s))Z_4(s) - (Z_1(s)+Z_4(s))Z_2(s)}{Z_1(s)+Z_2(s)+Z_3(s)+Z_4(s)} \\
&= \frac{(Z_2(s)+Z_4(s))Z_3(s) - (Z_1(s)+Z_3(s))Z_2(s)}{Z_1(s)+Z_2(s)+Z_3(s)+Z_4(s)} \\
&= \frac{Z_4(s)Z_3(s) - Z_1(s)Z_2(s)}{Z_1(s)+Z_2(s)+Z_3(s)+Z_4(s)} \quad (10.27)
\end{aligned}$$

となる．ここで，$Z_1(s) = Z_2(s)$，$Z_3(s) = Z_4(s)$ のときは上のインピーダンス行列の要素は簡単に表され

$$\left.\begin{aligned}
Z_{11}(s) = Z_{22}(s) = (1/2)(Z_1(s)+Z_3(s)) \\
Z_{12}(s) = Z_{21}(s) = (1/2)(Z_3(s)-Z_1(s))
\end{aligned}\right\} \quad (10.28)$$

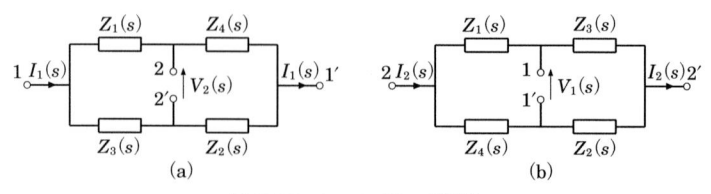

図 10.12 2 つのブリッジ回路

となる．この場合の格子型回路を対称格子型 (symmetrical lattice) とよぶ．
（g） はしご型回路
　はしご型回路は T 型，π 型，L 型回路に，直列型，並列型を縦続接続したものとみなし，それぞれを縦続行列で表現し，その積をとることによって，入出力関係が求められる．駆動点インピーダンスは連分数によっても表現できる．図 10.11(g) で $n = 3$ とすれば

$$Z_{11}(s) = Z_1(s) + \cfrac{1}{Y_1(s) + \cfrac{1}{Z_2(s) + \cfrac{1}{Y_2(s) + \cfrac{1}{Z_3(s) + \cfrac{1}{Y_3(s)}}}}} \qquad (10.29)$$

となる．同様にして，$Z_{22}(s)$ も求めることができる．

　伝達関数の場合はこのように視察で求めることは難しい．いま，図 10.11(g) でアドミタンス $Y_k(s)\,(k=1,2,3)$ の電圧を $V_k(s)\,(k=1,2,3)$，インピーダンス $Z_k(s)\,(k=1,2,3)$ の電流を $I_k(s)\,(k=1,2,3)$，また $I_i(s) = I_1(s)$ とする．電流則と電圧側を出力側の $V_o = V_3(s)$ から交互に入力側の電圧 V_i まで適用していく．すなわち，

$$\left. \begin{array}{ll} V_o = V_3, & I_3 = Y_3 V_3 \\ V_2 = V_3 + Z_3 I_3, & I_2 = I_3 + Y_2 V_2 \\ V_1 = V_2 + Z_2 I_2, & I_1 = I_2 + Y_1 V_1 \\ V_i = V_1 + Z_1 I_1, & I_1 = I_i \end{array} \right\}$$

ただし，V_o, I_i, V_1, Z_1, Y_1 等は s の関数である．したがって，開放伝達インピーダンスは

$$Z_{12}(s) = Z_{21}(s) = \frac{V_o(s)}{I_i(s)} = \frac{1}{(Y_3 + \gamma Y_2) + Y_1\{\gamma + Z_2(Y_3 + \gamma Y_2)\}} \qquad (10.30)$$

となる．ただし，$\gamma = 1 + Z_3 Y_3$ である．また，開放電圧伝達比 $V_0(s)/V_i(s)$ もこの式を利用して求めることができる．

　二端子対回路の行列表示は s 関数表示を考えれば，直流回路や交流回路の場合も同様に，形式的に取り扱うことができる．すなわち，それぞれの表示式において，交流回路では $s = \mathrm{j}\omega$，直流回路では $s = 0$ とおけばよい．

　一端子対素子は直列型と並列型という特殊な二端子対回路として表現できるが，**図 10.13** のような表現もできる．入力側端子はインミタンス素子でつながれ，端子端 2-2′ が短絡と開放になっている点に注意する．出力側端子に接続し

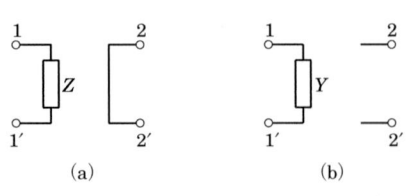

図 10.13 インミタンス素子の二端子対回路表現

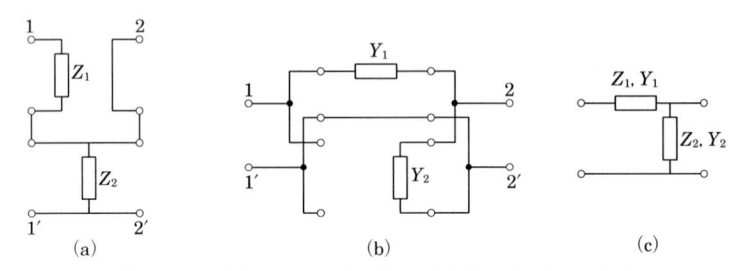

図 10.14 L型回路のインピーダンス表現とアドミタンス表現

てもよい．したがって，図 10.13 のインミタンス行列はそれぞれ

$$\boldsymbol{Z} = \begin{bmatrix} Z & 0 \\ 0 & 0 \end{bmatrix}, \quad \boldsymbol{Y} = \begin{bmatrix} Y & 0 \\ 0 & 0 \end{bmatrix} \tag{10.31}$$

となる．これを用いると，**図 10.14**(c) のL型回路は二端子対回路の直列接続（同図 (a)）あるいは並列接続（同図 (b)）として等価的に描かれるから，全体のインピーダンス行列やアドミタンス行列が個々のインピーダンス行列あるいはアドミタンス行列の和として簡単に求めることができる．

$$\boldsymbol{Z} = \begin{bmatrix} Z_1 & 0 \\ 0 & 0 \end{bmatrix} + \begin{bmatrix} Z_2 & Z_2 \\ Z_2 & Z_2 \end{bmatrix} = \begin{bmatrix} Z_1+Z_2 & Z_2 \\ Z_2 & Z_2 \end{bmatrix} \tag{10.32}$$

$$\boldsymbol{Y} = \begin{bmatrix} Y_1 & -Y_1 \\ -Y_1 & Y_1 \end{bmatrix} + \begin{bmatrix} 0 & 0 \\ 0 & Y_2 \end{bmatrix} = \begin{bmatrix} Y_1 & -Y_1 \\ -Y_1 & Y_1+Y_2 \end{bmatrix} \tag{10.33}$$

縦続接続と回路網関数

第1章で述べたように，二端子対回路が多段に縦続接続された回路では，全体の電圧伝達関数を求めるには，個々の二端子対回路を縦続行列で表現し，それらの積により全体の縦続行列を計算する．

いま，N 個の二端子対回路が縦続接続されているとする．各々の縦続行列を $\boldsymbol{T}_i(s), i = 1, \cdots, N$ とすれば，全体の縦続行列は

$$\boldsymbol{T}(s) = \boldsymbol{T}_1(s)\,\boldsymbol{T}_2(s)\cdots\boldsymbol{T}_N(s) \tag{10.34}$$

である．したがって，各段の回路が相反性をもつとして，入力側のベクトル $[V_1(s)\ I_1(s)]^T$，出力側のベクトル $[V_{N+1}(s)\ -I_{N+1}(s)]^T$

$$\boldsymbol{T}_k(s) = \begin{bmatrix} A_k(s) & B_k(s) \\ C_k(s) & D_k(s) \end{bmatrix}, \quad A_k(s)D_k(s)-B_k(s)C_k(s)=1$$
$$k=1,\cdots,N \tag{10.35}$$

と置けば

$$\begin{bmatrix} V_1(s) \\ I_1(s) \end{bmatrix} = \begin{bmatrix} A_1(s) & B_1(s) \\ C_1(s) & D_1(s) \end{bmatrix} \cdots \begin{bmatrix} A_N(s) & B_N(s) \\ C_N(s) & D_N(s) \end{bmatrix} \begin{bmatrix} V_{N+1}(s) \\ -I_{N+1}(s) \end{bmatrix} \tag{10.36}$$

である．なお，$-I_{N+1}(s)$ は N 番目の出力側端子から流れ出る電流である．出力側のベクトルは

$$\begin{bmatrix} V_{N+1}(s) \\ -I_{N+1}(s) \end{bmatrix} = \begin{bmatrix} D_N(s) & -B_N(s) \\ -C_N(s) & A_N(s) \end{bmatrix} \cdots \begin{bmatrix} D_1(s) & -B_1(s) \\ -C_1(s) & A_1(s) \end{bmatrix} \begin{bmatrix} V_1(s) \\ I_1(s) \end{bmatrix}$$
$$\tag{10.37}$$

として求めることができる．この式から電圧伝達関数などを求めることができる．

例として図 **10.15** の回路の電圧伝達関数を求める．直列型回路の縦続行列と並列型回路の縦続行列を交互にかけて全体の縦続行列を求めると

$$\begin{bmatrix} 1 & 1/Cs \\ 0 & 1 \end{bmatrix}\begin{bmatrix} 1 & 0 \\ 1/R & 1 \end{bmatrix}\begin{bmatrix} 1 & R \\ 0 & 1 \end{bmatrix}\begin{bmatrix} 1 & 0 \\ Cs & 1 \end{bmatrix}$$
$$= \begin{bmatrix} 3+RCs+1/(RCs) & R+2/(Cs) \\ 1/R+2Cs & 2 \end{bmatrix}$$

となる．したがって，開放電圧伝達関数は

$$W_{V_1}(s) = \frac{V_3(s)}{V_1(s)} = \frac{RCs}{(RC)^2 s^2 + 3RCs + 1}$$

である．また，入力電圧 $V_1(s)$ に対する電圧 $V_2(s)$ への電圧伝達関数は，$I_3(s) = CsV_3(s)$，$V_2(s) = RI_3(s)+V_3(s) = (1+RCs)W_{V_1}V_1(s)$ であるから

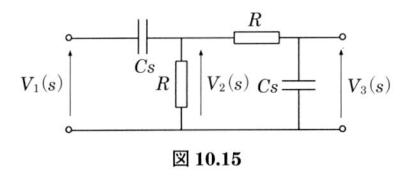

図 10.15

$$V_2(s)/V_1(s) = (1+RCs)\,W_{V_1} = \frac{RCs(RCs+1)}{(RC)^2s^2+3RCs+1}$$

となる.

10.3.3 回路網関数とインパルス応答

回路の応答にはつぎのように3種類がある.

1. 零入力応答(zero-input response):入力を零にして,初期条件(キャパシタの初期電圧,インダクタの初期電流)のみを与えたときの応答である.初期値応答(initial value response)ともいう.
2. 零状態応答(zero-state response):初期値をすべて零とし,入力の電圧源,電流源のみを印加したときの応答である.静止状態応答ともいう.
3. 完全応答(complete response):回路に零以外の初期値を与え,かつ電圧源,電流源を印加したときに得られる応答である.したがって,回路の完全応答は零入力応答と零状態応答の和である.

単位インパルスを入力端子に印加したとき出力に現れる零状態応答をインパルス応答という.回路網関数を $W(s)$ とする.入力 $x(t)=\delta(t)$ に対し,$X(s)=\mathcal{L}[\delta(t)]=1$ であるから,出力 $y(t)$ のラプラス変換は

$$Y(s) = W(s) \times 1 = W(s) \tag{10.38}$$

となる.この式は回路のインパルス応答のラプラス変換が回路網関数であることを示している.

$W(s)$ のすべての極が相異なるとき部分分数分解により,

$$W(s) = \frac{A_1}{s-p_1} + \frac{A_2}{s-p_2} + \cdots + \frac{A_N}{s-p_N} \tag{10.39}$$

となる.ただし,$p_1, p_2, \cdots, p_N$ は回路網関数 $W(s)$ の相異なる極である.したがって,逆ラプラス変換により,インパルス応答は

$$y(t) = (A_1 e^{p_1 t} + A_2 e^{p_2 t} + \cdots + A_N e^{p_N t})H(t) \tag{10.40}$$

によって与えられる.インパルス応答 $y(t)$ は回路固有の応答であり,$\mathrm{Re}(p_k) < 0$ $(k=1,\cdots,N)$ すなわち,すべての極の実部が負ならば,$t \to \infty$ に対してインパルス応答 $y(t)$ は零に収束する.

10.3.4 回路網関数とステップ応答

単位ステップ関数の入力を印加したとき,出力に現れる零状態応答をステップ応答という.すなわち,入力が $x(t)=H(t)$ のとき,$X(s)=\mathcal{L}[H(t)]=1/s$ であるから,出力は $Y(s) = W(s)X(s) = W(s)/s$ となる.$Y(s)$ の極は回路網関数 $W(s)$ の極の他に極 $p_0 = 0$ が加わる.したがって,$Y(s)$ の部分分数分解

は

$$Y(s) = \frac{A_0}{s} + \frac{A_1}{s-p_1} + \frac{A_2}{s-p_2} + \cdots + \frac{A_N}{s-p_N} \tag{10.41}$$

となる．逆ラプラス変換によってステップ応答は

$$y(t) = A_0 H(t) + (A_1 e^{p_1 t} + A_2 e^{p_2 t} + \cdots + A_N e^{p_N t}) H(t) \tag{10.42}$$

となる．$W(s)$ のすべての極の実部が負ならば，$t \to \infty$ においては第1項のみが残る．

¶例 10.2 ¶ 図 10.16 の RL 回路のインパルス応答とステップ応答を求める．入力電圧 $V_1(s) = \mathcal{L}[v_1(t)]$ に対する出力電圧 $V_2(s) = \mathcal{L}[v_2(t)]$ は

$$V_2(s) = \frac{R}{R+Ls} V_1(s) \tag{10.43}$$

であるから，回路網関数は $V_1(s) = 1$ において

$$W(s) = \frac{R}{R+Ls} \tag{10.44}$$

である．インパルス応答は

$$v_2(t) = \mathcal{L}^{-1}[W(s) \cdot 1] = \frac{R}{L} e^{-\frac{R}{L}t} H(t) \tag{10.45}$$

となり，$t \to \infty$ のとき，$v_2(t) \to 0$ となる．ステップ応答は，$V_1(s) = 1/s$ において，

$$v_2(t) = \mathcal{L}^{-1}[W(s)/s] = \mathcal{L}^{-1}\left[\frac{R}{s(R+Ls)}\right] = (1 - e^{-\frac{R}{L}t}) H(t) \tag{10.46}$$

となり，$t \to \infty$ のとき，$v_2(t) \to 1$ となる．

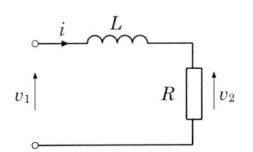

図 10.16 RL 回路の回路網関数

10.4 過渡現象の解析

電気回路にはスイッチはなくてはならない素子であり，過渡現象はスイッチの開閉によって生じる．この節では，ラプラス変換を用いて回路の過渡現象を解析する方法を図 10.17 の簡単な回路を例にとって説明する．図 10.17 の回路で時刻 $t=0$，スイッチ S を閉じたとき，$t>0$ のキャパシタ電圧 $v_C(t)$ を求める．キ

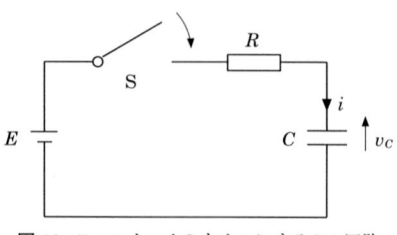

図 10.17　スイッチ S をオンにする RC 回路

キャパシタの初期値を $v_C(-0) = E/2$ とする．

10.4.1　s 領域の等価回路による方法

10.1 節で示したインダクタとキャパシタの s 領域での等価回路を使って回路の過渡現象を解析する．すなわち，解析の対象となる回路を初期値を含めた等価回路に描きなおし，電源を複数個含む回路と考え，重ね合わせの原理を利用する．

図 10.17 の s 領域の等価回路は図 10.18 のように表される．重ね合わせの原理によれば，図 10.18 の回路は図 10.19 のように電源 1 個の回路の重ね合わせであるから，それぞれの回路についてキャパシタ電圧 $V_{C1}(s)$，$V_{C2}(s)$ を求める．まず，同図 (a) の回路から

図 10.18　s 領域の等価回路

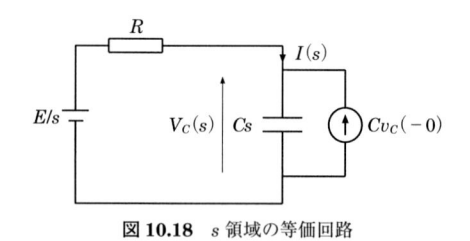

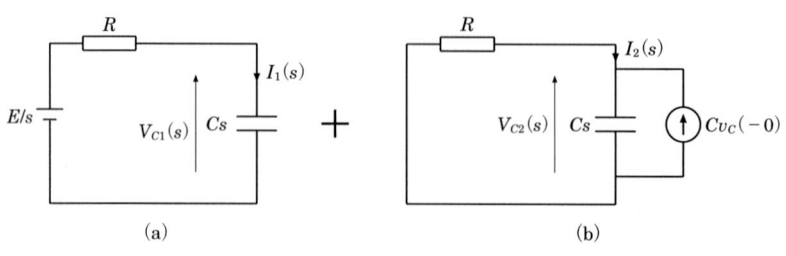

図 10.19　1 個の電源をもつ回路の重ね合わせ

10.4 過渡現象の解析

$$sCV_{C1}(s) = I_1(s) \\ \left. E/s = RI_1(s) + V_{C1}(s) \right\} \quad (10.47)$$

より

$$V_{C1}(s) = \frac{E}{s(1+RCs)} \quad (10.48)$$

を得る．ついで同図 (b) の回路から

$$sCV_{C2}(s) = I_2(s) + Cv_C(-0) \\ \left. RI_2(s) = -V_{C2}(s) \right\} \quad (10.49)$$

より

$$V_{C2}(s) = \frac{RCv_C(-0)}{1+RCs} \quad (10.50)$$

が得られる．重ね合わせの原理によりキャパシタの電圧は

$$V_C(s) = V_{C1}(s) + V_{C2}(s) = \frac{E}{s(1+RCs)} + \frac{RCv_C(-0)}{1+RCs} \quad (10.51)$$

第1項が零状態応答，第2項が零入力応答である．図 10.19 をみると，図 10.19 (a) は電源 E のみを含む回路，(b) は初期値 $v_0(-0)$ のみを含む回路であることがわかる．したがって，式 (10.51) を逆ラプラス変換し初期値を代入することにより，キャパシタ電圧は

$$v_C(t) = E(1-e^{-\frac{t}{RC}})H(t) + \frac{E}{2}e^{-\frac{t}{RC}}H(t) = E\left(1-\frac{1}{2}e^{-\frac{t}{RC}}\right)H(t) \quad (10.52)$$

となる．

10.4.2 ラプラス変換 $\mathcal{L}$ による方法

回路の微分方程式をたてることから始める．スイッチSを閉じたとき，図 10.17 の回路の微分方程式は

$$C\frac{dv_C}{dt} = i_C \\ \left. Ri_C + v_C = EH(t) \right\} \quad (10.53)$$

が成り立つ．よって，$I_C(s) = \mathcal{L}[i_C]$, $V_C(s) = \mathcal{L}[v_C]$ として

$$C\{sV_C(s) - v_C(-0)\} = I_C(s) \\ \left. RI_C(s) + V_C(s) = E/s \right\} \quad (10.54)$$

を得る．ここで，$I_C(s)$ を消去すれば

$$RC\{sV_C(s) - v_C(-0)\} + V_C(s) = E/s \quad (10.55)$$

となる．したがって，$V_C(s)$ は

$$V_C(s) = \frac{E}{s(1+RCs)} + \frac{RCv_C(-0)}{1+RCs} \tag{10.56}$$

となって，式 (10.51) と同じ式が得られる．

10.4.3 ラプラス変換 $\mathcal{L}_+$ による方法

前章で定義した式 (9.12) のラプラス変換 $\mathcal{L}_+$ を用いる．
$V_C(s) = \mathcal{L}_+[v_C(t)]$, $I_C(s) = \mathcal{L}_+[i_C(t)]$ として，式 (10.54) と同様な式

$$\left.\begin{array}{l} C(sV_C(s) - v_C(+0)) = I_C(s) \\ RI_C(s) + V_C(s) = E/s \end{array}\right\} \tag{10.57}$$

が得られ，同様にして

$$V_C(s) = \frac{E}{s(1+RCs)} + \frac{RCv_C(+0)}{1+RCs} \tag{10.58}$$

が得られるが，$v_C(+0)$ を定める必要がある．初期値 $v_C(+0)$ は $t = 0$ においてスイッチを閉じた直後のキャパシタ電圧の値を意味し，不明な値である．そのため，電荷保存則によりスイッチを閉じた直後の $v_C(+0)$ を直前の値 $v_C(-0)$ から定める．電荷保存則によれば"スイッチの開閉前後で電荷は不変である"．スイッチを閉じる直前の電荷は $Q(-0) = Cv_C(-0) = CE/2$，スイッチを閉じた直後の電荷は $Q(+0) = Cv_C(+0)$ である．したがって，電荷保存則により $Q(+0) = Q(-0)$ であるから，$v_C(+0) = v_C(-0) = E/2$ となる．この $v_C(+0) = E/2$ を式 (10.58) に代入した式はラプラス変換 $\mathcal{L}$ による式 (10.56) と一致する．

10.5 第一種初期値と第二種初期値

このように初期値にはスイッチを $t = 0$ で開閉する直前の $t = -0$ における初期値と直後の $t = +0$ における初期値が存在することがわかる．スイッチを開閉する直前の初期値を第一種初期値，直後の初期値を第二種初期値という．第一種初期値はスイッチの開閉前のキャパシタの初期電圧のように，物理的に計測できるが，第二種初期値は一般的には計測できない．ラプラス変換 $\mathcal{L}_+$ によって回路の微分方程式を解く場合には，電荷保存則，磁束不変則を用いることによって，第一種初期値から第二種初期値を定めなければならない．

10.5.1 キャパシタの並列回路

図 **10.20** の回路の 2 つのスイッチを同時に時刻 $t = 0$ で閉じたとき，$t > 0$ における回路の振る舞いを考えてみる．スイッチを閉じたときの微分方程式は

10.5 第一種初期値と第二種初期値

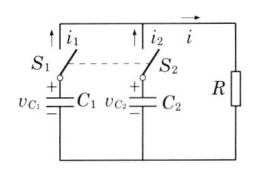

図10.20 初期電荷のある回路

$$i_1 = C_1 \frac{\mathrm{d}v_{C1}}{\mathrm{d}t}, \quad i_2 = C_2 \frac{\mathrm{d}v_{C2}}{\mathrm{d}t}, \quad v_{C1} = v_{C2} = -R(i_1 + i_2) \quad (10.59)$$

となる．ただし，キャパシタ C_1, C_2 の初期電圧の値（第一種初期値）をそれぞれ

$$v_1(-0) = E_1, \quad v_2(-0) = E_2 \quad (10.60)$$

とする．

（ⅰ） ラプラス変換 $\mathcal{L}$ を用いる方法

式 (10.59) の各式をラプラス変換 $\mathcal{L}$ とすると

$$\left.\begin{array}{l} C_1\{sV_{C1}(s) - v_1(-0)\} = I_1(s) \\ C_2\{sV_{C2}(s) - v_2(-0)\} = I_2(s) \\ V_{C1}(s) = V_{C2}(s) = -R\{I_1(s) + I_2(s)\} \end{array}\right\} \quad (10.61)$$

である．ただし，$V_{Ck}(s) = \mathcal{L}[v_{Ck}(t)],\ I_{C_k}(s) = \mathcal{L}[i_{C_k}(t)]\,(k=1,2)$ である．これより

$$V_{C1}(s) = V_{C2}(s) = \frac{RC_1 v_1(-0) + RC_2 v_2(-0)}{R(C_1+C_2)s + 1}$$

$$= \frac{C_1 E_1 + C_2 E_2}{C_1 + C_2} \cdot \frac{1}{s + 1/R(C_1+C_2)} \quad (10.62)$$

が求められる．これを逆ラプラス変換して

$$v_{C1}(t) = v_{C2}(t) = \frac{C_1 E_1 + C_2 E_2}{C_1 + C_2} e^{-\frac{t}{R(C_1+C_2)}} H(t) \quad (10.63)$$

となる．この解法では電荷不変の法則を用いないので，いわばシステマティックに解が求められる．

（ⅱ） ラプラス変換 $\mathcal{L}_+$ を用いる方法

この方法では第一種初期値から第二種初期値を定めるのに，物理的な考察が必要になる．式 (10.59) のラプラス変換 $\mathcal{L}_+$ を行うと

$$\left.\begin{array}{l} C_1\{sV_{C1}(s) - v_1(+0)\} = I_1(s) \\ C_2\{sV_{C2}(s) - v_2(+0)\} = I_2(s) \\ V_{C1}(s) = V_{C2}(s) = -R\{I_1(s) + I_2(s)\} \end{array}\right\} \quad (10.64)$$

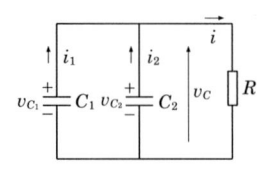

図 10.21 スイッチを閉じた回路

となる．ただし，$V_{Ck}(s) = \mathcal{L}_+[v_{Ck}(t)] (k=1,2)$, $I_{Ck}(s) = \mathcal{L}_+[i_{Ck}(t)] (k=1,2)$ である．また，図 10.21 から第二種初期値の間には

$$v_1(+0) = v_2(+0) \tag{10.65}$$

の関係が成り立つ．電荷保存則により

$$(C_1+C_2)v_1(+0) = C_1v_1(-0) + C_2v_2(-0) \tag{10.66}$$

が成り立つから，式 (10.65) と連立させて，第二種初期値

$$v_1(+0) = v_2(+0) = \frac{C_1v_1(-0) + C_2v_2(-0)}{C_1+C_2} = \frac{C_1E_1+C_2E_2}{C_1+C_2} \tag{10.67}$$

が得られる．したがって，式 (10.64) にこの式を代入して

$$V_{C1}(s) = V_{C2}(s) = \frac{RC_1v_1(+0) + RC_2v_2(+0)}{R(C_1+C_2)s+1}$$

$$\fallingdotseq \frac{C_1E_1+C_2E_2}{C_1+C_2} \cdot \frac{1}{s+1/R(C_1+C_2)} \tag{10.68}$$

となる．この式は式 (10.62) と同じ式である．

10.5.2 インダクタの直列回路

図 10.22(a) の回路ではスイッチ S が閉じられ 2 個のインダクタ L_1, L_2 に初期電流 $i_1(-0)$ と $i_2(-0)$ が流れている．時刻 $t=0$ にスイッチ S を開くとき，$t>0$ におけるインダクタに流れる電流を求める．スイッチ S を開いたときの回路は図 10.22(b) になる．この回路の微分方程式を同図 (a) の変数 i_1, i_2 で書くと

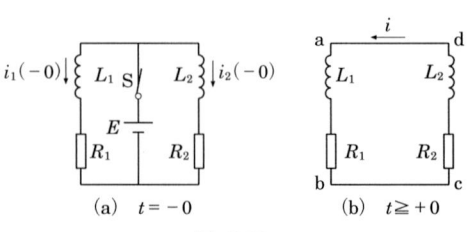

図 10.22

$$\left. \begin{array}{l} L_1 \dfrac{di_1}{dt} + R_1 i_1 - \left(L_2 \dfrac{di_2}{dt} + R_2 i_2 \right) = 0 \\ i_1 + i_2 = 0 \end{array} \right\} \quad (10.69)$$

となる．第一種初期値は

$$i_1(-0) = E/R_1, \quad i_2(-0) = E/R_2 \quad (10.70)$$

である．

（ i ） ラプラス変換 $\mathcal{L}$ による方法

式 (10.69) をラプラス変換 $\mathcal{L}$ し，$I(s) = I_1(s)$ と置けば

$$\{(L_1+L_2)s + (R_1+R_2)\}I(s) = L_1 i_1(-0) - L_2 i_2(-0) \quad (10.71)$$

すなわち

$$I(s) = \frac{L_1 i_1(-0) - L_2 i_2(-0)}{(L_1+L_2)s + (R_1+R_2)} \quad (10.72)$$

となる．ただし，$I(s) = \mathcal{L}[i(t)]$ である．これを逆ラプラス変換して第一種初期値 (10.70) を代入すれば

$$i(t) = \frac{1}{L_1+L_2}\left(\frac{L_1}{R_1} - \frac{L_2}{R_2}\right) E e^{-\frac{R_1+R_2}{L_1+L_2}t} H(t) \quad (10.73)$$

が得られる．

（ii） ラプラス変換 $\mathcal{L}_+$ による方法

図 10.22(b) の回路の微分方程式をラプラス変換 $\mathcal{L}_+$ すれば

$$\{(L_1+L_2)s + (R_1+R_2)\}I(s) = (L_1+L_2)i(+0) \quad (10.74)$$

となる．ただし，$I(s) = \mathcal{L}_+[i(t)]$ である．この式では第二種初期値 $i(+0)$ の値を定める必要がある．この第二種初期値は鎖交磁束不変則（略して磁束不変則）「閉路に鎖交する磁束の総和はスイッチの開閉前後において不変である」を用いて決めることができる．すなわち，閉路 abcda に鎖交する磁束は $t=0$ の前後において不変である．磁束 $\phi_1(-0) = L_1 i_1(-0)$，$\phi_2(-0) = L_2 i_2(-0)$ として，$t=-0$ における鎖交磁束は $\phi(-0) = \phi_1(-0) - \phi_2(-0)$ である．一方 $t=+0$ においては，インダクタを流れる電流と磁束の方向に注意して鎖交磁束は $\phi(+0) = L_1 i(+0) + L_2 i(+0) = (L_1+L_2)i(+0)$ となる．したがって，磁束不変則により

$$\phi(+0) = \phi(-0) = \phi_1(-0) - \phi_2(-0) \quad (10.75)$$

すなわち

$$(L_1+L_2)i(+0) = L_1 i_1(-0) - L_2 i_2(-0) \quad (10.76)$$

が成り立つ．したがって，第二種初期値は

$$i(+0) = \frac{L_1 i_1(-0) - L_2 i_2(-0)}{L_1 + L_2} = \frac{1}{L_1 + L_2}\left(\frac{L_1}{R_1} - \frac{L_2}{R_2}\right)E \quad (10.77)$$

となる．したがって，式 (10.77) を式 (10.74) の右辺に代入すれば，式 (10.72) と同じ式が得られることがわかる．

以上のように，ラプラス変換 $\mathcal{L}_+$ を用いるときは電荷保存則と磁束不変則を用いた物理的考察に基づいて第一種初期値から第二種初期値を計算することが必要になる．

10.6 回路の微積分方程式の解法

すでに 9.9 節で述べたように，回路の方程式が変数の取り方により微積分方程式になることがある．ループ法で解析するときループにキャパシタが含まれている場合，あるいは節点法で基準節点からの枝にインダクタが含まれている場合には回路方程式はそれぞれ電流あるいは電圧を変数とする微積分方程式になる．この場合には積分のラプラス変換による s 領域の方程式を得ることができる．

¶ 例 10.2 ¶ 図 10.23 の RLC の直列共振回路に直流電圧 E が時刻 $t=0$ に印加されたとき，$t>0$ におけるループ電流 $i(t)$ の時間変化を求める．ただし，インダクタに初期電流はなく，キャパシタの図の方向に $v(-0) = 1$ である．また，$5CR = 4L/R$ とする．回路の方程式は

$$L\frac{\mathrm{d}i(t)}{\mathrm{d}t} + Ri(t) + \frac{1}{C}\int_{-\infty}^{t} i(\xi)\mathrm{d}\xi = EH(t) \quad (10.78)$$

となる．両辺をラプラス変換すると

$$LsI(s) + RI(s) + \frac{1}{Cs}I(s) + \frac{1}{Cs}\int_{-\infty}^{-0} i(\xi)\mathrm{d}\xi = \frac{E}{s} \quad (10.79)$$

となる．第 3 項の t の積分区間 $(-\infty, -0)$ は遠い過去からスイッチを閉じる直前を意味し，それまで電荷 $q(-0) = \int_{-\infty}^{-0} i(\xi)\mathrm{d}\xi$ が蓄えられていたと考えると，キャパシタの初期電圧が $v(-0) = 1$ であるから，$q(-0) = Cv(-0) = C$ の関係が成り立つ．よって，s 領域の解は

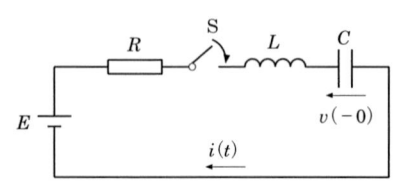

図 10.23 RLC 直列共振回路の過渡現象

$$I(s) = \left(\frac{1}{s^2+(R/L)s+1/(LC)}\right)\frac{E}{L}$$
$$+\left(\frac{s}{s^2+(R/L)s+1/(LC)}\right)\frac{v(-0)}{L} \tag{10.80}$$

となる．これを逆ラプラス変換すれば

$$i(t) = \frac{E}{R}e^{-\frac{Rt}{2L}}\sin\left(\frac{R}{L}t\right)H(t)$$
$$+\frac{1}{2L}e^{-\frac{Rt}{2L}}\left\{2\cos\left(\frac{R}{L}t\right)-\sin\left(\frac{R}{L}t\right)\right\}H(t) \tag{10.81}$$

となる．この解から電源電圧 E が影響する第1項と初期値 $v(-0)=1$ が影響する第2項との和から成り立っていることがわかる．定常状態では $t \to \infty$ として，$i(t) \to 0$ になる．これは過渡現象が減衰するにつれ，キャパシタが直流を通さなくなることからも理解できる．

方程式 (10.78) の両辺を微分すれば積分項のない常微分方程式が得られるが，電源の微分項が入る．また，初期値を決定する手続きが煩雑になる．節点法を用いる場合でも同様のことがいえる．このように，インダクタやキャパシタを多く含む回路では方程式の変数を電圧または電流に統一することは初期値の決定を困難にする．そこで，キャパシタの電圧とインダクタの電流を変数とする連立常微分方程式（後述の状態方程式）で定式化すれば，この困難は解消される．これについては第13章で詳述する．

【演習問題】

1. 図 10.24 の回路の駆動点インピーダンスを求めよ．ただし，得られる s の有理関数の分母，分子とも最高次の係数は1とする．
2. 図 10.25 の回路のインピーダンス行列，アドミタンス行列および縦続行列（$\boldsymbol{T}$ 行列）を求めよ．
3. 図 10.26 の回路で V_1 は単位ステップ電圧，抵抗は $R=\sqrt{L/C}$ である．出力電圧の s 関数 $V_2(s)$ を角周波数 ω で表せ．ただし，$\omega=1/\sqrt{LC}$ とする．
4. 図 10.27 の回路で時刻 $t=0$ においてスイッチ S を閉じたとき，ラプラス変換によりインダクタ L を流れる電流 $i(t)$ を求めよ．インダクタ L の初期電流はないものとする．

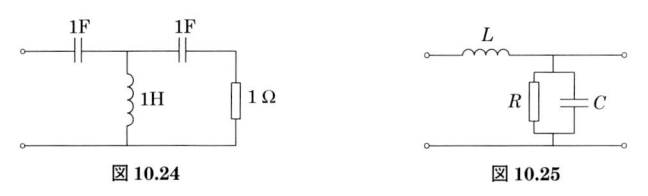

図 10.24

図 10.25

図 10.26

図 10.27

図 10.28

図 10.29

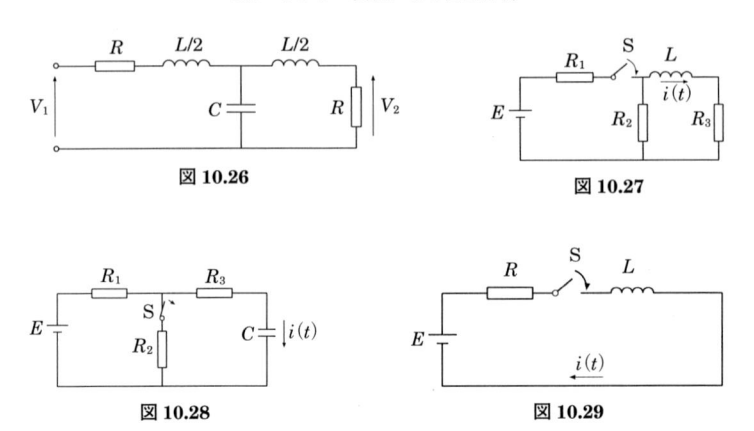

5. 図 10.28 の回路でスイッチ S を時刻 $t=0$ において開く．ラプラス変換によりキャパシタ C を流れる電流 $i(t)$ の時間変化を求めよ．

6. 図 10.29 の回路でスイッチ S を閉じたときの電流 $i(t)$ の過渡現象を s 領域の等価回路を使って解析せよ．ただし，インダクタの初期電流を $i(-0)$ とする．

7. 図 10.23 の RLC 直列共振回路の過渡現象を s 領域の等価回路を用いて解析せよ．インダクタの初期電流を $i(-0)$，キャパシタの初期電圧を $v(-0)$ とする．

8. 図 10.30 の回路で $RC=1$ とする．時刻 $t=0$ でスイッチ S を閉じる．つぎの各問に答えよ．ただし，キャパシタ C の初期値は零である．
   （a）$v_3(t)$ の時間変化を求めよ．
   （b）$v_2(t)$ の時間変化を求めよ．

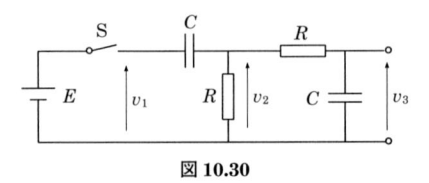

図 10.30

9. 図 10.31 の並列共振回路について，入力を電流源 $J(t)$，出力をキャパシタの電圧 $v_C(t)$ としてつぎの各問に答えよ．
   （a）インパルス応答を求めよ．

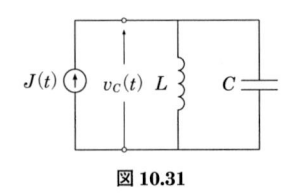

図 10.31

(b) ステップ応答を求めよ．
(c) ステップ応答を時間 t で微分した結果がインパルス応答になっていることを確かめよ．

10. つぎの文章は，直流回路の過渡現象に関する記述である．文中の［ ］のなかに当てはまる式または数式を記入せよ．〔電気主任技術者試験問題（平成12年第一種）〕図10.32(a) の回路においてスイッチ S_1 は閉じられ，回路は定常状態にある．スイッチ S_2 は開いており，コンデンサ C はあらかじめ別の方法で，図10.32 の極性に電源と等しい初期電圧 E に充電されている．
   a. このとき，コイル L に流れている初期電流は $I_0 = [(1)]$ である．
   b. 時刻 $t = 0$ において，スイッチ S_1 を開き，同時にスイッチ S_2 を閉じるとする．$t > 0$ において，図10.32(b) の LC 回路を流れる電流を i とすれば，回路方程式は次式となる．
   $$\frac{1}{C}\int i \, dt + [(2)] = 0$$
   c. 上式をラプラス変換すれば
   $$\frac{I(s)}{sC} + \frac{E}{s} + [(3)] = 0$$
   となる．ただし，$I(s) = \mathcal{L}[i(t)]$ である．上式の $I(s)$ について解けば
   $$I(s) = \frac{[(4)]}{s^2 + (1/LC)} I_0 - \frac{[(5)]}{s^2 + (1/LC)} \sqrt{\frac{C}{L}} E$$
   d. 逆ラプラス変換を用いて $I(s)$ から $i(t)$ を求めれば次式となる．
   $$i(t) = [(6)], \quad \text{ただし，} \omega = [(7)]$$
   e. とくに $R = \sqrt{L/C}$ が成り立つとき，
   $$i(t) = \frac{[(8)]}{R} \cos(\omega t + [(9)])$$
   となる．

図10.32(a)   図10.32(b)

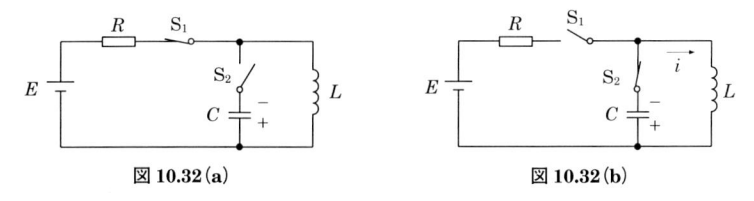

11. 二端子対回路の四端子定数を A，B，C，D とする．出力側にインピーダンス Z_L を接続したとき，入力側からみたインピーダンスは $(AZ_L + B)/(CZ_L + D)$ となることを示せ．
    つぎに，この回路の入力側に内部インピーダンス Z_g の電圧源を接続するとき，電圧源の起電力の出力電圧に対する比は $A + (B/Z_L) + Z_g C + (Z_g/Z_L) D$ で与え

図 10.33

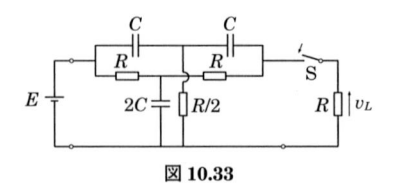

られることを示せ.

12. 図 10.33 の回路はツイン T 回路に直流電源 E と負荷抵抗 R_L を接続した回路である．以下の問いに答えよ．ただし，$RC = 1\,\mathrm{sec}, E = 30\,\mathrm{V}, R_L = R\,[\Omega]$ である．
    1. ツイン T 回路のインピーダンス行列 $\boldsymbol{Y}(s)$ を R と複素周波数 s で表せ．
    2. スイッチ S を時刻 $t = 0$ においてオンにした．負荷抵抗 R_L の電圧 v_L の $t \geq 0$ における時間変化を求めよ．

11

たたみ込み積分とその応用

これまで線形時不変回路において入力電圧・電流がインパルス関数やステップ関数のときの出力電圧・電流の応答（過渡現象）を取り扱ってきた．この章では，これらインパルス応答やステップ応答を用いて任意の入力に対する出力の応答を，たたみ込み積分によって表現する．次いで，たたみ込み積分の計算法を詳しく説明し，そのラプラス変換を求める．その後，これを利用して回路の零状態応答の計算法を述べる．さらに，デュアメルの相乗定理を導き，インパルス応答とステップ応答の関係をたたみ込み積分とそのラプラス変換によって示す．

11.1 たたみ込み積分の導出と定義

図 11.1 に示すように，インダクタとキャパシタの初期値がない線形時不変回路 N のインパルス応答を $w(t)$ とする．以下，本節と次節では説明の都合上，時間 t の代わりに τ を用いる．回路 N への入力が図 11.2 に示すラプラス変換可能な関数 $f(\tau)$, $\tau \geq 0$ で与えられるとき，出力すなわち零状態応答（静止状態応答）をインパルス応答 $w(\tau)$ を用いて表すことを考える．ここに，単位インパルス $\delta(\tau-\tau_k), \tau_0 = 0 (k = 1, 2, \cdots)$ に対するインパルス応答は $w(\tau-\tau_k)$ である．また，$f(\tau) = 0, \tau < 0, w(\tau) = 0, \tau < 0$ である．

いま，時刻 t に出力端子対に現れる応答 $y(t)$ を計算する．同図のように区間 $[0, t]$ を N 等分し，$f(\tau)$ を時間幅 $\Delta\tau = t/N$ のパルス関数で近似すると

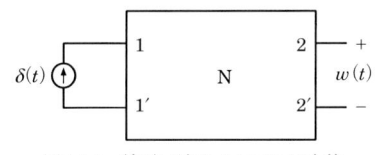

図 11.1 線形回路のインパルス応答

図 11.2 入力波形の分割

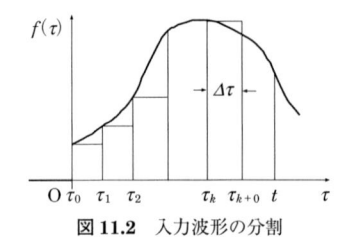

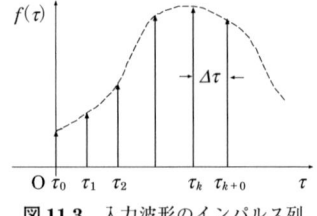

図 11.3 入力波形のインパルス列

$$f(\tau) \simeq f_0(\tau) + f_1(\tau) + \cdots + f_N(\tau) \tag{11.1}$$

ただし

$$f_k(\tau) = f(\tau_k)\{H(\tau-\tau_k) - H(\tau-\tau_{k+1})\} \tag{11.2}$$

$$\tau_k = k\Delta\tau \quad k = 0, 1, \cdots, N \tag{11.3}$$

と表すことができる.ここに,$H(\tau)$ は単位ステップ関数である.したがって,

$$f(\tau) \simeq \sum_{k=0}^{N} f(\tau_k)\{H(\tau-\tau_k) - H(\tau-\tau_{k+1})\}$$

となる.ここで,$N \to \infty$,$\Delta\tau \to 0$ とすると,入力 $f(\tau)$ は

$$\begin{aligned} f(\tau) &\simeq \sum_{k=0}^{\infty} f(\tau_k)\Delta\tau \lim_{\Delta\tau \to 0} \frac{H(\tau-\tau_k) - H(\tau-\tau_{k+1})}{\Delta\tau} \\ &= \sum_{k=0}^{\infty} f(\tau_k)\Delta\tau\delta(\tau-\tau_k) \end{aligned} \tag{11.4}$$

となる.すなわち,図 11.3 に示すように,入力が大きさ $f(\tau_k)\Delta\tau$ のインパルスの列として近似された.単位インパルス $\delta(\tau-\tau_k)$ に対する応答が $w(\tau-\tau_k)$ であるから,大きさ $f(\tau_k)\Delta\tau$ に対する応答は $\{f(\tau_k)\Delta\tau\}w(\tau-\tau_k)$ となる.したがって,時刻 t までの入力 $f(\tau)$ に対する零状態応答 $y(t)$ はインパルス応答 $w(\tau)$ を用いて

$$\begin{aligned} y(t) &= \lim_{N \to \infty} \sum_{k=0}^{N} f(\tau_k) w(t-\tau_k) \Delta\tau \\ &= \int_{-0}^{t} w(t-\tau) f(\tau) \mathrm{d}\tau \end{aligned} \tag{11.5}$$

と表される.この積分を $w(t)$ と $f(t)$ とのたたみ込み積分 (convolution integral),あるいは合成積とよび,$(w*f)(t)$,$w*f(t)$,$w(t)*f(t)$ 等と表記する.右辺の積分で,$\tau' = t-\tau$ と置いて得られた結果の式において,改めて τ' を τ と置きなおすと

$$y(t) = \int_{-0}^{t} f(t-\tau) w(\tau) \mathrm{d}\tau \tag{11.6}$$

が導かれる．したがって，
$$(w*f)(t) = (f*w)(t) \tag{11.7}$$
が成り立つ．すなわち，w と f はたたみ込み積分という演算 $*$ に関して交換可能である．また，たたみ込み積分によって 2 つの関数 $f(t)$ と $w(t)$ から 1 つの関数 $y(t)$ が作られることがわかる．

注意すべきことはたたみ込み積分のそれ自体の導出に回路の微分方程式を用いていないことである．すなわち，線形時不変回路において何らかの方法でインパルス応答がわかれば，任意の入力に対する零状態応答が計算できることである．さらに，被積分項は時刻 t 以後を示す関数ではないから，上限の t を超えてこの積分はできないことにも注意する．

¶ 例 11.1 ¶　ある回路のインパルス応答が $w(t) = e^{-t}H(t)$ である．入力が正弦波 $f(t) = \sin(t)H(t)$ のとき，出力 $(w*f)(t)$ を求める．定義により
$$\begin{aligned}(w*f)(t) &= \int_{-0}^{t} e^{-(t-\tau)}H(t-\tau)(\sin\tau)H(\tau)\mathrm{d}\tau \\ &= \int_{-0}^{t} e^{-(t-\tau)}\sin\tau\,\mathrm{d}\tau \\ &= \frac{1}{2}(\sin t - \cos t + e^{-t})H(t)\end{aligned}$$
となる[1]．

11.2　たたみ込み積分の計算

直感的にたたみ込み積分を理解するために簡単な例で説明する．

いま，図 11.4(a) のようなインパルス応答 $w(\tau)$ と図 11.4(b) のパルス関数

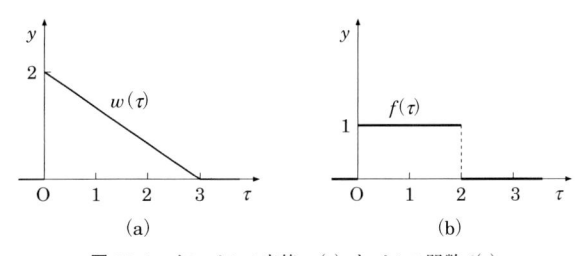

図 11.4　インパルス応答 $w(\tau)$ とパルス関数 $f(\tau)$

---

[1] $\int_{-0}^{t} e^{\tau}\sin\tau\,\mathrm{d}\tau = \frac{1}{2}(e^{t}\sin t - e^{t}\cos t + 1)$

$f(\tau)$ を考え，これらのたたみ込み積分を計算する．図 11.5(a) のように，関数 $w(-\tau)$ は y 軸に関して $w(\tau)$ と対称な関数であるから，$t \geq 0$ に対して $w(t-\tau)$ は図 11.5(b) のように，時間 t の経過とともに，τ 軸の正方向に平行移動する．

ここに，インパルス応答 $w(\tau)$，パルス関数 $f(\tau)$ は

$$\left. \begin{array}{l} w(\tau) = \left(-\dfrac{2}{3}\tau + 2\right)\{H(\tau) - H(\tau-3)\} \\ f(\tau) = H(\tau) - H(\tau-2) \end{array} \right\} \quad (11.8)$$

と表される．図 11.6(a) から図 11.6(d) に示すように，出力 $y(t) = (w * f)(t)$ は各時刻 t における斜線部の面積がたたみ込み積分の値に対応する．すなわち

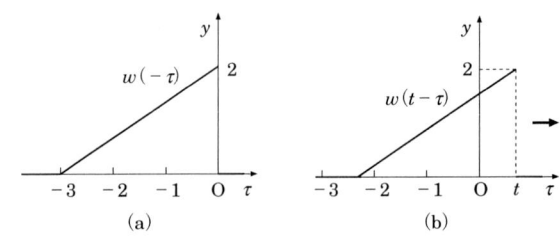

図 11.5 インパルス応答の平行移動

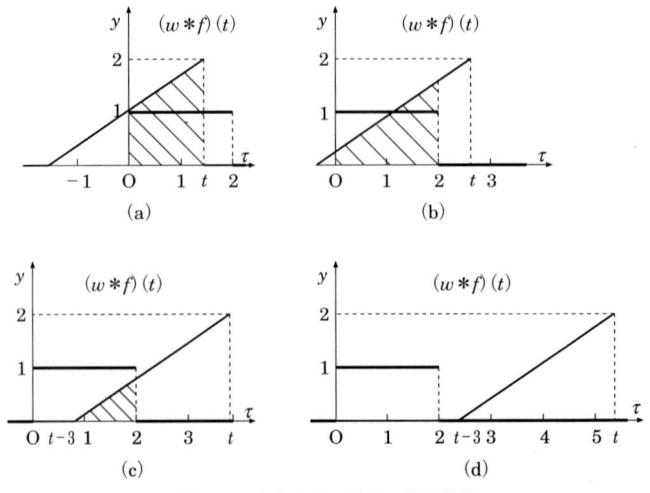

図 11.6 たたみ込み積分の計算過程

図 11.7 たたみ込み積分の結果

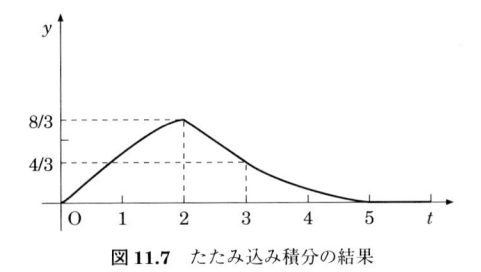

(ⅰ) $0 \leq t < 2$ のとき，$(w*f)(t)$ は図 11.6(a) の斜線を施した部分の面積に対応する．
(ⅱ) $2 \leq t < 3$ のときは，図 11.6(b) の斜線部の面積に対応する．
時間が経過し，
(ⅲ) $3 \leq t < 5$ のとき，図 11.6(c) の斜線部の面積に対応し，
(ⅳ) $5 \leq t$ のときは，図 11.6(d) のように共通部分の面積はなくなるから $(w*f)(t) = 0$ となる．

これを式で表すとつぎのようになる．

$$(w*f)(t) = \begin{cases} (\text{ⅰ})\ 0 \leq t < 2 & \int_{-0}^{t}\left\{-\frac{2}{3}(t-\tau)+2\right\}\cdot 1\,d\tau = -\frac{1}{3}t^2 + 2t \\ (\text{ⅱ})\ 2 \leq t < 3 & \int_{-0}^{2}\left\{-\frac{2}{3}(t-\tau)+2\right\}\cdot 1\,d\tau = -\frac{4}{3}t + \frac{16}{3} \\ (\text{ⅲ})\ 3 \leq t < 5 & \int_{t-3}^{2}\left\{-\frac{2}{3}(t-\tau)+2\right\}\cdot 1\,d\tau = \frac{1}{3}t^2 - \frac{10}{3}t + \frac{25}{3} \\ (\text{ⅳ})\ 5 \leq t & \quad 0 \end{cases}$$

(11.9)

これを図示すると，**図 11.7** のようになる．出力 y はこの計算では，$w(\tau)$ が移動したが，式 (11.6) の定義に示されているように $w(\tau)$ を固定し，$f(\tau)$ を平行移動しても同じ結果が得られる．

11.3 たたみ込み積分による回路解析

たたみ込み積分を用いれば入力 $f(t)$ と出力 $y(t)$ の関係を t 領域における計算のみで求めることができることがわかった．

いま，例として**図 11.8** のような RC 回路の零状態応答を求めてみる．出力を

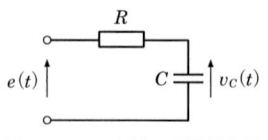

図 11.8　RC 回路の零状態応答

キャパシタ電圧 $v_C(t)$ とすれば，インパルス応答 $v_{C\mathrm{imp}}(t)$ は第 8 章で求めたように

$$v_{C\mathrm{imp}}(t) = \frac{E}{RC} e^{-\frac{t}{RC}} H(t), \quad E = 1 \tag{11.10}$$

である．なお，インパルス応答に対するキャパシタ電流 $i_C(t)$ は

$$i_C(t) = C \frac{dv_{C\mathrm{imp}}}{dt} = \frac{E}{R}\delta(t) - \frac{E}{R^2 C} e^{-\frac{t}{RC}} H(t), \quad E = 1 \tag{11.11}$$

である．第 1 項はインパルス電流でキャパシタの充電電流を表す．第 2 項はこの充電電流によって生じた電荷の放電電流である．

いま，入力電圧が $e(t) = Ae^{-2t}H(t)$ ならば，キャパシタ電圧 $v_C(t)$ はたたみ込み積分により

$$v_C(t) = \int_{-0}^{t} v_{C\mathrm{imp}}(t-\tau) e(\tau) d\tau \tag{11.12}$$

$$= \frac{AE}{2RC-1}(e^{-\frac{t}{RC}} - e^{-2t})H(t), \quad E = 1 \tag{11.13}$$

のように求められる．

つぎに，入力電圧 $e(t)$ が図 11.4(b) に示すパルス波形 $f(\tau)$ の場合は $e(\tau) = f(\tau) = H(\tau) - H(\tau-2)$ と置けば，出力のキャパシタ電圧は

$$v_C(t) = \begin{cases} \int_{-0}^{t} \frac{E}{RC} e^{-\frac{t-\tau}{RC}} e(\tau) d\tau = E(1 - e^{-\frac{t}{RC}}) & (0 \le t < 2) \\ \int_{-0}^{t} \frac{E}{RC} e^{-\frac{t-\tau}{RC}} e(\tau) d\tau = E(e^{\frac{2}{RC}} - 1) e^{-\frac{t}{RC}} & (2 \le t) \end{cases}$$

$$\tag{11.14}$$

となる．このように回路のインパルス応答を求めておけば，任意の入力に対する出力の応答が t 領域で計算できる．

11.4　たたみ込み積分のラプラス変換

ラプラス変換可能な 2 つの関数を $f(t)$，$g(t)$，$t \ge 0$ とする．これらのたた

み込み積分は

$$(f*g)(t) = \int_{-0}^{t} f(t-\tau)g(\tau)\mathrm{d}t \tag{11.15}$$

である．関数 $f(t)$ が $t=0$ でインパルス関数を含む場合には上限の t は $+t$ とすべきであるが，ここではその場合も含めて t と表記する．たたみ込み積分 (11.15) をラプラス変換する．ラプラス変換の定義により

$$\mathcal{L}[(f*g)(t)] = \int_{-0}^{\infty}\left[\int_{-0}^{t} f(t-\tau)g(\tau)\mathrm{d}\tau\right]e^{-st}\mathrm{d}t \tag{11.16}$$

である．この式においては，すべての $\tau > t$ に対して $f(t-\tau) = 0$ であるから，$H(t-\tau)$ を導入すれば，この積分は

$$\int_{-0}^{\infty}\left[\int_{-0}^{\infty} f(t-\tau)H(t-\tau)g(\tau)\mathrm{d}\tau\right]e^{-st}\mathrm{d}t \tag{11.17}$$

と表すことができる．ここで $e^{-st} = e^{-s\tau}e^{-s(t-\tau)}$ であるから，これを用いて積分の順序を変更すれば

$$\mathcal{L}[(f*g)(t)] = \int_{-0}^{\infty}\left[\int_{-0}^{\infty} f(t-\tau)H(t-\tau)e^{-s(t-\tau)}\mathrm{d}t\right]e^{-s\tau}g(\tau)\mathrm{d}\tau \tag{11.18}$$

となる．ここで，$t' = t - \tau$ と置くと，

$$\begin{aligned}\mathcal{L}[(f*g)(t)] &= \int_{-0}^{\infty}\left[\int_{-\tau}^{\infty} f(t')H(t')e^{-st'}\mathrm{d}t'\right]g(\tau)e^{-s\tau}\mathrm{d}\tau \\ &= \int_{-0}^{\infty} f(t')e^{-st'}\mathrm{d}t'\int_{-0}^{\infty} g(\tau)e^{-s\tau}\mathrm{d}\tau \\ &= F(s)G(s)\end{aligned} \tag{11.19}$$

となる．ここに，$F(s) = \mathcal{L}[f(t)]$，$G(s) = \mathcal{L}[g(t)]$ である．したがって，

$$\mathcal{L}[(f*g)(t)] = F(s)G(s) \tag{11.20}$$

と表すことができる．すなわち，2つの関数のたたみ込み積分のラプラス変換はそれぞれの関数のラプラス変換の積に等しい．また，この式は逆ラプラス変換により，

$$\mathcal{L}^{-1}[F(s)G(s)] = (f*g)(t) \tag{11.21}$$

と表すことができる．

¶ 例 11.2 ¶ 図 11.4 のインパルス応答 $w(t)$ と入力 $f(t)$ のラプラス変換は式 (11.8) により

である．したがって，これらの積をとれば

$$W(s) = \mathcal{L}[w(t)] = \left(-\frac{2}{3s^2}+\frac{2}{s}\right)+\frac{2}{3s^2}e^{-3s}$$
$$F(s) = \mathcal{L}[f(t)] = \frac{1}{s}-\frac{e^{-2s}}{s}$$

$$Y(s) = W(s)F(s) = \left(-\frac{2}{3s^3}+\frac{2}{s^2}\right)-\left(-\frac{2}{3s^3}+\frac{2}{s^2}\right)e^{-2s}$$
$$+\frac{2}{3s^3}e^{-3s}-\frac{2}{3s^3}e^{-5s}$$

となる．これを逆ラプラス変換すれば

$$y(t) = \left(-\frac{t^2}{3}+2t\right)H(t)-\left\{-\frac{(t-2)^2}{3}+2(t-2)\right\}H(t-2)$$
$$+\frac{1}{3}(t-3)^2 H(t-3)$$
$$-\frac{1}{3}(t-5)^2 H(t-5)$$

が得られる．これを時間区間で場合分けすれば，式 (11.9) となる．このようにラプラス変換を用いれば，代数的にたたみ込み積分を求めることができる．

¶**例 11.3** ¶ 2つの関数 $e^{-t}H(t)$ と $e^{-3t}H(t)$ のたたみ込み積分を，はじめに定義により求める．つぎにラプラス変換を使って求め，両者が一致することを確かめる．関数を $f(t) = e^{-t}H(t)$, $g(t) = e^{-3t}H(t)$ と置く．

$$(f*g)(t) = \int_{-0}^{t} e^{-(t-\tau)}e^{-3\tau}d\tau = e^{-t}\int_{-0}^{t}e^{-2\tau}d\tau$$
$$= \frac{1}{2}(e^{-t}-e^{-3t})H(t)$$

となる．ここで $f(t), g(t)$ のラプラス変換はそれぞれ $F(s) = 1/(s+1)$, $G(s) = 1/(s+3)$ であるから

$$(f*g)(t) = \mathcal{L}^{-1}[F(s)G(s)]$$
$$= \mathcal{L}^{-1}\left[\frac{1}{s+1}\frac{1}{s+3}\right]$$
$$= \mathcal{L}^{-1}\left[\frac{1}{2}\left(\frac{1}{s+1}-\frac{1}{s+3}\right)\right] = \frac{1}{2}(e^{-t}-e^{-3t})H(t)$$

となって，同じ結果が得られる．

この例からわかるように，積の形の s 関数をラプラス変換が容易な初等関数の積に因数分解し，それぞれの項の逆ラプラス変換を求め，たたみ込み積分を行うことによって，s 関数の積の逆ラプラス変換が求められる．つまり，たたみ込み積分が

$$(f*g)(t) = \mathcal{L}^{-1}[F(s)G(s)] = \mathcal{L}^{-1}[F(s)]*\mathcal{L}^{-1}[G(s)] \qquad (11.22)$$

と表現可能なことを利用する．

¶ 例 11.4 ¶ $\dfrac{2s}{(s^2+1)^2}$ の逆ラプラス変換は

$$\begin{aligned}
\mathcal{L}^{-1}\left[\dfrac{2s}{(s^2+1)^2}\right] &= \mathcal{L}^{-1}\left[\dfrac{2}{s^2+1}\dfrac{s}{s^2+1}\right] \\
&= \mathcal{L}^{-1}\left[\dfrac{2}{s^2+1}\right] * \mathcal{L}^{-1}\left[\dfrac{s}{s^2+1}\right] \\
&= 2(\sin * \cos)(t) = \int_{-0}^{t} 2\sin(t-\tau)\cos\tau\,\mathrm{d}\tau \\
&= t\sin(t)H(t)
\end{aligned}$$

と計算できる．

11.4.1 たたみ込み積分のラプラス変換による回路解析

2 つの関数のたたみ込み積分のラプラス変換はそれぞれのラプラス変換の積に等しい．これを利用すれば，インパルス応答のラプラス変換と任意の入力関数のラプラス変換との積を逆ラプラス変換することによって，回路の応答（過渡現象）を求めることができる．以下に，例によって説明する．

（a） インパルス応答のラプラス変換による解析法

図 11.8 の回路においてキャパシタの初期値はない $v_C(-0)=0$ とする．電源が単位インパルス関数 $e(t)=E\delta(t)$，$E=1$ のとき，回路の微分方程式は

$$RC\dfrac{\mathrm{d}v_C}{\mathrm{d}t}+v_C = E\delta(t),\quad E=1 \tag{11.23}$$

これをラプラス変換して

$$RCsV_C(s)+V_C(s) = E,\quad E=1$$

ただし，$V_C(s) = \mathcal{L}[v_C(t)]$ である．したがって，インパルス応答のラプラス変換が

$$V_{C\mathrm{imp}}(s) = \dfrac{E}{1+RCs},\quad E=1 \tag{11.24}$$

によって与えられるから，キャパシタ電圧のインパルス応答は

$$v_{C\mathrm{imp}}(t) = \dfrac{E}{RC}e^{-\frac{t}{RC}}H(t),\quad E=1$$

となる．これは式 (8.40) と一致する．したがって，たとえば電圧源が $E(s) = \mathcal{L}[Ae^{-2t}H(t)] = A/(s+2)$ のとき，キャパシタ電圧の応答のラプラス変換は

$$V_{C\mathrm{out}}(s) = V_{C\mathrm{imp}}(s)E(s) = \left(\dfrac{E}{1+RCs}\right)\left(\dfrac{A}{s+2}\right),\quad E=1 \tag{11.25}$$

この式からキャパシタ電圧の応答は $v_{C\mathrm{out}}(t) = \mathcal{L}^{-1}[V_{C\mathrm{out}}(s)]$ によって与え

られ，式 (11.13) と同じ結果が得られる．

（b） 周期的入力の回路の解析法

電気回路の問題では回路への入力が周期的になることが多い．回路のインパルス応答を $w(t)$，周期 T の入力電圧・電流を因果性をもつ周期的関数 $f(t)$ で表す．ここに $f(t) = f(t-T)$ である．いま，1周期分の関数を $f_p(t)$ で表せば，$f_p(t) = f(t)\{H(t) - H(t-T)\}$ である．第9章で述べたように $F_p(s) = \mathcal{L}[f_p(t)]$ と表せば，$f(t)$ のラプラス変換は

$$F(s) = \frac{F_p(s)}{1 - e^{-Ts}}$$

で与えられる．

例として，図 11.9(a) の回路に時刻 $t = 0$ に図 11.9(b) に示す周期的パルス電圧 $e(t)$ が印加されたときの出力電圧 $v_C(t)$ を求めることを考える．キャパシタ C の初期値は零とする．

同図からこの方形波 $e(t)$ の周期は $2T$ であるが，1周期分は

$$\begin{aligned} f_p(t) &= E\{H(t) - H(t-2T)\} - E\{H(t-T) - H(t-2T)\} \\ &= E\{H(t) - H(t-T)\} \end{aligned} \tag{11.26}$$

と表すことができる．したがって，入力電圧 $e(t)$ のラプラス変換は

$$E(s) = \frac{\mathcal{L}[f_p(t)]}{(1 - e^{-2Ts})} = \frac{E}{s} \frac{(1 - e^{-Ts})}{1 - e^{-2Ts}} = \frac{E}{s(1 + e^{-Ts})}$$

となる．これにより，キャパシタ電圧 $v_C(t)$ のラプラス変換は

$$V_C(s) = \frac{(1/Cs)}{R + (1/Cs)} E(s) = \frac{E}{s(1 + RCs)(1 + e^{-Ts})}$$

となる．この式はインパルス応答の s 関数 $1/(1 + RCs)$ と周期的パルス入力の s 関数 $E/s(1 + e^{-Ts})$ との積になっていることに注意する．関数 $V_C(s)$ は有理関数ではないので，ラプラス変換ラプラス変換表を用いて t 関数を求めることはで

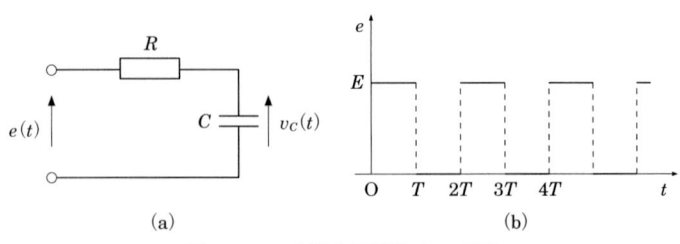

図 11.9 RC 回路と周期的パルス波形

きない.この逆変換を求めるには複素関数論の留数定理に基づいた逆ラプラス変換の公式を用いなければならない.ここではこの方法を採らずに,級数展開と推移定理を用いて逆ラプラス変換する方法を述べる.

無限級数の公式
$$\frac{1}{1+r} = 1 - r + r^2 - r^3 + r^4 - \cdots \quad (|r| < 1)$$
を形式的に利用すれば,
$$\frac{E}{s(1+e^{-Ts})} = \frac{E}{s}(1 - e^{-Ts} + e^{-2Ts} - e^{-3Ts} + e^{-4Ts} + \cdots) \quad (11.27)$$
と展開される.したがって
$$V_C(s) = \frac{E}{s(1+RCs)(1+e^{-Ts})}$$
$$= \frac{E}{RC}\frac{1}{s\{s+1/(RC)\}}(1 - e^{-Ts} + e^{-2Ts} - e^{-3Ts} + e^{-4Ts} + \cdots)$$
と書くことができる.遅れ演算子 e^{-Ts} が括弧の第2項以降無限に続く.ここで,$\mathcal{L}^{-1}[1/\{s(s+1/RC)\}] = RC(1 - e^{-\frac{t}{RC}})H(t)$ であるから,キャパシタ電圧の過渡応答 $v_C(t)$,$t \geq 0$ は推移定理により
$$v_C(t) = \mathcal{L}^{-1}[V_C(s)] = E\{(1-e^{-\frac{t}{RC}})H(t) - (1-e^{-\frac{t-T}{RC}})H(t-T)$$
$$+ (1-e^{-\frac{t-2T}{RC}})H(t-2T) - (1-e^{-\frac{t-3T}{RC}})H(t-3T)$$
$$+ (1-e^{-\frac{t-4T}{RC}})H(t-4T) - \cdots\} \quad (11.28)$$
と表すことができる.この式から,この $v_C(t)$ の波形は電圧波形 $E(1-e^{-\frac{t}{RC}})$,$0 \leq t < T$ の符号を変化させながら平行移動した波形から成り立っていることがわかる.すなわち

(ⅰ) $0 \leq t < T$ のとき,$v_C(t) = E(1-e^{-\frac{t}{RC}})$

(ⅱ) $T \leq t < 2T$ のとき,$v_C(t) = E(1-e^{-\frac{t}{RC}}) - E(1-e^{-\frac{t-T}{RC}})$

(ⅲ) $2T \leq t < 3T$ のとき,
$$v_C(t) = E(1-e^{-\frac{t}{RC}}) - E(1-e^{-\frac{t-T}{RC}}) + E(1-e^{-\frac{t-2T}{RC}})$$

などと時間区間を次々に拡げることによって全体の波形が得られる.この様子を図 **11**.**10** に示す.

もう少し詳しく波形を解析してみる.時間を2つの時間区間に分けて考える.すなわち,

（a） パルスが印加されている時間区間 $[2kT, (2k+1)T]$,$k = 0, 1, 2, \cdots$ では

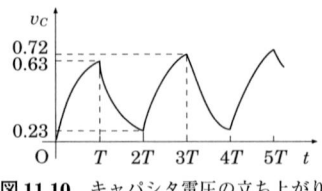

図 11.10 キャパシタ電圧の立ち上がり
($RC = T$, $E = 1$ の場合)

$$v_C(t) = E\left\{1-\left(\frac{1+e^{-(2k+1)T/RC}}{1+e^{-T/RC}}\right)e^{-\frac{t-2kT}{RC}}\right\}$$

(b) パルスが印加されていない時間区間 $[(2k-1)T, 2kT]$, $k = 1, 2, \cdots$ では

$$v_C(t) = E\left(\frac{1-e^{-2kT/RC}}{1+e^{-T/RC}}\right)e^{-\frac{t-(2k-1)T}{RC}}$$

となる．したがって，十分時間が経過しパルスが十分加わってから，すなわち $k \to \infty$ では

(a) の場合：$t_a = 2kT$ を立ち上がる瞬間の時刻とすれば

$$\lim_{k\to\infty} v_C(t) = E\left(1-\frac{e^{-t_a/RC}}{1+e^{-T/RC}}\right)$$

(b) の場合：$t_b = (2k-1)T$ をパルスが取り去られた時刻とすれば

$$\lim_{k\to\infty} v_C(t) = E\frac{e^{-t/RC}}{1+e^{-T/RC}}$$

となり，$v_C(t)$ の波形はこれらの波形に漸近する．

式 (11.28) の $v_C(t)$ を微分すればキャパシタ電流の過渡応答 $i_C(t)$ が求められる．微分するときインパルス関数 $\delta(t-kT)$, $k = 0, 1, 2, \cdots$ が現れるからその扱いに注意して

$$i_C(t) = C\frac{dv_C(t)}{dt} = \frac{E}{R}\left\{e^{-\frac{t}{RC}}H(t) - e^{-\frac{t-T}{RC}}H(t-T) + e^{-\frac{t-2T}{RC}}H(t-2T) - \cdots\right\}$$

となる．よってインパルス関数は現れないから，キャパシタ電圧 $v_C(t)$ は連続的に変化することがわかる．

11.5　ステップ応答とデュアメルの相乗定理

　電気回路の性質を知るために，入力にステップ関数の電圧や電流を与えてその応答を調べることが行われる．たとえば，一端子対回路では直流電圧をかけて，その応答である電流の波形を観察したり，二端子対回路では入力側に直流電圧を印加して出力側の電流の波形を調べたりする．このように，実際問題ではステップ関数に相当する電源は電池など直流電圧源として存在するので，ステップ応答は実験的にも求めやすい．ここではステップ応答を定式化する．

11.5.1　デュアメルの相乗定理

　インパルス応答の場合と同様にして，回路のステップ応答 $a(t)$ が求められているとして，任意の入力 $f(\tau)$，$\tau \geq 0 (f(\tau) = 0, \tau < 0)$ に対する応答を求める．図 **11.11** に示すように，入力 $f(\tau)$ の区間 $[0, t]$ を N 個に等分し，$\Delta\tau = t/N$，$\tau_k = k\Delta\tau (k = 0, 1, \cdots, N)$ とする．各時点 $\tau_k (k = 0, 1, 2, \cdots)$ における $f(\tau_k)$ の値で $f(t)$ を近似すると

$$\begin{aligned}
f(t) &\simeq f(0)H(t) + \{f(\tau_1) - f(\tau_0)\}H(t-\tau_1) \\
&\quad + \{f(\tau_2) - f(\tau_1)\}H(t-\tau_2) + \cdots + \{f(\tau_k) - f(\tau_{k-1})\}H(t-\tau_k) \\
&= f(0)H(t) + \sum_{k=1}^{N}\{f(\tau_k) - f(\tau_{k-1})\}H(t-\tau_k) \\
&\simeq f(0)H(t) + \sum_{k=1}^{N} f'(\tau_k)\Delta\tau H(t-\tau_k)
\end{aligned} \qquad (11.29)$$

となる．したがって，それぞれの項の単位ステップ関数 $H(t-\tau_k)$ に対する応答が $a(t-\tau_k)$ であるから，出力は

$$y(t) \simeq f(0)a(t) + \sum_{k=1}^{N} f'(\tau_k)\Delta\tau a(t-\tau_k) \qquad (11.30)$$

と表すことができる．したがって，任意の入力 $f(t)$ に対する応答 $y(t)$ は

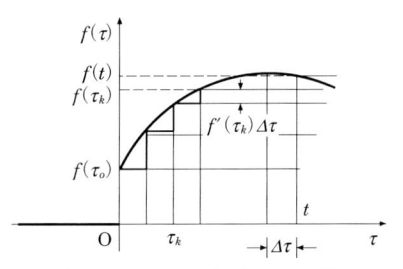

図 11.11　ステップ関数による近似

$$y(t) = f(0)a(t) + \lim_{N\to\infty}\sum_{k=1}^{N} f'(\tau_k)\Delta\tau a(t-\tau_k)$$
$$= f(0)a(t) + \int_0^t \frac{\mathrm{d}f(\tau)}{\mathrm{d}\tau}a(t-\tau)\mathrm{d}\tau \tag{11.31}$$

となる．この式は
$$y(t) = \frac{\mathrm{d}}{\mathrm{d}t}\int_0^t a(t-\tau)f(\tau)\mathrm{d}\tau \tag{11.32}$$

と表される．これをデュアメルの相乗積分（Duhamel's theorem）という[1]．

11.5.2 ステップ応答とインパルス応答との関係

回路のインパルス応答を $w(t)$，入力を単位ステップ関数 $H(t)$ にしたとき，ステップ応答 $a(t)$ はたたみ込み積分で
$$a(t) = \int_{-0}^{t} w(t-\tau)H(\tau)\mathrm{d}\tau \tag{11.33}$$

で与えられる．このラプラス変換は $a(t)$, $t \geq 0$ のラプラス変換を $A(s)$ で表せば
$$A(s) = \frac{W(s)}{s} \tag{11.34}$$

となる．つまり，ステップ応答は
$$a(t) = \mathcal{L}^{-1}\left[\frac{W(s)}{s}\right] \tag{11.35}$$

と表される．式 (11.32) のラプラス変換は
$$Y(s) = sA(s)F(s) \tag{11.36}$$

であるから，この式に式 (11.34) を代入すれば
$$Y(s) = W(s)F(s) \tag{11.37}$$

が得られる．これはすでに学んだように
$$y(t) = (w*f)(t) \tag{11.38}$$

と表され，インパルス応答 $w(t)$ とラプラス変換可能な関数 $f(t)$, $t \geq 0$ とのたたみ込み積分が出力 $y(t)$ を与えることを示している．

¶例 11.5¶ 図 11.8 の回路のステップ応答は $E(s) = \mathcal{L}[H(t)] = 1/s$ と置いて，
$$V_C(s) = \frac{1}{1+RCs}E(s) = \frac{1}{s(1+RCs)}$$
したがって，

---

[1] ライプニッツの積分記号下での微分ルール (Leibniz's rule for differentiation under the integral sign)：$F(t) = \int_{a(t)}^{b(t)} f(t,\tau)\mathrm{d}\tau$ に対し，$\frac{\mathrm{d}F(t)}{\mathrm{d}t} = f(t,b(t))\frac{\mathrm{d}b}{\mathrm{d}t} - f(t,a(t))\frac{\mathrm{d}a}{\mathrm{d}t} + \int_{a(t)}^{b(t)} \frac{\partial}{\partial t}f(t,\tau)\mathrm{d}\tau$ とたたみ込み積分 $a*f = f*a$ を利用すれば，式 (11.32) から式 (11.31) を導ける．

$$v_{C\text{step}}(t) = \mathcal{L}^{-1}[V_C(s)] = (1 - e^{-\frac{t}{RC}})H(t)$$

となる．これを微分することにより，インパルス応答

$$v_{C\text{imp}}(t) = \frac{1}{RC} e^{-\frac{t}{RC}} H(t) + (1 - e^{-\frac{t}{RC}})\delta(t)$$

$$= \frac{1}{RC} e^{-\frac{t}{RC}} H(t)$$

が得られる．この式にはデルタ関数は現れない．インパルス応答を微分すると

$$\frac{dv_{C\text{imp}}}{dt} = -\frac{1}{(RC)^2} e^{-\frac{t}{RC}} H(t) + \frac{1}{RC}\delta(t)$$

となり，インパルス関数が現れる．このことからインパルス応答 $v_{C\text{imp}}(t)$ は $t = 0$ で不連続であることがわかる．

11.6　t 領域解析と s 領域解析のまとめ

　これまでみてきたように，零状態応答 $y(t)$ は t（時間）領域の解析と s（周波数）領域の解析の 2 通りの求め方がある．両者を対比してまとめておく．
　（i）　たたみ込み積分による方法

　　　入力 $f(t)$ → 回路のインパルス応答 $w(t)$ → 出力 $y(t) = (w * f)(t)$

入力 $f(t)$，$t \geq 0$ は電圧源や電流源であり因果性のラプラス変換可能な関数である．インパルス応答も $w(t)$，$t \geq 0$ を満たすラプラス変換可能な関数である．この方法は回路の振る舞い (dynamics) を直接的な t 領域で求める方法である．
　（ii）　ラプラス変換による方法．

　　　入力 $F(s)$ → 回路網関数 $W(s)$ → 出力 $Y(s) = W(s)F(s)$
　　　　　　　　　→ $y(t) = \mathcal{L}^{-1}[Y(s)]$

t 領域でのたたみ込み積分 $(w * f)(t)$ は s 領域の積 $W(s)F(s)$ に対応している．手計算で計算できる程度の問題に対しても，方法 (i) よりもこの方法はわかりやすい．
　以上のように，これら 2 つの方法は線形回路の過渡現象を解析する有力な方法であるが，素子数の多い大きな回路では手計算にかなりの労力と時間を必要とし，そのため間違いも生じやすい．近年はコンピュータの高速化と大容量化が進展し，それと共に数式処理ソフト，数値計算ソフトも進歩し，高速フーリエ変換を用いたラプラス順逆変換の方法も開発されている．このような流れのなかで，われわれは実際問題に対してこれまでの手計算の労苦から解放され，より高度な回路解析が行えるようになってきている．

【演 習 問 題】

1. ある線形回路のインパルス応答が $w(t) = 3e^{-2t}H(t)$ で与えられている．入力が $f(t) = e^{-3t}H(t)$ のときの零状態応答を求めよ．
2. 図 11.12 のようにインパルス応答 $w(t)$ と入力 $f(t)$ が与えられている．
   (a) たたみ込み積分 $(w*f)(t)$ を計算せよ．
   (b) ラプラス変換を用いて $(w*f)(t)$ を求めよ．

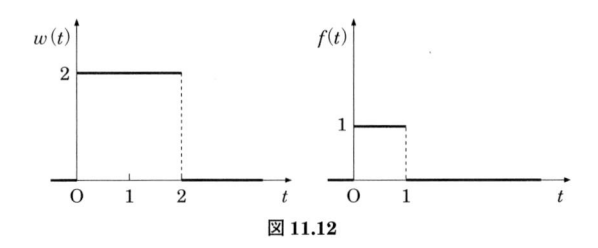

図 11.12

3. ある線形回路のインパルス応答が $w(t) = H(t) - H(t-2)$ で与えられるとき，入力 $f(t) = \sin(\pi t)\{H(t) - H(t-2)\}$ に対する零状態応答を求めよ．
4. 2 つの関数 $\cos(t)H(t)$ と $\cos(t)H(t)$ のたたみ込み積分を求めよ．
5. ある線形回路の入力端子対に $u(t) = e^{-3t}H(t)$ を印加したところ，出力端子対の応答が
$$y(t) = 3e^{-t}H(t) + 2e^{-3t}H(t) - H(t)$$
となった．この回路のインパルス応答を求めよ．
6. 図 11.13 の RC 回路において，時刻 $t = 0$ に電圧源 $e(t) = 2e^{-100t}$ [V] を印加する．たたみ込み積分を用いてキャパシタ C の出力電圧 $v(t)$ を求めよ．ただし，回路のパラメータは $R = 2.0\,\text{k}\Omega$, $C = 5.0\,\mu\text{F}$ である．

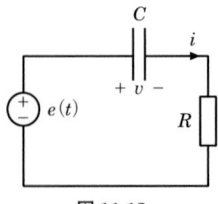

図 11.13

7. 図 11.14 の RL 回路の電流 $i(t)$ のインパルス応答とステップ応答をラプラス変換によって求め，入力が $e(t) = \cos(\omega t + \theta)$ で与えられるとき，電流 $i(t)$ の零状態応答を求めよ．また，$t \to \infty$ のときの電流 $i(t)$ を求めよ．
8. 図 11.15 の回路のインパルス応答を求めよ．ただし，$R = 3\,\Omega$, $L = 1\,\text{H}$, $C =$

演習問題

図 11.14

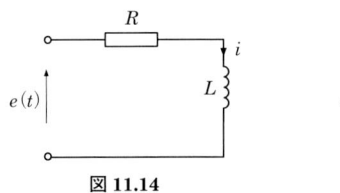

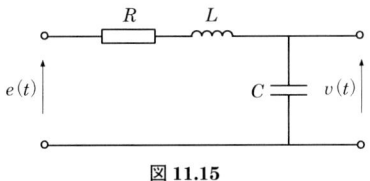

図 11.15

$1/2\,\mathrm{F}$ とする.

9. 図 11.16(a) の回路に図 11.16(b) 波形の電圧 $e(t)$, $t \geq 0$ が印加された. 出力電圧 $v(t)$ を求めよ. ただし, $RC = 1/3$ とする.

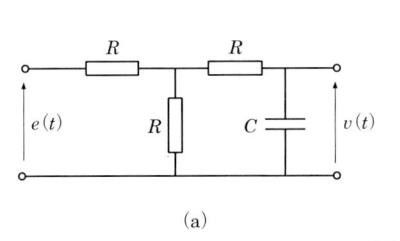

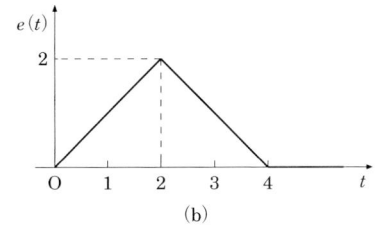

図 11.16

10. 図 11.17(a) の回路に同図 (b) の波形の電圧 $e(t) \geq 0$ が印加された. 出力電圧 $v(t)$ を求めよ. ただし, $RC_1 = 3$, $RC_2 = 2$ とする.

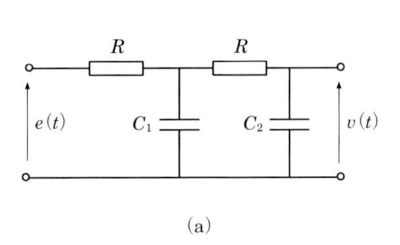

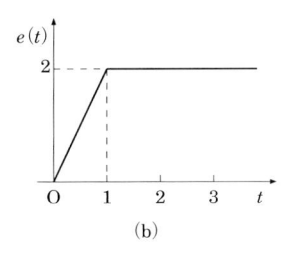

図 11.17

12
散乱行列と集中定数回路

この章では散乱変数を定義し，それを用いて一端子対回路を表現する．次いで，散乱パラメータと回路に出入する電力の関係，整合条件，正規化などを説明する．さらに，二端子対回路の散乱行列を定義し，散乱パラメータの定め方，意味を説明した後，その性質などを述べる．さらに散乱行列とイミタンス行列との関係にも言及する．最後に電圧散乱行列と電流散乱行列の関係を説明し，正規された散乱行列の導出について述べる．

12.1 一端子対回路の表現

これまで一端子対回路や二端子対回路をインピーダンス行列，アドミタンス行列，四端子行列，ハイブリッド行列で表現できることを学んだ．このような行列の各要素は入力端子対や出力対子対を短絡や開放することによって決められる．しかし，周波数が高くなると，電流や電圧を測定すること自体が非常に困難になり，短絡や開放状態を作り出すこともきわめて難しくなる．このような場合には，上記のような行列で回路を表示することは実用的にも適切ではない．そこで，伝送線路理論やマイクロ波回路理論において電力 (power) の流れに着目して定義される散乱行列 (scattering matrix) を用いれば，周波数が高くなってもより万能な回路表現ができる．散乱行列は空間変数をも考慮する分布定数回路の表現に用いられるが，この考え方を集中定数回路の理論に適用する．

図 12.1(a) の一端子対回路 N の端子電圧 V と端子電流 I は，伝送線路理論に倣って，回路 N に入射する電圧と電流および回路 N から反射される電圧と電流から成り立っていると考える．集中定数回路が対象であるから座標（空間変数）はない．したがって，入射や反射する電圧や電流は考えられないが，便宜上，入射・反射する電圧と電流という概念を用いる．入射する電圧と電流に添え字 i (incident の i) を，また反射する電圧と電流に添え字 r (reflected の r)

12.1 一端子対回路の表現

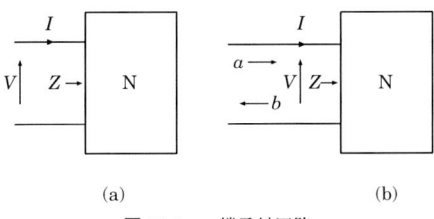

図 12.1 一端子対回路

をつける．すなわち，端子電圧 V や端子電流 I を

$$V = V_i + V_r \tag{12.1-a}$$

$$I = I_i - I_r \tag{12.1-b}$$

と表す．電流の式のマイナス符号は回路 N への入射方向を電流のプラス（＋）方向に定めることによる．ここで，伝送線路の特性インピーダンスに対応する基準インピーダンス（抵抗値）R_0 を定める．基準インピーダンスは取り扱う回路によって定められる．したがって，伝送線路理論により，入射電圧・電流および反射電圧・電流の間には

$$V_i = R_0 I_i \tag{12.2-a}$$

$$V_r = R_0 I_r \tag{12.2-b}$$

が成り立つものとする．式 (12.1) と (12.2) とから，入射電圧・電流と反射電圧・電流が端子電圧 V と端子電流 I により

$$V_i = \frac{1}{2}(V + R_0 I), \quad V_r = \frac{1}{2}(V - R_0 I) \tag{12.3-a}$$

$$I_i = \frac{1}{2R_0}(V + R_0 I), \quad I_r = \frac{1}{2R_0}(V - R_0 I) \tag{12.3-b}$$

と表される．式 (12.3) で電圧の式は

$$V_i = \frac{\sqrt{R_0}}{2}\left(\frac{V}{\sqrt{R_0}} + \sqrt{R_0}\,I\right) \tag{12.4-a}$$

$$V_r = \frac{\sqrt{R_0}}{2}\left(\frac{V}{\sqrt{R_0}} - \sqrt{R_0}\,I\right) \tag{12.4-b}$$

と表すことができる．電流の式も同様に

$$I_i = \frac{1}{2\sqrt{R_0}}\left(\frac{V}{\sqrt{R_0}} + \sqrt{R_0}\,I\right) \tag{12.5-a}$$

$$I_r = \frac{1}{2\sqrt{R_0}}\left(\frac{V}{\sqrt{R_0}} - \sqrt{R_0}\,I\right) \tag{12.5-b}$$

と表すことができる．ここで，新しい変数 a, b を

$$a = \frac{1}{2}\left(\frac{V}{\sqrt{R_0}} + \sqrt{R_0}\,I\right) \qquad (12.6\text{-a})$$

$$b = \frac{1}{2}\left(\frac{V}{\sqrt{R_0}} - \sqrt{R_0}\,I\right) \qquad (12.6\text{-b})$$

によって定義する．したがって，変数 a, b は式 (12.4) と (12.5) により

$$a = \sqrt{R_0}\,I_i = \frac{V_i}{\sqrt{R_0}} \qquad (12.7\text{-a})$$

$$b = \sqrt{R_0}\,I_r = \frac{V_r}{\sqrt{R_0}} \qquad (12.7\text{-b})$$

と表される．2つの変数 a, b は散乱変数（scattering variables）とよばれ，それぞれ入射電圧・電流，反射電圧・電流に関わる変数であることがわかる．変数 a および b をそれぞれ自乗した値 $|a|^2$ および $|b|^2$ の単位は電力の単位になる．変数 a を入射変数（incident variable），b を反射変数（reflected variable）とよび，いずれも電力に対応する量と考えることができる．つまり，図 12.1(b) に示すように，a は回路 N に入る電力，b は N から出る電力に想定すればよい．図 12.1(a) のように，一端子対回路 N の駆動点インピーダンスを Z とすれば，$V = ZI$ が成り立つから b と a との比は

$$s = \frac{b}{a} = \frac{V_r}{V_i} = \frac{I_r}{I_i} = \frac{V - R_0 I}{V + R_0 I} = \frac{Z - R_0}{Z + R_0} \qquad (12.8)$$

となる．ここに，s を散乱パラメータ（scattering parameter）という．とくに，反射に注目する場合は反射係数（reflection coefficient）とよび，記号 ρ を用いる．駆動点インピーダンス Z が基準インピーダンス R_0 に等しいとき，$s = 0$ となり N からの反射はなくなり，入射電力（incident power）のみになる．

12.1.1 電力と散乱パラメータ

ここで電力と散乱パラメータの関係をみておく．式 (12.6) から

$$V = \sqrt{R_0}\,(a+b) \qquad (12.9\text{-a})$$

$$I = (a-b)/\sqrt{R_0} \qquad (12.9\text{-b})$$

であるから，有効電力 P は

$$P = \mathrm{Re}(V\bar{I}) = \mathrm{Re}\{(a+b)(\bar{a}-\bar{b})\} = |a|^2 - |b|^2 \qquad (12.10)$$

と表すことができる．ただし，記号 $\bar{I}$ は I の複素共役値を表す．ここで $|a|^2$ は入射電力，$|b|^2$ は反射電力（reflected power）である．抵抗を含む回路では $P > 0$，インダクタやキャパシタのみから成る回路では $P = 0$ が成り立つ．すなわち，回路において $P \geq 0$ が成り立つとき，これを受動性（passivity）の条件という．$P = 0$ のとき，入射電力は反射電力に等しい．すなわち，回路は無

損失（lossless）回路である．散乱パラメータ s を用いると
$$P = |a|^2(1-|s|^2) \tag{12.11}$$
となる．したがって，受動性の条件 $P \geq 0$ は，$|s| \leq 1$ と書き換えることができる．

ここで，図 12.2(a) 抵抗素子 R と図 12.2(b) のインダクタ L に角周波数 ω の正弦波交流をかけたときのエネルギーの流れを散乱変数によって考察してみる．抵抗素子 R の場合，$V = RI$ である．散乱変数 a, b の方向を図 12.2(a) のように定める．基準インピーダンスを $R_0 = R$ にとる．式 (12.6) より

$$|a|^2 = \frac{1}{4}\left\{\frac{|V|^2}{R} + (V\bar{I} + \bar{V}I) + R|I|^2\right\} = R|I|^2 \tag{12.12}$$

となる．これは抵抗 R で消費される電力を表し，それだけの電力が抵抗に送られている（入射する）ことを示している．一方，

$$|b|^2 = \frac{1}{4}\left\{\frac{|V|^2}{R} - (V\bar{I} + \bar{V}I) + R|I|^2\right\} = 0 \tag{12.13}$$

となる．これは抵抗 R から送り返される（反射する）電力は存在しないことを示している．つまり，これら 2 つの式から抵抗素子では電力は消費されるだけであることがわかる．

同様にして，図 12.2(b) のインダクタ L の場合，$V = j\omega LI$ である．基準インピーダンスを $R_0 = \omega L$ にとると

$$|a|^2 = \frac{1}{4}\left\{\frac{|V|^2}{\omega L} + (V\bar{I} + \bar{V}I) + \omega L|I|^2\right\} = \frac{1}{2}\omega L|I|^2 \tag{12.14}$$

となる．一方，

$$|b|^2 = \frac{1}{4}\left\{\frac{|V|^2}{\omega L} - (V\bar{I} + \bar{V}I) + \omega L|I|^2\right\} = \frac{1}{2}\omega L|I|^2 \tag{12.15}$$

となり，$|a|^2$ と同じ大きさになる．したがって，$P = 0$ となりインダクタの場合，電力の消費がないことがわかる．このように散乱変数を用いると電力の流れを容易に捉えることができる．

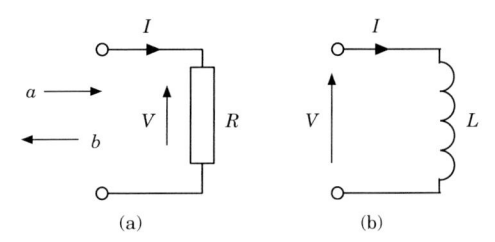

図 12.2 抵抗 R とインダクタ L の散乱変数

12.1.2 整合条件と電力

図 12.3 のように,内部抵抗 r の電圧源 E が駆動点抵抗 R の回路 N に接続されている.これ以後,電圧源の図記号は直流または正弦波交流電源を表すものとする.このとき,基準抵抗を R_0 とすれば,散乱変数 a, b は

$$a = \frac{1}{2}\left(\frac{V}{\sqrt{R_0}} + \sqrt{R_0}\, I\right) = \frac{E}{2\sqrt{R_0}}\left(1 + \frac{R_0 - r}{r + R}\right) \qquad (12.16\text{-a})$$

$$b = \frac{1}{2}\left(\frac{V}{\sqrt{R_0}} - \sqrt{R_0}\, I\right) = \frac{E}{2\sqrt{R_0}}\left(1 - \frac{R_0 + r}{r + R}\right) \qquad (12.16\text{-b})$$

となる.ここで,基準抵抗を $R_0 = r$ にとれば

$$a = \frac{E}{2\sqrt{r}}, \quad b = \frac{E}{2\sqrt{r}}\frac{R - r}{r + R} \qquad (12.17)$$

となる.これは反射電力が存在していることを示している.ここで $R = r$ にとれば,$b = 0$ となる.よって,反射電力は存在せず整合 (matching) がとれていることを示している.散乱パラメータ $s = 0$ となるから

$$P = |a|^2 = \frac{E^2}{4r} \qquad (12.18)$$

となる.これは内部抵抗 r の電圧源 E から取り出し得る最大の電力で,最大有能電力 (maximam available power) という.

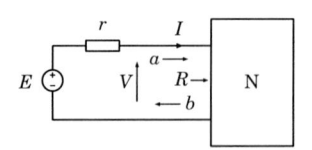

図 12.3 電源を含めた一端子対回路

12.1.3 正 規 化

式 (12.6) の散乱変数の表現で,右辺の $\sqrt{R_0}$ は目障りであり混乱をまねくかも知れないので,これが表れない表現をすることができる.すなわち,

$$V_n = \frac{V}{\sqrt{R_0}}, \quad I_n = \sqrt{R_0}\, I \qquad (12.19)$$

と置く.添え字 n は正規化 (normalized) の意味である.これにより,散乱変数は

$$a = \frac{1}{2}(V_n + I_n), \quad b = \frac{1}{2}(V_n - I_n) \qquad (12.20)$$

と表される.正規化されたインピーダンスを $Z_n = Z/R_0$ で定義すれば,反射係数は

$$\rho = \frac{b}{a} = \frac{V_n - I_n}{V_n + I_n} = \frac{Z_n - 1}{Z_n + 1} \tag{12.21}$$

となる．式 (12.20) と (12.21) から，正規化された電圧・電流と正規化されたインピーダンスは

$$V_n = a + b, \quad I_n = a - b, \quad Z_n = \frac{1+\rho}{1-\rho} \tag{12.22}$$

で表される．

式 (12.19) より複素電力は $W = V(\mathrm{j}\omega)\overline{I(\mathrm{j}\omega)} = V_n(\mathrm{j}\omega)\overline{I_n(\mathrm{j}\omega)}$ となるから，電圧と電流が正規化されても，電力の表示は変わらないことがわかる．

12.2　二端子対回路の表現

12.2.1　散乱行列

一端子対回路では散乱パラメータはスカラ s で定義された．二端子対回路では散乱パラメータは 2 行 2 列の行列 $\boldsymbol{S}$ で定義される．図 12.4 のように二端子対回路 N に一次側に電圧源 E_1，抵抗 R_1 が接続され，二次側は抵抗 R_2 で終端されている．一次側，二次側端子対からみた回路 N の入力インピーダンスをそれぞれ Z_1, Z_2，一次側，二次側の基準インピーダンスをそれぞれ R_{01}, R_{02} とする．

一次側の入射変数を a_1，反射変数を b_1，二次側の入射変数を a_2，反射変数を b_2 とし，一端子対回路の場合と同様に一次側，二次側の散乱変数をそれぞれ

$$a_1 = \frac{1}{2}\left(\frac{V_1}{\sqrt{R_{01}}} + \sqrt{R_{01}}\,I_1\right), \quad b_1 = \frac{1}{2}\left(\frac{V_1}{\sqrt{R_{01}}} - \sqrt{R_{01}}\,I_1\right) \tag{12.23-a}$$

$$a_2 = \frac{1}{2}\left(\frac{V_2}{\sqrt{R_{02}}} + \sqrt{R_{02}}\,I_2\right), \quad b_2 = \frac{1}{2}\left(\frac{V_2}{\sqrt{R_{02}}} - \sqrt{R_{02}}\,I_2\right) \tag{12.23-b}$$

で定義する．両端子対の入射変数と反射変数の関係を

$$b_1 = s_{11}a_1 + s_{12}a_2 \tag{12.24-a}$$
$$b_2 = s_{21}a_1 + s_{22}a_2 \tag{12.24-b}$$

で表す．ここに，係数 $s_{ij}\,(i, j = 1, 2)$ は

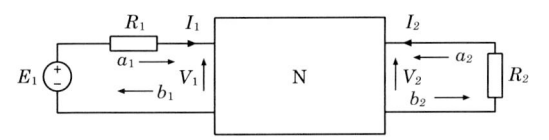

図 12.4　散乱係数 s_{11} と s_{21} を決定する回路

$$s_{11} = \left.\frac{b_1}{a_1}\right|_{a_2=0}, \quad s_{12} = \left.\frac{b_1}{a_2}\right|_{a_1=0}$$

$$s_{21} = \left.\frac{b_2}{a_1}\right|_{a_2=0}, \quad s_{22} = \left.\frac{b_2}{a_2}\right|_{a_1=0} \tag{12.25}$$

で与えられる．それぞれのパラメータは入射変数に対する反射変数の比である．式 (12.24) は行列とベクトルにより，

$$\bm{b} = S\bm{a} \tag{12.26}$$

と表される．ただし，

$$\bm{a} = \begin{bmatrix} a_1 \\ a_2 \end{bmatrix}, \quad \bm{b} = \begin{bmatrix} b_1 \\ b_2 \end{bmatrix}, \quad S = \begin{bmatrix} s_{11} & s_{12} \\ s_{21} & s_{22} \end{bmatrix} \tag{12.27}$$

である．S を散乱行列 (scattering matrix)，$\bm{b}$ を反射変数ベクトル，$\bm{a}$ を入射変数ベクトルという．

（a）パラメータ s_{11} と s_{22} の決定

まず，対角要素 s_{11} と s_{22} を定める．図 12.4 より条件 $a_2 = 0$ は，式 (12.23) により，$V_2/(-I_2) = R_{02}$ と表される．一方，二次側端子対は抵抗 R_2 で終端されているから，電流 I_2 の方向に注意すれば，$V_2/(-I_2) = R_2$ である．これより，$R_{02} = R_2$ を得る．すなわち，条件 $a_2 = 0$ は二次側の基準インピーダンス R_{02} を R_2 にとることを意味する．同様に図 12.5 より，$a_1 = 0$ は $R_{01} = R_1$，すなわち基準インピーダンス R_{01} を抵抗 R_1 にとることを意味している．したがって

$$s_{11} = \left.\frac{b_1}{a_1}\right|_{R_{02}=R_2} = \frac{V_1 - R_1 I_1}{V_1 + R_1 I_1} = \frac{Z_1 - R_1}{Z_1 + R_1} \tag{12.28}$$

となる．ただし，$Z_1 = V_1/I_1$．これは一次側端子対での反射係数である．

同様にして，図 12.5 において

$$s_{22} = \left.\frac{b_2}{a_2}\right|_{R_{01}=R_1} = \frac{Z_2 - R_2}{Z_2 + R_2} \tag{12.29}$$

が得られる．ただし，$Z_2 = V_2/I_2$．これは二次側端子対の反射係数を表す．

（b）パラメータ s_{21} と s_{12} の決定

図 12.4 より，非対角要素 s_{21} と s_{12} を定めると

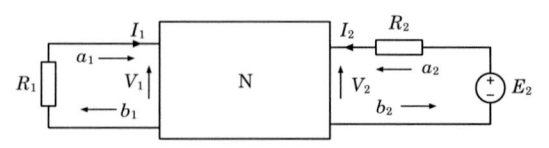

図 12.5 散乱係数 s_{22} と s_{12} を決定する回路

$$s_{21} = \left.\frac{b_2}{a_1}\right|_{R_{02}=R_2} = \sqrt{\frac{R_1}{R_2}}\frac{V_2-R_2I_2}{V_1+R_1I_1} = 2\sqrt{\frac{R_1}{R_2}}\frac{V_2}{E_1} \qquad (12.30)$$

となる．すなわち，パラメータ s_{21} は電源電圧 E_1 に対する出力電圧 V_2 の比に比例した量を表し，伝達電圧係数 (transmission voltage coefficient) とよばれる．このパラメータの絶対値は

$$|s_{21}|^2 = 4\frac{R_1}{R_2}\frac{|V_2(\mathrm{j}\omega)|^2}{|E_1|^2} = \frac{P_2}{P_{\max 1}} \qquad (12.31)$$

と表すことができる．ただし，$P_2 = |V_2|^2/R_2$, $P_{\max 1} = |E_1|^2/(4R_1)$ である．すなわち，s_{21} の絶対値は一次側の最大有能電力に対する二次側電力との比を表す．同様に考えて，

$$s_{12} = \left.\frac{b_1}{a}\right|_{R_{01}=R_1} = 2\sqrt{\frac{R_2}{R_1}}\frac{V_1}{E_2} \qquad (12.32)$$

となる．このパラメータ s_{12} は二次側電圧源 E_2 に対する一次側電圧 V_1 の比に比例した量を表し，二次側から一次側をみているから逆伝達電圧係数 (inverse transmission voltage coefficient) とよばれる．

12.2.2 散乱行列とインミタンス行列の関係

散乱行列の要素をインミタンス行列の要素で表す．一次，二次側の端子対電圧をそれぞれ V_1, V_2，一次，二次側の端子対電流をそれぞれ I_1, I_2 とする．二端子対回路は相反性をもつものとする．

(a) インピーダンス行列

いま，(開放) インピーダンス行列を $\boldsymbol{Z} = \{z_{ij}\}$ で表せば，

$$V_1 = z_{11}I_1 + z_{12}I_2 \qquad (12.33\text{-a})$$
$$V_2 = z_{21}I_1 + z_{22}I_2, \quad z_{21} = z_{12} \qquad (12.33\text{-b})$$

が成り立つ．いま，散乱パラメータ s_{ij} をインピーダンス行列の要素 z_{ij} で表すことを考える．式 (12.23) から

$$V_1 = \sqrt{R_{01}}\,(a_1+b_1), \quad I_1 = (a_1-b_1)/\sqrt{R_{01}} \qquad (12.34\text{-a})$$
$$V_2 = \sqrt{R_{02}}\,(a_2+b_2), \quad I_2 = (a_2-b_2)/\sqrt{R_{02}} \qquad (12.34\text{-b})$$

である．

パラメータ s_{11}, s_{21} の決定

$a_2 = 0$ と置けば，式 (12.34-b) より $V_2 = \sqrt{R_{02}}\,b_2$, $I_2 = -b_2/\sqrt{R_{02}}$ であるから，これらと式 (12.34-a) とを式 (12.33) に代入すれば

$$(1+z_{n11})b_1 + z_{n12}b_2 = (z_{n11}-1)a_1 \qquad (12.35\text{-a})$$
$$z_{n21}b_1 + (1+z_{n22})b_2 = z_{n21}a_1 \qquad (12.35\text{-b})$$

となる．これより

$$s_{11} = b_1/a_1|_{a_2=0} = \{(z_{n11}-1)(z_{n22}+1) - z_{n12}z_{n21}\}/\Delta \quad (12.36\text{-a})$$
$$s_{21} = b_2/a_1|_{a_2=0} = 2z_{n21}/\Delta \quad (12.36\text{-b})$$

ただし，

$$z_{n11} = z_{11}/R_{01}, \quad z_{n22} = z_{22}/R_{02}, \quad z_{n12} = z_{12}/\sqrt{R_{01}R_{02}} = z_{n21}$$
$$\Delta = (1+z_{n11})(1+z_{n22}) - z_{n12}z_{n21}$$

である．

パラメータ s_{12} と s_{22} の決定

同様にして，式 (12.34) で $a_1 = 0$ と置けば $V_1 = \sqrt{R_{01}}b_1$, $I_1 = -b_1/\sqrt{R_{01}}$ であるから，

$$(1+z_{n11})b_1 + z_{n12}b_2 = z_{n12}a_2 \quad (12.37\text{-a})$$
$$z_{n21}b_1 + (1+z_{n22})b_2 = (z_{n22}-1)a_2 \quad (12.37\text{-b})$$

が得られ，

$$s_{12} = b_1/a_2|_{a_1=0} = 2z_{n12}/\Delta \quad (12.38\text{-a})$$
$$s_{22} = b_2/a_2|_{a_1=0} = \{(z_{n11}+1)(z_{n22}-1) - z_{n12}z_{n21}\}/\Delta \quad (12.38\text{-b})$$

となる．容易にわかるように，$s_{12} = s_{21}$ であるから，S は対称行列になる．

(b) アドミタンス行列

(短絡) アドミタンス行列 $Y = (y_{ij})$ についても同様に

$$I_1 = y_{11}V_1 + y_{12}V_2 \quad (12.39\text{-a})$$
$$I_2 = y_{21}V_1 + y_{22}V_2, \quad y_{21} = y_{12} \quad (12.39\text{-b})$$

が成り立つ．

パラメータ s_{11}, s_{21} の決定

$a_2 = 0$ と置けば

$$(1+y_{n11})b_1 + y_{n12}b_2 = (1-y_{n11})a_1 \quad (12.40\text{-a})$$
$$y_{n21}b_1 + (1+y_{n22})b_2 = -y_{n21}a_1 \quad (12.40\text{-b})$$

が得られる．これより

$$s_{11} = b_1/a_1|_{a_2=0} = \{(1-y_{n11})(1+y_{n22}) + y_{n12}y_{n21}\}/\Delta \quad (12.41\text{-a})$$
$$s_{21} = b_2/a_1|_{a_2=0} = -2y_{n21}/\Delta \quad (12.41\text{-b})$$

ただし，

$$y_{n11} = y_{11}R_{01}, \quad y_{n22} = y_{22}R_{02}, \quad y_{n12} = y_{12}\sqrt{R_{01}R_{02}} = y_{n21}$$
$$\Delta = (1+y_{n11})(1+y_{n22}) - y_{n12}y_{n21}$$

である．

12.2 二端子対回路の表現

パラメータ s_{12} と s_{22} の決定

同様にして，$a_1 = 0$ と置けば

$$(1+y_{n11})\,b_1 + y_{n12}b_2 = -y_{n12}a_2 \qquad (12.42\text{-a})$$

$$y_{n21}b_1 + (1+y_{n22})\,b_2 = (1-y_{n22})\,a_2 \qquad (12.42\text{-b})$$

が得られ，

$$s_{12} = b_1/a_2|_{a_1=0} = -2y_{n12}/\Delta \qquad (12.43\text{-a})$$

$$s_{22} = b_2/a_2|_{a_1=0} = \{(y_{n11}+1)(1-y_{n22})+y_{n12}y_{n21}\}/\Delta \qquad (12.43\text{-b})$$

となる．容易にわかるように，$s_{12} = s_{21}$，すなわち S は対称行列である．

（c） 理想変成器の散乱パラメータ

周知のように，理想変成器はインピーダンス行列やアドミタンス行列による表現をもたないが，散乱行列による表現をもつ．図 **12.6** の理想変成器の散乱パラメータを求めてみる．ただし，R_{01}, R_{02} をそれぞれ一次，二次側の基準インピーダンスとする．

理想変成器の電圧と電流は

$$V_2 = nV_1 \qquad (12.44\text{-a})$$

$$I_2 = -\frac{1}{n}I_1 \qquad (12.44\text{-b})$$

で規定される．式 (12.34) を式 (12.44) に代入して，整理すると

$$s_{11} = \frac{R_{02}-n^2R_{01}}{R_{02}+n^2R_{01}}, \quad s_{12} = \frac{2n\sqrt{R_{01}R_{02}}}{R_{02}+n^2R_{01}}$$

$$s_{21} = \frac{2n\sqrt{R_{01}R_{02}}}{R_{02}+n^2R_{01}}, \quad s_{22} = \frac{n^2R_{01}-R_{02}}{R_{02}+n^2R_{01}}$$

が得られる．基準インピーダンスを $R_{01} = R_{02} = 1\,\Omega$ とすれば

$$s_{11} = \frac{1-n^2}{1+n^2}, \quad s_{12} = \frac{2n}{1+n^2}$$

$$s_{21} = \frac{2n}{1+n^2} = s_{12}, \quad s_{22} = \frac{n^2-1}{1+n^2} = -s_{11}$$

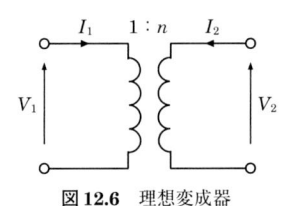

図 12.6 理想変成器

となる．

（d） インピーダンス行列の存在しない回路の散乱行列

図 12.7(a) 回路の散乱パラメータを求める．図 12.7(a) の回路では
$$V_1 = ZI_1 + V_2, \quad I_1 = -I_2 \tag{12.45}$$
が成り立つ．パラメータ s_{11} と s_{21} を求めるために，式 (12.34-b) で $a_2 = 0$ と置いた式を式 (12.45) に代入し整理すれば

$$(1+Z/R_{01})b_1 - \sqrt{R_{02}/R_{01}}\,b_2 = (Z/R_{01}-1)a_1 \tag{12.46-a}$$
$$b_1 + \sqrt{R_{01}/R_{02}}\,b_2 = a_1 \tag{12.46-b}$$

を得る．これより
$$s_{11} = \frac{Z+R_{02}-R_{01}}{Z+R_{02}+R_{01}}, \quad s_{21} = \frac{2\sqrt{R_{01}R_{02}}}{Z+R_{02}+R_{01}}$$

パラメータ s_{11} は，図 12.7(b) のように，入力インピーダンスが $Z+R_{02}$ の回路の端子対 1-1' での反射係数と等価である．同様にして
$$s_{22} = \frac{Z+R_{01}-R_{02}}{Z+R_{01}+R_{02}}, \quad s_{12} = \frac{2\sqrt{R_{01}R_{02}}}{Z+R_{01}+R_{02}}$$

ここに，$s_{12} = s_{21}$ が成り立つことがわかる．

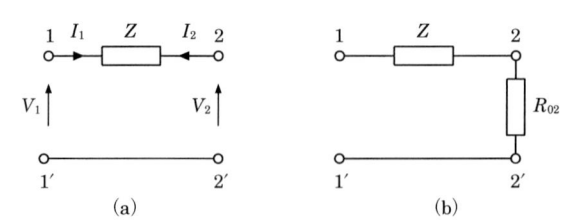

図 12.7 インピーダンス行列の存在しない回路

12.2.3 散乱行列の性質

（a） 受動性

図 12.4 の二端子対回路 N の電圧ベクトルを $\boldsymbol{V} = [V_1\ V_2]^T$，電流ベクトルを $\boldsymbol{I} = [I_1\ I_2]^T$ とする．入力される複素電力は
$$W = \boldsymbol{I}^*\boldsymbol{V} = (\boldsymbol{a}-\boldsymbol{b})^*(\boldsymbol{a}+\boldsymbol{b})$$
$$= (\boldsymbol{a}^*\boldsymbol{a} - \boldsymbol{b}^*\boldsymbol{b}) + (\boldsymbol{a}^*\boldsymbol{b} - \boldsymbol{b}^*\boldsymbol{a}) \tag{12.47}$$

となる．ここに，記号 * は共役転置を意味する．また，$\boldsymbol{a}^*\boldsymbol{b} = \overline{\boldsymbol{b}^*\boldsymbol{a}}$ であるから，式 (12.47) の第 2 括弧の項は純虚数である．したがって，有効電力 P は $\boldsymbol{b}^* = \boldsymbol{a}^*\boldsymbol{S}^*$ に注意して

$$P = \mathrm{Re}(W) = \boldsymbol{a}^*\boldsymbol{a} - \boldsymbol{b}^*\boldsymbol{b} = \boldsymbol{a}^*(\boldsymbol{1} - \boldsymbol{S}^*\boldsymbol{S})\boldsymbol{a} \tag{12.48}$$

と表される.この式は,二端子対回路に送られる電力と返される電力の差が二端子対回路で消費される有効電力 P であることを表現している.二端子対回路 N は受動回路であるから,$P \geq 0$ である.いま,

$$\boldsymbol{A} = \boldsymbol{1} - \boldsymbol{S}^*\boldsymbol{S} \tag{12.49}$$

と置くと,

$$\boldsymbol{A}^* = (\boldsymbol{1} - \boldsymbol{S}^*\boldsymbol{S})^* = \boldsymbol{1} - (\boldsymbol{S}^*\boldsymbol{S})^* = \boldsymbol{1} - \boldsymbol{S}^*\boldsymbol{S} = \boldsymbol{A} \tag{12.50}$$

であるから,行列 $\boldsymbol{A}$ はエルミート行列(Hermitian matrix)である.すなわち,対角要素については,$a_{ii} = \bar{a}_{ii}(i=1,2)$ が成り立つから,対角要素は実数である.したがって,受動性の条件 $P \geq 0$ から,$\boldsymbol{A}$ は半正値(positive semidefinite)であることがわかる.したがって,主座余因子(principal cofacter)が非負であるから,

$$a_{jj} = 1 - \sum_{i=1}^{2} s_{ij}\overline{s_{ij}} = 1 - \sum_{i=1}^{2} |s_{ij}|^2 \geq 0 \quad (j=1,2) \tag{12.51}$$

と表される.したがって,

$$|s^{ij}| \leq 1 \quad (i,j=1,2) \tag{12.52}$$

という条件が得られる.これは二端子対回路 N が受動回路であるという条件から生じる散乱行列の要素に対する制約である.すなわち,反射係数や伝達電圧係数,逆伝達電圧係数の絶対値は 1 を超えることはない.

(b) 無損失の場合

二端子対回路 N が無損失である場合には電力の消費はないから,$P=0$ である.このことは,式 (12.48) の 2 次形式が零でないすべての $\boldsymbol{a}$ に対しても成り立つから,$\boldsymbol{A} = \boldsymbol{0}$,すなわち,$\boldsymbol{S}^*\boldsymbol{S} = \boldsymbol{1}$ である.これから $\boldsymbol{S}^* = \boldsymbol{S}^{-1}$,したがって $\boldsymbol{S}\boldsymbol{S}^* = \boldsymbol{1}$ である.すなわち,無損失の二端子対回路の散乱行列 $\boldsymbol{S}$ はユニタリー行列(unitary matrix)である.したがって,要素の間には $\boldsymbol{S}^*\boldsymbol{S} = \boldsymbol{1}$ により

$$|s_{11}|^2 + |s_{21}|^2 = 1, \quad |s_{12}|^2 + |s_{22}|^2 = 1 \tag{12.53-a}$$

$$\overline{s_{11}}s_{12} + \overline{s_{21}}s_{22} = 0, \quad \overline{s_{12}}s_{11} + \overline{s_{22}}s_{21} = 0 \tag{12.53-b}$$

が成り立つ.式 (12.53-b) の第 1 式と第 2 式は複素共役である.したがって,式 (12.53) の 3 つの式が独立な式である.

また,$\boldsymbol{S}\boldsymbol{S}^* = \boldsymbol{1}$ であるから

$$|s_{11}|^2 + |s_{12}|^2 = 1, \quad |s_{21}|^2 + |s_{22}|^2 = 1 \tag{12.54-a}$$

$$s_{11}\overline{s_{21}} + s_{12}\overline{s_{22}} = 0, \quad s_{21}\overline{s_{11}} + s_{22}\overline{s_{12}} = 0 \tag{12.54-b}$$

が成り立つ．同様に式 (12.54) の 3 つの式が独立な式である．式 (12.53) と (12.54) のそれぞれの第 1 式から

$$|s_{12}| = |s_{21}| \tag{12.55}$$

が成り立つことがわかる．したがって，これは伝達係数と逆伝達係数の大きさが等しいことを示している．この式は，二端子対回路 N が相反回路であれば当然成り立つが，非相反回路であっても成り立つことに注意する．また，式 (12.55) を考慮すると，式 (12.53) から

$$|s_{11}| = |s_{22}| \tag{12.56}$$

が得られる．すなわち，無損失二端子対回路に対しては，その相反性に関わらず，2 つの端子対への反射係数の大きさは等しい．

12.3 散乱行列の表現

12.3.1 電圧散乱行列と電流散乱行列

一端子対回路では散乱パラメーターは $s = b/a$ で定義され，$s = \rho = V_r/V_i = I_r/I_i$ と表記でき，電圧反射係数と電流反射係数が等しいことを示した．この節では，図 12.8 の二端子対回路 N の電圧散乱行列 $\boldsymbol{S}_V$ と電流散乱行列 $\boldsymbol{S}_I$ を定義し，それらの関係について説明する．二端子対回路 N の一次側，二次側の基準インピーダンスを行列

$$\boldsymbol{R}_0 = \mathrm{diag}[R_{01}, R_{02}] \quad R_{01}, R_{02} > 0 \tag{12.57}$$

で表す．同様に，一次側，二次側ともそれぞれ抵抗 R_1, R_2 で終端されているから，これらの抵抗行列を

$$\boldsymbol{R} = \mathrm{diag}[R_1, R_2] \quad R_1, R_2 > 0 \tag{12.58}$$

で定義する．いま，基準インピーダンス行列 $\boldsymbol{R}_0$ を抵抗行列 $\boldsymbol{R}$ にとる．すなわち

$$\boldsymbol{R}_0 = \boldsymbol{R} \tag{12.59}$$

とする．また，$\boldsymbol{V} = [V_1 \ V_2]^T, \boldsymbol{I} = [I_1 \ I_2]^T$ をそれぞれ一次側，二次側端子対の電圧と電流を要素とする電圧ベクトルと電流ベクトル，二端子対回路 N の開

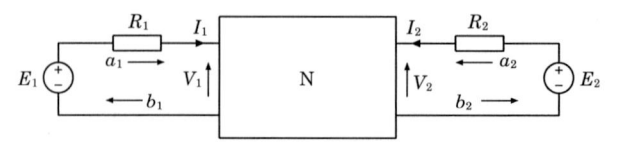

図 12.8 二端子対回路と散乱変数

放インピーダンス行列 Z とすれば
$$V = ZI \tag{12.60}$$
が成り立つ．

（a） 電圧散乱行列 S_V

いま，電圧散乱行列 S_V を
$$V_r = S_V V_i \tag{12.61}$$
で定義する．ここに，V_r と V_i はそれぞれ入射電圧ベクトルと反射電圧ベクトルである．これらのベクトルはそれぞれ反射電流ベクトル I_r，入射電流ベクトル I_i によって
$$V_r = R_0 I_r = R I_r, \quad V_i = R_0 I_i = R I_i \tag{12.62}$$
と定義される．一方，
$$V = V_i + V_r, \quad I = I_i - I_r = R^{-1}(V_i - V_r) \tag{12.63}$$
であるから，式 (12.60) と式 (12.62) と条件 (12.59) を考慮すると
$$ZI = V_i + V_r \tag{12.64}$$
$$RI = V_i - V_r \tag{12.65}$$
となる．この2式から I の消去して式 (12.61) の S_V を求める．ベクトル I の消去の仕方により異なる表現，たとえば
$$S_V = R(Z+R)^{-1}(Z-R)R^{-1} = (Z-R)(Z+R)^{-1} \tag{12.66}$$
によって電圧散乱行列が求められる[1]．なお，行列 $R(Z+R)^{-1}$ と $(Z-R)R^{-1}$ は交換可能である．なぜなら，式 (12.66) の第2式の積の順序を交換すれば
$$(Z-R)R^{-1}R(Z+R)^{-1} = (Z-R)(Z+R)^{-1} \tag{12.67}$$
となり，式 (12.66) の第3式に等しくなるからである．

また，電圧入射ベクトル V_i と電圧反射ベクトル V_r は電流ベクトル I によって
$$V_i = \frac{1}{2}(Z+R)I \tag{12.68}$$
$$V_r = \frac{1}{2}(Z-R)I \tag{12.69}$$
と表される．

---

1) 第2式から第3式を直接導く．
$R(Z+R)^{-1}(Z-R)R^{-1} = R(Z+R)^{-1}(Z+R-2R)R^{-1}$
$= \{R(Z+R)^{-1}(Z+R) - 2R(Z+R)^{-1}\}R^{-1} = \{1 \cdot R - 2R(Z+R)^{-1}\}R^{-1}$
$= \{(Z+R)(Z+R)^{-1}R - 2R(Z+R)^{-1}R\}R^{-1} = (Z+R-2R)(Z+R)^{-1}RR^{-1}$
$= (Z-R)(Z+R)^{-1}$

(b) 電流散乱行列 S_I

いま，電流散乱行列 S_I を

$$I_r = S_I I_i \tag{12.70}$$

で定義する．式 (12.63) は

$$R^{-1}ZI = I_i + I_r, \quad I = I_i - I_r \tag{12.71}$$

となるから，この両者から I を消去して式 (12.70) の S_I を求める．消去の仕方により異なる表現

$$S_I = R^{-1}(Z-R)(Z+R)^{-1}R = (Z+R)^{-1}(Z-R) \tag{12.72}$$

が得られる[2]．

電圧散乱行列 S_V と電流散乱行列 S_I を比較すると明らかなように，行列 $(Z+R)^{-1}$ と $(Z-R)$ との積の順序が異なっている．したがって，

$$S_V \ne S_I \tag{12.73}$$

である．ここで

$$\begin{aligned} S_V R &= (Z-R)(Z+R)^{-1}R \\ &= RR^{-1}(Z-R)(Z+R)^{-1}R \\ &= RS_I \end{aligned} \tag{12.74}$$

となる．したがって，$S_V R$ あるいは RS_I を二端子対回路 N の散乱行列と定義し

$$S = S_V R = RS_I \tag{12.75}$$

で表す．

また，入射電流ベクトルと反射電流ベクトルは

$$I_i = \frac{1}{2}R^{-1}(Z+R)I, \quad I_r = \frac{1}{2}R^{-1}(Z-R)I \tag{12.76}$$

によって与えられる．

12.3.2 正 規 化

ここで，一次側と二次側の基準インピーダンス R_{01}, R_{02} をそれぞれ一次側と二次側の抵抗 R_1 と R_2 にとっているから，$Z+R$ は図 12.9 の回路 N を含む破線内の拡大された二端子対回路 N′ の電圧源端子対からみた開放インピーダンス行列である．したがって，逆行列 $Y = (Z+R)^{-1}$ は回路 N′ の短絡アドミタンス行列である．これを用いると電圧散乱行列は

---

[2] 第2式から第3式を直接導く．
$R^{-1}(Z-R)(Z+R)^{-1}R = R^{-1}(Z+R-2R)(Z+R)^{-1}R$
$= R^{-1}\{R\cdot 1 - 2R(Z+R)^{-1}R\} = R^{-1}\{R(Z+R)^{-1}(Z+R) - 2R(Z+R)^{-1}R\}$
$= R^{-1}R(Z+R)^{-1}(Z+R-2R) = (Z+R)^{-1}(Z-R)$

12.3 散乱行列の表現

図 12.9

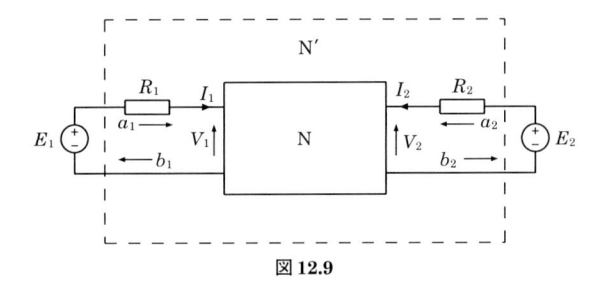

$$S_V = R(Z+R)^{-1}(Z-R)R^{-1}$$
$$= RY(Y^{-1}-2R)R^{-1}$$
$$= 1-2RY$$

と表現できる．同様に電流散乱行列についても

$$S_I = 1-2YR$$

となる．したがって，式 (12.75) に左右から $R^{-\frac{1}{2}}$ を乗じた式を S_n と置くと回路 N′ の短絡アドミタンス行列により

$$S_n = R^{-\frac{1}{2}}S_V R^{\frac{1}{2}} = R^{\frac{1}{2}}S_I R^{-\frac{1}{2}} = 1-2R^{\frac{1}{2}}YR^{\frac{1}{2}} \tag{12.77}$$

となる．行列 S_n は正規化された散乱行列 (normalized scattering matrix) である．いま，$V_i = RI_i$ であるから，この式は $R^{-\frac{1}{2}}V_i = R^{\frac{1}{2}}I_i$ と表すことができる．これを用いて正規化された散乱変数ベクトルを

$$a_n = R^{\frac{1}{2}}I_i = R^{-\frac{1}{2}}V_i \tag{12.78-a}$$
$$b_n = R^{\frac{1}{2}}I_r = R^{-\frac{1}{2}}V_r \tag{12.78-b}$$

で定義すれば

$$b_n = S_n a_n \tag{12.79}$$

が成り立つ．

ここで，電圧ベクトル V，電流ベクトル I を正規化し

$$V_n = R^{-\frac{1}{2}}V, \quad I_n = R^{\frac{1}{2}}I \tag{12.80}$$

と置く．ただし，V_n, I_n はそれぞれ正規化された電圧ベクトル，電流ベクトルである．これにより

$$V_n = a_n + b_n, \quad I_n = a_n - b_n \tag{12.81}$$
$$a_n = \frac{1}{2}(V_n + I_n), \quad b_n = \frac{1}{2}(V_n - I_n) \tag{12.82}$$

と表すことができる．

12.3.3 散乱行列とインミタンス行列の関係

ここで散乱行列とインミタンス行列の関係を求める．すなわち，開放インピーダンス行列 Z と短絡アドミタンス行列 Y の正規化開放インピーダンス行列を Z_n，正規化短絡アドミタンス行列 Z_n をそれぞれ

$$Z_n = R^{-\frac{1}{2}} Z R^{-\frac{1}{2}}, \quad Y_n = R^{\frac{1}{2}} Y R^{\frac{1}{2}}, \quad Y = Z^{-1} \quad (12.83)$$

で定義する．ここに，R は基準インピーダンス行列である．ここで

$$R^{-\frac{1}{2}}(Z+R)R^{-\frac{1}{2}} = R^{-\frac{1}{2}} Z R^{-\frac{1}{2}} + 1 = Z_n + 1 \quad (12.84)$$

であるから，

$$(Z_n+1)^{-1} = R^{\frac{1}{2}}(Z+R)^{-1} R^{\frac{1}{2}} \quad (12.85)$$

となる．したがって，正規化された散乱行列 S_n は式 (12.77) と式 (12.85) により

$$\begin{aligned}
S_n = R^{-\frac{1}{2}} S_V R^{\frac{1}{2}} &= R^{-\frac{1}{2}}(Z-R)(Z+R)^{-1} R^{\frac{1}{2}} \\
&= R^{-\frac{1}{2}}(Z-R) R^{-\frac{1}{2}} R^{\frac{1}{2}}(Z+R)^{-1} R^{\frac{1}{2}} \\
&= (Z_n-1)(Z_n+1)^{-1} \quad (12.86)
\end{aligned}$$

と表すことができる．同様に

$$\begin{aligned}
S_n = R^{\frac{1}{2}} S_I R^{-\frac{1}{2}} &= R^{\frac{1}{2}}(Z+R)^{-1}(Z-R) R^{-\frac{1}{2}} \\
&= R^{\frac{1}{2}}(Z+R)^{-1} R^{\frac{1}{2}} R^{-\frac{1}{2}}(Z-R) R^{-\frac{1}{2}} \\
&= (Z_n+1)^{-1}(Z_n-1) \quad (12.87)
\end{aligned}$$

と表すことができる．すなわち，正規化された散乱行列は

$$S_n = (Z_n-1)(Z_n+1)^{-1} = (Z_n+1)^{-1}(Z_n-1) \quad (12.88)$$

と表すことができる．行列 (Z_n-1) と $(Z_n+1)^{-1}$ とは交換可能である．同様に正規化アドミタンス行列によって

$$S_n = (1-Y_n)(1+Y_n)^{-1} = (1+Y_n)^{-1}(1-Y_n) \quad (12.89)$$

と表すことができる．

12.3.4 整合条件

12.3.1 項ですでに述べたように，二端子対回路では反射・入射変数はベクトルで表現される．この節では二端子対回路が整合状態にあるとき，反射・入射変数を求める．これまでと同様に図 12.8 に示す二端子対回路 N の電圧ベクトル，電流ベクトルをそれぞれ $V = [V_1 \; V_2]^T$, $I = [I_1 \; I_2]^T$ とする．一次側，二次側の入力インピーダンスをそれぞれ Z_1, Z_2 として，入力インピーダンス行列を $Z_i = \mathrm{diag}[Z_1, Z_2]$ で表せば

$$V = Z_i I \quad (12.90)$$

が成り立つ．また，終端抵抗を抵抗行列 $\boldsymbol{R} = \mathrm{diag}[R_1, R_2]$ で表し，また，基準インピーダンス行列 $\boldsymbol{R}_0$ を抵抗行列 $\boldsymbol{R}$ にとる．すなわち，$\boldsymbol{R}_0 = \boldsymbol{R}$ とする．入射電圧ベクトルを $\boldsymbol{V}_i$，入射電流ベクトルを $\boldsymbol{I}_i$，反射電圧ベクトルを $\boldsymbol{V}_r$，反射電流ベクトルを $\boldsymbol{I}_r$ と同様に縦ベクトルで表し，式 (12.63) を再掲すれば

$$\boldsymbol{V} = \boldsymbol{V}_i + \boldsymbol{V}_r, \quad \boldsymbol{I} = \boldsymbol{I}_i - \boldsymbol{I}_r$$

であった．さらに入射電圧ベクトル，反射電圧ベクトルも式 (12.62) により，

$$\boldsymbol{V}_i = \boldsymbol{R}\boldsymbol{I}_i, \quad \boldsymbol{V}_r = \boldsymbol{R}\boldsymbol{I}_r$$

と置く．この 2 式から入射電圧・電流ベクトルは

$$\boldsymbol{V}_i = \frac{1}{2}(\boldsymbol{Z}_i + \boldsymbol{R})\boldsymbol{I}, \quad \boldsymbol{I}_i = \frac{1}{2}\boldsymbol{R}^{-1}(\boldsymbol{Z}_i + \boldsymbol{R})\boldsymbol{I} \tag{12.91}$$

と表される．一方，反射電圧・電流ベクトルは，

$$\boldsymbol{V}_r = \boldsymbol{V} - \boldsymbol{V}_i = \frac{1}{2}(\boldsymbol{Z}_i - \boldsymbol{R})\boldsymbol{I} \tag{12.92-a}$$

$$\boldsymbol{I}_r = \boldsymbol{I}_i - \boldsymbol{I} = \frac{1}{2}\boldsymbol{R}^{-1}(\boldsymbol{Z}_i - \boldsymbol{R})\boldsymbol{I} \tag{12.92-b}$$

と表される．整合がとれている場合，すなわち一次側，二次側がともに整合がとれている場合は $\boldsymbol{Z}_i = \boldsymbol{R}$ である．したがって，$\boldsymbol{V}_r = 0, \boldsymbol{I}_r = 0, \boldsymbol{V} = \boldsymbol{V}_i, \boldsymbol{I} = \boldsymbol{I}_i$ となるから，反射電圧・電流ベクトルは存在しないことがわかる．したがって，

$$\boldsymbol{E} = \boldsymbol{V} + \boldsymbol{R}\boldsymbol{I} = 2\boldsymbol{R}\boldsymbol{I}, \quad \boldsymbol{E} = [E_1 \ E_2]^T \tag{12.93}$$

となるから，

$$\boldsymbol{V}_i = \frac{1}{2}\boldsymbol{E}, \quad \boldsymbol{I}_i = \frac{1}{2}\boldsymbol{R}^{-1}\boldsymbol{E} \tag{12.94}$$

が得られる．

これらの式を一端子回路と比較すると，スカラーの電圧・電流をベクトル量に変えて表現していることがわかる．

【演習問題】

1. 正弦波交流回路（角周波数 ω）のキャパシタ C の $|a|^2, |b|^2$ を求め，電力の入出を検討せよ．基準インピーダンスをどのように選べばよいか．
2. 図 12.10 の理想変圧器を含む回路の基準 R_0 を R にとる．この回路の反射係数を求めよ．
3. 図 12.11 の LRC 直列回路の反射係数がゼロになるように，基準インピーダンスと角周波数を求めよ．
4. 図 12.12 の回路の散乱パラメータを求めよ．

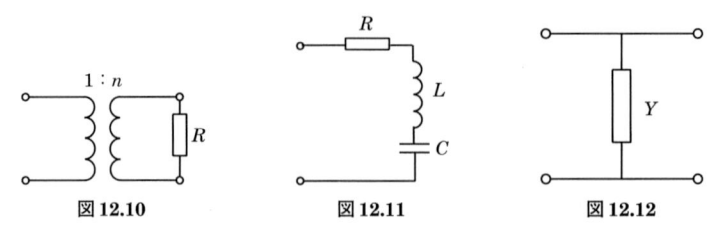

図 12.10　**図 12.11**　**図 12.12**

5. 図 12.7(a) の回路の散乱行列を求めよ．ただし，一次，二次側の基準インピーダンスをそれぞれ $R_{01} = 1\,\Omega$, $R_{02} = 4\,\Omega$ とする．
6. 図 12.13 の回路で電源の内部抵抗および負荷が抵抗 R である．理想変成器の散乱行列 S を求めよ．

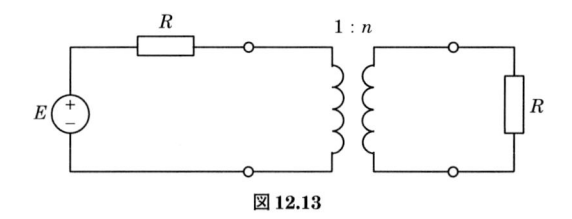

図 12.13

7. 図 12.14 の二端子対回路の正規化散乱行列 S_n を次の (a), (b) によって求めよ．ただし，基準インピーダンスを $R_{01} = R_{02} = R$ とする．(a) 開放インピーダンス行列から S_V を求めた後 S_n を求めよ．(b) 式 (12.88) によって求め, (a) で求めた値と一致することを確かめよ．
8. 図 12.15 の回路で T 型 LC 二端子対回路の散乱行列を求めよ．ただし, $\omega^2 = 2/(LC)$ とする．
9. $(\boldsymbol{Z}_n - 1)$ と $(\boldsymbol{Z}_n + 1)^{-1}$ とは交換可能であることを，これらの式の変形のみによって示せ．

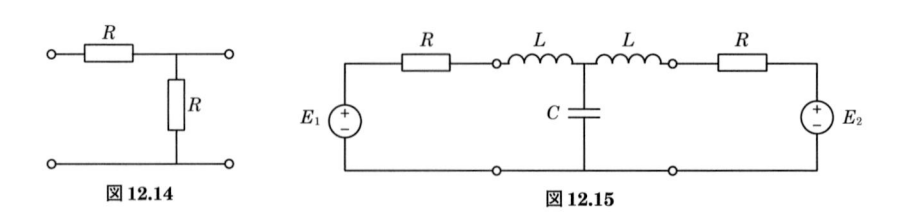

図 12.14　**図 12.15**

13

線形回路網の状態方程式と行列関数

これまで主として扱ってきた回路は素子の個数がせいぜい10個程度であったが，実際の電気回路の素子数はこれをはるかに超える．このような回路はもはや回路網とよぶべきもので，コンピュータの力を借りなければ解析はできない．この章では真の木を定義し，それによって回路網の定式化を系統的に行う方法を述べる．対象とする回路網は，線形時不変素子のみからなる回路網である．ベクトルと行列の理論が定式化の基礎になる．

13.1 状態方程式

インダクタのみのカットセットとキャパシタのみのループのない線形回路網（線形時不変受動回路網）は，キャパシタの電圧とインダクタの電流を変数にとることにより，定数係数の線形連立微分方程式によって定式化することができる．抵抗素子の電流と電圧は変数に含まれないことに注意する．キャパシタの電圧とインダクタの電流を線形回路網の状態変数（state variables）とよぶ．状態変数の時間微分を左辺に，状態変数を右辺に置いて構成した連立微分方程式を回路網の状態方程式（state equation）という．さらに，出力となる素子の電流と電圧は状態変数ならびに電圧源と電流源によって決められる．これらの関係を表す方程式を出力方程式という．状態方程式と出力方程式を合わせた一組の方程式を標準形状態方程式（normal form state equation）という．制御理論では状態方程式を状態遷移方程式とよび，出力方程式と合わせた方程式の組を状態方程式とよぶことに注意する．線形回路網の標準形状態方程式は素子の電流や電圧の過渡現象などの動的振る舞い（dynamics）を知る上で，重要な役割を果たす．

線形回路網の標準形状態方程式は

$$\frac{dx}{dt} = Ax + Bu \tag{13.1-a}$$

$$y = Cx + Du \qquad (13.1\text{-b})$$

によって表される．以下，ベクトルはすべて縦ベクトルである．ベクトル $x(t)$ を状態 (state) あるいは状態ベクトル (state vector) とよび，その要素はキャパシタの電圧とインダクタの電流である．ベクトル $u(t)$ を入力ベクトルとよび，要素は電圧源や電流源の独立電源の値である．ベクトル $y(t)$ を出力ベクトルとよび，その要素は素子の電圧や電流である．また，A は定数行列であり，キャパシタンス，インダクタンス，抵抗値などがその要素である．行列 B, C と D は線形回路網から定まる定数行列である．

13.2　真の木による状態方程式の導出

本節では真の木 (proper tree) を定義し，それを用いて状態方程式を導く方法を例を用いて具体的に説明する．ここで注意すべきことは，キャパシタやインダクタが多数存在するとき，(a) キャパシタのみのループが存在すれば，電圧則によりキャパシタ電圧は互いに独立でなくなること，(b) インダクタのみのカットセットが存在すれば，電流則によりインダクタの電流は互いに独立ではなくなることである．ここでは，線形回路網にはキャパシタのみのループ，インダクタのみのカットセットは存在しないものと仮定する．すなわち，それぞれのキャパシタ電圧とインダクタ電流は独立である．

図 **13.1**(a) を例にとり状態方程式の構成法を説明する．この回路網には2個のキャパシタと1個のインダクタが含まれる．キャパシタだけのループとインダクタだけのカットセットは存在しないから，状態ベクトルは3次元ベクトルである．キャパシタの電圧 v_{C_1}, v_{C_2} とインダクタの電流 i_L を状態変数にとれば，状態ベクトルは

$$x(t) = [v_{C_1}(t), v_{C_2}(t), i_L(t)]^T \qquad (13.2)$$

で与えられる．T は転置を意味する．この線形回路網を系統的に定式化する手

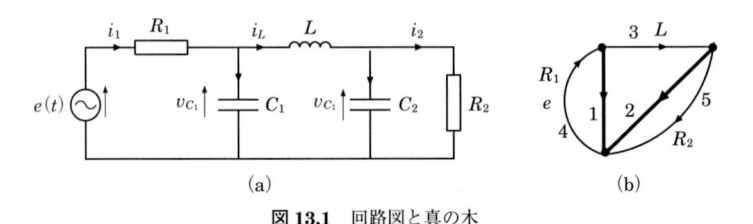

図 13.1　回路図と真の木

順を説明する．

電流則によりキャパシタ電流 $C \mathrm{d} v_{C k}/\mathrm{d}t$ ($k=1,2$) を他の素子の電流によって表す．同様に，電圧則によりインダクタ電圧 $L \mathrm{d} i_L/\mathrm{d}t$ を他の素子の電圧によって表す．また，出力を表す式 (13.1-b) では状態変数と入力によってのみ，出力と考える素子の電流と電圧を表現しなければならない．ここで真の木を導入する．真の木は「すべてのキャパシタを含み，インダクタを含まない木」と定義される．

まず，状態方程式を導くアルゴリズムを示す．

ステップ1：回路をグラフで表現し真の木を選ぶ．図 13.1(b) は図 13.1(a) のグラフであり真の木を太線で示してある．この木では2つのキャパシタが木の枝である．次節で説明するように，抵抗に直列に接続された電圧源も含めて一本の抵抗枝と考える．

ステップ2：木の枝のキャパシタ電圧と補木のインダクタ電流を状態変数にとる．この例では v_{C_1}, v_{C_2}, i_L が状態変数である．

ステップ3：木の枝のキャパシタにより定まる基本カットセットに対して，電流則により電流方程式をたてる．したがって

$$C_1 \frac{\mathrm{d} v_{C_1}}{\mathrm{d}t} = i_1 - i_L = \frac{e(t) - v_{C_1}}{R_1} - i_L \tag{13.3}$$

$$C_2 \frac{\mathrm{d} v_{C_2}}{\mathrm{d}t} = i_L - i_2 = i_L - \frac{v_{C_2}}{R_2} \tag{13.4}$$

となる．ここで，抵抗の電流 i_1, i_2 を消去して，各式の右辺を状態変数と電源（入力）のみで表さなければならない．上の式の最右辺のように2つのキャパシタ電流が状態変数 v_{C_1}, v_{C_2}, i_L によって書き表されていることに注意する．

ステップ4：補木のインダクタによって定義される各基本ループに対して，電圧則により電圧方程式をたてる．したがって

$$L \frac{\mathrm{d} i_L}{\mathrm{d}t} = v_{C_1} - v_{C_2} \tag{13.5}$$

となる．右辺は状態変数 v_{C_1}, v_{C_2} で表されていることに注意する．

ステップ5：こうして得られた2組の連立微分方程式を行列を用いて1つの式にまとめる．その結果

$$\frac{\mathrm{d}}{\mathrm{d}t} \begin{bmatrix} v_{C_1} \\ v_{C_2} \\ i_L \end{bmatrix} = \begin{bmatrix} -1/R_1 C_1 & 0 & -1/C_1 \\ 0 & -1/R_2 C_2 & 1/C_2 \\ 1/L & -1/L & 0 \end{bmatrix} \begin{bmatrix} v_{C_1} \\ v_{C_2} \\ i_L \end{bmatrix} + \begin{bmatrix} 1/R_1 C_1 \\ 0 \\ 0 \end{bmatrix} e(t) \tag{13.6}$$

となる．これが状態方程式である．ここで状態変数の微分の係数が1になっていることに注意する．

つぎに出力方程式を導く．これは出力として着目する素子の電流や電圧を状態変数の関数として表される．したがって，線形回路網の出力としてどの素子に着目するかにより出力方程式は決められる．いま，抵抗 R_1 に着目し電流 i_1 を出力とする．出力 i_1 は入力 $e(t)$ と状態変数によって

$$i_1 = \frac{e(t) - v_{C_1}}{R_1} = \begin{bmatrix} -1/R_1 & 0 & 0 \end{bmatrix} \begin{bmatrix} v_{C_1} \\ v_{C_2} \\ i_L \end{bmatrix} + \frac{1}{R_1} e(t) \qquad (13.7)$$

と表すことができる．以上で図 13.1 の線形回路網の標準形状態方程式が導かれた．

状態方程式の導出過程を振り返れば，状態方程式の構成には以下の条件が必要であることは明らかである．
1. 回路素子は一端子対素子（二端子素子）である．
2. キャパシタのみでループを構成しない．
3. インダクタのみでカットセットを構成しない．

この条件は"真の木が存在する"と言い換えることができる．上記の2は，キャパシタのみのループが存在するとすべてのキャパシタを含む木を構成できないことを意味し，同様に上記の3は，インダクタのみのカットセットが存在すれば，インダクタが木の枝に含まれてしまうことを意味する．この例では示していないが，変成器のように相互結合が存在する回路では密結合変成器を含まないことも状態方程式が構成できる条件である．

キャパシタ電圧とインダクタ電流を状態変数にする代わりに，キャパシタの電荷とインダクタの磁束を状態変数にとることもできる．この場合

$$q_1 = C_1 v_{C_1}, \quad q_2 = C_2 v_{C_2}, \quad \phi = L i_L \qquad (13.8)$$

と置いて，標準形状態方程式は

$$\begin{bmatrix} \dfrac{dq_1}{dt} \\ \dfrac{dq_2}{dt} \\ \dfrac{d\phi}{dt} \end{bmatrix} = \begin{bmatrix} -1/R_1 C_1 & 0 & -1/L \\ 0 & -1/R_2 C_2 & 1/L \\ 1/C_1 & -1/C_2 & 0 \end{bmatrix} \begin{bmatrix} q_1 \\ q_2 \\ \phi \end{bmatrix} + \begin{bmatrix} 1/R_1 \\ 0 \\ 0 \end{bmatrix} e(t) \qquad (13.9)$$

となる．

$$i_1 = \frac{e(t) - v_{C_1}}{R_1} = \begin{bmatrix} -\dfrac{1}{R_1 C_1} & 0 & 0 \end{bmatrix} \begin{bmatrix} q_1 \\ q_2 \\ \phi \end{bmatrix} + \frac{1}{R_1} e(t) \qquad (13.10)$$

となる．電荷と磁束を状態変数とする状態方程式はキャパシタやインダクタの特性が非線形特性をもつときに有用である．

13.3 状態方程式の行列表示

コンピュータにより状態方程式を導くために，行列による表示が便利であるから，前節で述べた方法を行列で表す方法を説明する．すでに述べたように，基本カットセット行列 $\boldsymbol{Q}$ と基本タイセット行列 $\boldsymbol{B}$ は

$$\boldsymbol{Q} = \begin{bmatrix} \boldsymbol{1} & \boldsymbol{Q}_C \end{bmatrix} = \begin{bmatrix} \boldsymbol{1} & \boldsymbol{F} \end{bmatrix} \qquad (13.11)$$

$$\boldsymbol{B} = \begin{bmatrix} \boldsymbol{B}_t & \boldsymbol{1} \end{bmatrix} = \begin{bmatrix} -\boldsymbol{F}^T & \boldsymbol{1} \end{bmatrix} \qquad (13.12)$$

と表される．ここに $\boldsymbol{1}$ は単位行列，$\boldsymbol{F}$ は $\boldsymbol{Q}$ の基本部分である．電流則と電圧則はそれぞれ電流ベクトル $\boldsymbol{i}$ と電圧ベクトル $\boldsymbol{v}$ により

$$\boldsymbol{Q}\boldsymbol{i} = \boldsymbol{0} \qquad (13.13)$$

$$\boldsymbol{B}\boldsymbol{v} = \boldsymbol{0} \qquad (13.14)$$

と書き表される．真の木を選び，電流ベクトルを木の枝電流と補木の枝電流に分け，木の枝電流ではコンダクタンスに G，キャパシタに C の添え字，補木の枝電流ではインダクタに L，抵抗に R の添え字を付ける．これによって電流ベクトル $\boldsymbol{i}$ は

$$\boldsymbol{i} = [\boldsymbol{i}_G, \boldsymbol{i}_C, \boldsymbol{i}_L, \boldsymbol{i}_R]^T \qquad (13.15)$$

で表される 4 個の電流ベクトルに分割される．ここに $\boldsymbol{i}_G, \boldsymbol{i}_C$ はそれぞれ木の枝コンダクタ電流，木の枝キャパシタ電流である．同様にして添え字を電流と同じにして電圧ベクトルも

$$\boldsymbol{v} = [\boldsymbol{v}_G, \boldsymbol{v}_C, \boldsymbol{v}_L, \boldsymbol{v}_R]^T \qquad (13.16)$$

に分割される．ここに $\boldsymbol{v}_G, \boldsymbol{v}_C$ はそれぞれ木の枝コンダクタ電圧，木の枝キャパシタ電圧，また $\boldsymbol{v}_L, \boldsymbol{v}_R$ はそれぞれ補木の枝インダクタ電圧，補木の枝抵抗電圧である．

つぎに，オームの法則と素子特性に基づいて，木の枝電流ベクトルを

$$\boldsymbol{i}_G = \boldsymbol{G}\boldsymbol{v}_G + \boldsymbol{j}_G \qquad (13.17)$$

$$\boldsymbol{i}_C = \boldsymbol{C}\frac{\mathrm{d}}{\mathrm{d}t}\boldsymbol{v}_C + \boldsymbol{j}_C \qquad (13.18)$$

で表す．ここに G, C はそれぞれコンダクタンス行列，キャパシタンス行列で実対角行列，J_G, J_C はそれぞれ図 13.2(a)，(b) のようにキャパシタ，コンダクタに並列に接続された定電流源ベクトルである．電流源も含めて 1 本のキャパシタの枝，コンダクタの枝とする．インダクタと抵抗の電圧はそれぞれ

$$v_L = L\frac{\mathrm{d}}{\mathrm{d}t}i_L + e_L \tag{13.19}$$

$$v_R = Ri_R + e_R \tag{13.20}$$

と書き表すことができる．ここに，L はインダクタンス行列であり実対称行列であって $\det L \neq 0$ である．この条件により，密結合の変成器は含まれない．また，e_L, e_R はそれぞれインダクタ，抵抗に直列に接続された定電圧源ベクトルであり，R は抵抗行列で実対角行列である．図 13.2(c)，図 13.2(d) のように電圧源も含めて，1 本のインダクタの枝，抵抗の枝とする．電流則により電流方程式

$$\begin{bmatrix} 1 & F \end{bmatrix} \begin{bmatrix} i_G \\ i_C \\ i_L \\ i_R \end{bmatrix} = 0 \tag{13.21}$$

電圧則により電圧方程式

$$\begin{bmatrix} -F^T & 1 \end{bmatrix} \begin{bmatrix} v_G \\ v_C \\ v_L \\ v_R \end{bmatrix} = 0 \tag{13.22}$$

が得られる．したがって，木の電流ベクトルは補木の電流ベクトルにより

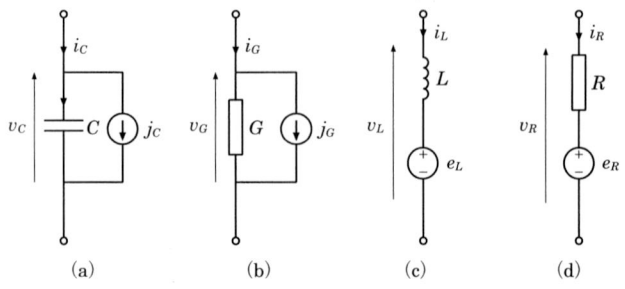

図 13.2 独立電源を伴う回路素子：(a) キャパシタ，(b) コンダクタ，(c) インダクタ，(d) 抵抗素子

13.3 状態方程式の行列表示

$$\begin{bmatrix} \boldsymbol{i}_G \\ \boldsymbol{i}_C \end{bmatrix} = -\boldsymbol{F} \begin{bmatrix} \boldsymbol{i}_L \\ \boldsymbol{i}_R \end{bmatrix} = -\begin{bmatrix} \boldsymbol{F}_{GL} & \boldsymbol{F}_{GR} \\ \boldsymbol{F}_{CL} & \boldsymbol{F}_{CR} \end{bmatrix} \begin{bmatrix} \boldsymbol{i}_L \\ \boldsymbol{i}_R \end{bmatrix} \tag{13.23}$$

と表すことができる．同様に補木の電圧ベクトルは木の電圧ベクトルを用いて

$$\begin{bmatrix} \boldsymbol{v}_L \\ \boldsymbol{v}_R \end{bmatrix} = \boldsymbol{F}^T \begin{bmatrix} \boldsymbol{v}_G \\ \boldsymbol{v}_C \end{bmatrix} = \begin{bmatrix} \boldsymbol{F}_{GL}^T & \boldsymbol{F}_{CL}^T \\ \boldsymbol{F}_{GR}^T & \boldsymbol{F}_{CR}^T \end{bmatrix} \begin{bmatrix} \boldsymbol{v}_G \\ \boldsymbol{v}_C \end{bmatrix} \tag{13.24}$$

と表すことができる．したがって，これらの式を式 (13.17) から式 (13.20) に代入して 4 つの方程式を得る．

$$\boldsymbol{G}\boldsymbol{v}_G + \boldsymbol{j}_G = -\boldsymbol{F}_{GL}\boldsymbol{i}_L - \boldsymbol{F}_{GR}\boldsymbol{i}_R \tag{13.25-a}$$

$$\boldsymbol{C}\frac{\mathrm{d}}{\mathrm{d}t}\boldsymbol{v}_C + \boldsymbol{j}_C = -\boldsymbol{F}_{CL}\boldsymbol{i}_L - \boldsymbol{F}_{CR}\boldsymbol{i}_R \tag{13.25-b}$$

$$\boldsymbol{L}\frac{\mathrm{d}}{\mathrm{d}t}\boldsymbol{i}_L + \boldsymbol{e}_L = \boldsymbol{F}_{GL}^T \boldsymbol{v}_G + \boldsymbol{F}_{CL}^T \boldsymbol{v}_C \tag{13.25-c}$$

$$\boldsymbol{R}\boldsymbol{i}_R + \boldsymbol{e}_R = \boldsymbol{F}_{GR}^T \boldsymbol{v}_G + \boldsymbol{F}_{CR}^T \boldsymbol{v}_C \tag{13.25-d}$$

状態方程式を導くために，これら方程式から抵抗の電流 $\boldsymbol{i}_R$ とコンダクタの電圧 $\boldsymbol{v}_G$ を消去する．1 番目と 4 番目の式を連立させて

$$\begin{aligned}\boldsymbol{i}_R &= \widehat{\boldsymbol{R}}^{-1}(\boldsymbol{F}_{CR}^T \boldsymbol{v}_C - \boldsymbol{F}_{GR}^T \boldsymbol{G}^{-1} \boldsymbol{F}_{GL} \boldsymbol{i}_L \\ &\quad - \boldsymbol{F}_{GR}^T \boldsymbol{G}^{-1} \boldsymbol{j}_G - \boldsymbol{e}_R)\end{aligned} \tag{13.26-a}$$

$$\begin{aligned}\boldsymbol{v}_G &= -\widehat{\boldsymbol{G}}^{-1}(\boldsymbol{F}_{GR}\boldsymbol{R}^{-1}\boldsymbol{F}_{CR}^T \boldsymbol{v}_C + \boldsymbol{F}_{GL}\boldsymbol{i}_L \\ &\quad - \boldsymbol{F}_{GR}\boldsymbol{R}^{-1}\boldsymbol{e}_R + \boldsymbol{j}_G)\end{aligned} \tag{13.26-b}$$

ただし，

$$\widehat{\boldsymbol{R}} = \boldsymbol{R} + \boldsymbol{F}_{GR}^T \boldsymbol{G}^{-1} \boldsymbol{F}_{GR}, \quad \widehat{\boldsymbol{G}} = \boldsymbol{G} + \boldsymbol{F}_{GR}\boldsymbol{R}^{-1}\boldsymbol{F}_{GR}^T \tag{13.27}$$

となる．これらの式を式 (13.25) の 2 番目と 3 番目の式に代入すれば，状態変数のみの式

$$\begin{aligned}\boldsymbol{C}\frac{\mathrm{d}}{\mathrm{d}t}\boldsymbol{v}_C &= -\boldsymbol{F}_{CR}\widehat{\boldsymbol{R}}^{-1}\boldsymbol{F}_{CR}^T \boldsymbol{v}_C - \boldsymbol{H}\boldsymbol{i}_L + \boldsymbol{F}_{CR}\widehat{\boldsymbol{R}}^{-1}\boldsymbol{e}_R \\ &\quad + \boldsymbol{F}_{CR}\widehat{\boldsymbol{R}}^{-1}\boldsymbol{F}_{GR}^T \boldsymbol{G}^{-1}\boldsymbol{j}_G - \boldsymbol{j}_C\end{aligned} \tag{13.28-a}$$

$$\begin{aligned}\boldsymbol{L}\frac{\mathrm{d}}{\mathrm{d}t}\boldsymbol{i}_L &= \boldsymbol{K}\boldsymbol{v}_C - \boldsymbol{F}_{GL}^T \widehat{\boldsymbol{G}}^{-1}\boldsymbol{F}_{GL}\boldsymbol{i}_L - \boldsymbol{F}_{GL}^T \widehat{\boldsymbol{G}}^{-1}\boldsymbol{j}_G \\ &\quad + \boldsymbol{F}_{GL}^T \widehat{\boldsymbol{G}}^{-1}\boldsymbol{F}_{GR}\boldsymbol{R}^{-1}\boldsymbol{e}_R - \boldsymbol{e}_L\end{aligned} \tag{13.28-b}$$

が得られる．ただし，

$$\boldsymbol{H} = \boldsymbol{F}_{CL} - \boldsymbol{F}_{CR}\widehat{\boldsymbol{R}}^{-1}\boldsymbol{F}_{GR}^T \boldsymbol{G}^{-1}\boldsymbol{F}_{GL} \tag{13.29-a}$$

$$\boldsymbol{K} = \boldsymbol{F}_{CL}^T - \boldsymbol{F}_{GL}^T \widehat{\boldsymbol{G}}^{-1}\boldsymbol{F}_{GR}\boldsymbol{R}^{-1}\boldsymbol{F}_{CR}^T \tag{13.29-b}$$

である．したがって，状態方程式は

$$\frac{d}{dt}\begin{bmatrix} v_C \\ i_L \end{bmatrix} = \begin{bmatrix} C^{-1} & 0 \\ 0 & L^{-1} \end{bmatrix}\begin{bmatrix} -Y & -H \\ K & -Z \end{bmatrix}\begin{bmatrix} v_C \\ i_L \end{bmatrix} + \begin{bmatrix} C^{-1} & 0 \\ 0 & L^{-1} \end{bmatrix} S \begin{bmatrix} j_G \\ j_C \\ e_L \\ e_R \end{bmatrix} \quad (13.30)$$

となる. ただし

$$Y = F_{CR}\widehat{R}^{-1}F_{CR}^T$$
$$Z = F_{GL}^T\widehat{G}^{-1}F_{GL}$$
$$M_1 = F_{CR}\widehat{R}^{-1}F_{GR}^T G^{-1}$$
$$M_2 = F_{GL}^T\widehat{G}^{-1}F_{GR}R^{-1}$$
$$S = \begin{bmatrix} M_1 & -1 & 0 & F_{CR}\widehat{R}^{-1} \\ -F_{GF}^T\widehat{G}^{-1} & 0 & -1 & -M_2 \end{bmatrix}$$

である.

ここで状態方程式 (13.30) の係数行列 H と K の関係をみておく. 式 (13.27) の $\widehat{R}$ と R, $\widehat{G}$ と G には

$$\left.\begin{array}{l} R^{-1}\widehat{R}^T = 1 + R^{-1}F_{GR}^T G^{-1}F_{GR} \\ \widehat{G}\,G^{-1} = 1 + F_{GR}R^{-1}F_{GR}^T G^{-1} \end{array}\right\} \quad (13.31)$$

の関係があり, この2式から

$$F_{GR}R^{-1}\widehat{R}^T = \widehat{G}\,G^{-1}F_{GR} \quad (13.32)$$

が成り立つ. したがって

$$\widehat{G}^{-1}F_{GR}R^{-1} = G^{-1}F_{GR}(\widehat{R}^{-1})^T \quad (13.33)$$

となるから,

$$\begin{aligned} H^T &= F_{CL}^T - F_{GL}^T G^{-1}F_{GR}(\widehat{R}^{-1})^T F_{CR}^T \\ &= F_{CL}^T - F_{GL}^T \widehat{G}^{-1}F_{GR}R^{-1}F_{CR}^T \\ &= K \end{aligned} \quad (13.34)$$

すなわち, $K = H^T$ が成り立つ. これは状態変数に電圧と電流という次元 (単位) の異なる量を変数に選んだときに成り立つ関係である. 二端子対回路のハイブリッド行列による表現のときにも, スカラーとしてこの関係が成り立っている.

¶例 13.1¶ 図 13.1 の回路について状態方程式を求める.

$$Q = \begin{bmatrix} 1 & 0 & 1 & -1 & 0 \\ 0 & 1 & -1 & 0 & 1 \end{bmatrix}$$

であるから,

$$F = \begin{bmatrix} 1 & -1 & 0 \\ -1 & 0 & 1 \end{bmatrix}$$

である.電源については $j_G = 0$, $j_C = 0$, $e_L = 0$, $e_L = \begin{bmatrix} e & 0 \end{bmatrix}^T$ である.基本部分 F の分割は

$$F_{GL} = 0, \quad F_{GR} = 0, \quad F_{CL} = \begin{bmatrix} 1 \\ -1 \end{bmatrix}, \quad F_{CR} = \begin{bmatrix} -1 & 0 \\ 0 & 1 \end{bmatrix}$$

となる.また,

$$\widehat{R} = R = \begin{bmatrix} R_1 & 0 \\ 0 & R_2 \end{bmatrix}, \quad \widehat{G} = 0, \quad H = \begin{bmatrix} 1 \\ -1 \end{bmatrix}, \quad K = \begin{bmatrix} 1 & -1 \end{bmatrix}$$

$$Y = \begin{bmatrix} 1/R_1 & 0 \\ 0 & 1/R_2 \end{bmatrix}, \quad Z = 0, \quad M_1 = 0, \quad M_2 = 0$$

$$F_{CR}\widehat{R}^{-1} = \begin{bmatrix} -1/R_1 & 0 \\ 0 & 1/R_2 \end{bmatrix}, \quad F_{GL}^T \widehat{G}^{-1} = 0$$

となる.これらの式から前節の式 (13.6) が得られることが確かめられる.

13.4 回路網関数行列

　線形回路網では入力となる電圧源や電流源が多数存在し,また出力となる素子の電流や電圧も多数存在する.そのため入出力関係は回路網関数行列を用いて表現される.回路網の標準形状態方程式 (13.1) の両辺をラプラス変換すると

$$(s\boldsymbol{I} - \boldsymbol{A})\boldsymbol{X}(s) = \boldsymbol{x}(-0) + \boldsymbol{B}\boldsymbol{U}(s) \tag{13.35-a}$$

$$\boldsymbol{Y}(s) = \boldsymbol{C}\boldsymbol{X}(s) + \boldsymbol{D}\boldsymbol{U}(s) \tag{13.35-b}$$

となる.ただし,$\boldsymbol{X}(s), \boldsymbol{Y}(s), \boldsymbol{U}(s)$ はそれぞれ $\boldsymbol{x}(t), \boldsymbol{y}(t), \boldsymbol{u}(t)$ のラプラス変換である.式 (13.35-a) の両辺に左から $(s\boldsymbol{1}-\boldsymbol{A})^{-1}$ を掛けて

$$\boldsymbol{X}(s) = (s\boldsymbol{1}-\boldsymbol{A})^{-1}\boldsymbol{x}(-0) + (s\boldsymbol{1}-\boldsymbol{A})^{-1}\boldsymbol{B}\boldsymbol{U}(s) \tag{13.36}$$

が得られる.これを式 (13.35-b) に代入して

$$\boldsymbol{Y}(s) = \boldsymbol{C}(s\boldsymbol{1}-\boldsymbol{A})^{-1}\boldsymbol{x}(-0) + \{\boldsymbol{C}(s\boldsymbol{1}-\boldsymbol{A})^{-1}\boldsymbol{B} + \boldsymbol{D}\}\boldsymbol{U}(s) \tag{13.37}$$

となる.この式の第 1 項は初期値にのみ関連する式であり,零入力応答 (initialvalue response) に対応する.また第 2 項は入力のみに関連する式であり,零状態応答 (zero-state response) に対応する.初期値ベクトルを $\boldsymbol{x}(-0) = \boldsymbol{0}$ と置けば,出力は入力のみによって定まり,入出力関係は

$$\boldsymbol{Y}(s) = \boldsymbol{W}(s)\boldsymbol{U}(s) \tag{13.38}$$

ただし,

$$\boldsymbol{W}(s) = \boldsymbol{C}(s\boldsymbol{1}-\boldsymbol{A})^{-1}\boldsymbol{B} + \boldsymbol{D} \tag{13.39}$$

である.ここに $W(s)$ を回路網関数行列（あるいは伝達関数行列）とよぶ.

ここで，随伴行列 (adjoint matrix, adjugate matrix) あるいは余因子行列について述べておく．正方行列 $A = [a_{ij}]$ の要素 a_{ij} の余因子を C_{ij} とすれば，随伴行列 $\mathrm{adj}(A)$ は

$$\mathrm{adj}(A) = [C_{ji}] \tag{13.40}$$

で定義される．余因子の添え字 ij ではなく，ji であることに注意する．随伴行列 $\mathrm{adj}(A)$ は A の各要素 a_{ij} を，その余因子で置き換え，行と列を交換することによって得られる[1]．行列 A と随伴行列 $\mathrm{adj}(A)$ には

$$A\,\mathrm{adj}(A) = \mathrm{adj}(A)\,A = |A|\mathbf{1} \tag{13.41}$$

の関係があり，A と $\mathrm{adj}(A)$ は交換可能である．

ここで，$\Delta(s) = \det(s\mathbf{1}-A)$ と置けば

$$(s\mathbf{1}-A)^{-1} = \frac{N(s)}{\Delta(s)} \tag{13.42}$$

と表すことができる．ここに，$N(s)$ は $s\mathbf{1}-A$ の随伴行列で $\mathrm{adj}(s\mathbf{1}-A)$ である．したがって，式 (13.39) は

$$W(s) = \frac{1}{\Delta(s)}C\,\mathrm{adj}(s\mathbf{1}-A)\,B + D \tag{13.43}$$

となる．$W(s)$ の極は線形回路網の固有周波数 (natural frequency) とよばれ，$\Delta(s) = 0$ の解である．これまで扱ってきた回路では 1 入力 1 出力を考えて，出力の入力に対する比を回路網関数と定義したが，多入力多出力となる場合は入出力関係は回路網関数行列により定められることがわかる．

同様に，入力が零，すなわち $U(s) = 0$ である場合には，出力 $Y(s)$ は初期値 $x(-0)$ のみに依存し

$$Y(s) = C(s\mathbf{1}-A)^{-1}x(-0) = \frac{1}{\Delta(s)}C\,\mathrm{adj}(s\mathbf{1}-A)\,x(-0) \tag{13.44}$$

である．

¶例 13.2 ¶ 図 13.3 の回路の電圧源 $e(t)$ と電流源 $j(t)$ を入力ベクトル $[e(t)\ j(t)]^T$，インダクタ L の電圧 $v_L(t)$ と抵抗 R の電流 $i_R(t)$ を出力ベクトル $[v_L(t)\ i_R(t)]^T$ とする回路網関数行列 $W(s)$ を状態方程式から求めてみる．まず状態方程式を求めよう．電流則と電圧則およびオームの法則と素子特性により連立微分方程式

$$C\frac{\mathrm{d}v_C}{\mathrm{d}t} = -\frac{1}{R}v_C + i_L + j(t)$$

$$L\frac{\mathrm{d}i_L}{\mathrm{d}t} = -v_C + e(t)$$

---

[1] 随伴行列（余因子行列）の定義には，(i,j) 要素の余因子を，(i) (j,i) 要素にもつ行列と (ii) (i,j) 要素にもつ行列という 2 通りの定義の仕方がある．本書では定義 (i) によっている．

13.4 回路網関数行列

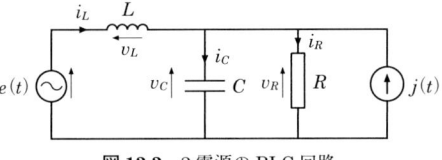

[図 13.3: 2 電源の RLC 回路]

が得られる.したがって,状態方程式は

$$\frac{\mathrm{d}}{\mathrm{d}t}\begin{bmatrix} v_C \\ i_L \end{bmatrix} = \begin{bmatrix} -1/RC & 1/C \\ -1/L & 0 \end{bmatrix}\begin{bmatrix} v_C \\ i_L \end{bmatrix} + \begin{bmatrix} 0 & 1/C \\ 1/L & 0 \end{bmatrix}\begin{bmatrix} e(t) \\ j(t) \end{bmatrix}$$

となる.これより

$$\boldsymbol{A} = \begin{bmatrix} -1/RC & 1/C \\ -1/L & 0 \end{bmatrix}, \quad \boldsymbol{B} = \begin{bmatrix} 0 & 1/C \\ 1/L & 0 \end{bmatrix}$$

を得る.初期値を $v_C(-0)=0, i_L(-0)=0$ として,この状態方程式をラプラス変換すれば

$$s\begin{bmatrix} V_C(s) \\ I_L(s) \end{bmatrix} = \begin{bmatrix} -1/RC & 1/C \\ -1/L & 0 \end{bmatrix}\begin{bmatrix} V_C(s) \\ I_L(s) \end{bmatrix} + \begin{bmatrix} 0 & 1/C \\ 1/L & 0 \end{bmatrix}\begin{bmatrix} E(s) \\ J(s) \end{bmatrix}$$

となる.すなわち,ラプラス変換した状態ベクトルは

$$\begin{bmatrix} V_C(s) \\ I_L(s) \end{bmatrix} = \begin{bmatrix} s+1/RC & -1/C \\ 1/L & s \end{bmatrix}^{-1}\begin{bmatrix} 0 & 1/C \\ 1/L & 0 \end{bmatrix}\begin{bmatrix} E(s) \\ J(s) \end{bmatrix} \tag{13.45}$$

で表される.
つぎに出力方程式を求める.インダクタ L の電圧 v_L と抵抗 R の電流 i_R を出力としているから

$$v_L = e - v_C, \quad i_R = \frac{1}{R}v_R = \frac{1}{R}v_C$$

である.したがって,出力方程式は

$$\boldsymbol{y} = \begin{bmatrix} v_L(t) \\ i_R(t) \end{bmatrix} = \begin{bmatrix} -1 & 0 \\ 1/R & 0 \end{bmatrix}\begin{bmatrix} v_C \\ i_L \end{bmatrix} + \begin{bmatrix} 1 & 0 \\ 0 & 0 \end{bmatrix}\begin{bmatrix} e \\ j \end{bmatrix}$$

となる.ここに

$$\boldsymbol{C} = \begin{bmatrix} -1 & 0 \\ 1/R & 0 \end{bmatrix}, \quad \boldsymbol{D} = \begin{bmatrix} 1 & 0 \\ 0 & 0 \end{bmatrix}$$

である.これをラプラス変換して

$$\boldsymbol{Y}(s) = \begin{bmatrix} V_L(s) \\ I_R(s) \end{bmatrix} = \begin{bmatrix} -1 & 0 \\ 1/R & 0 \end{bmatrix}\begin{bmatrix} V_C(s) \\ I_L(s) \end{bmatrix} + \begin{bmatrix} 1 & 0 \\ 0 & 0 \end{bmatrix}\begin{bmatrix} E(s) \\ J(s) \end{bmatrix} \tag{13.46}$$

となる.
式 (13.45) を式 (13.46) に代入し整理すれば,回路網関数行列は

$$W(s) = C(s\mathbf{1}-A)^{-1}B+D$$
$$= \begin{bmatrix} -1 & 0 \\ 1/R & 0 \end{bmatrix} \begin{bmatrix} s+1/(RC) & -1/C \\ 1/L & s \end{bmatrix}^{-1} \begin{bmatrix} 0 & 1/C \\ 1/L & 0 \end{bmatrix} + \begin{bmatrix} 1 & 0 \\ 0 & 0 \end{bmatrix}$$
$$= \begin{bmatrix} -\dfrac{1}{\Delta(s)LC}+1 & -\dfrac{s}{\Delta(s)C} \\ \dfrac{1}{\Delta(s)RLC} & \dfrac{s}{\Delta(s)RC} \end{bmatrix}$$

ただし，$\Delta(s) = s^2+s/RC+1/LC$ となる．

13.5　ラプラス変換による状態方程式の解法

標準形状態方程式をラプラス変換によって解く方法を簡単に述べる．状態方程式のラプラス変換により式 (13.36)，出力方程式のラプラス変換により式 (13.37) を得た．これらの式の逆ラプラス変換は

$$x(t) = \mathcal{L}^{-1}[(s\mathbf{1}-A)^{-1}]x(-0) + \mathcal{L}^{-1}[(s\mathbf{1}-A)^{-1}BU(s)] \quad (13.48)$$

および

$$y(t) = C\mathcal{L}^{-1}[(s\mathbf{1}-A)^{-1}]x(-0) + C\mathcal{L}^{-1}[\{(s\mathbf{1}-A)^{-1}B+D\}U(s)] \quad (13.49)$$

である．逆行列 $(s\mathbf{1}-A)^{-1}$ はどの項にも含まれており，この逆行列の計算が標準形状態方程式の解法の中心になる．上の2式はたたみ込み積分により

$$x(t) = \mathcal{L}^{-1}[(s\mathbf{1}-A)^{-1}]x(-0) + \mathcal{L}^{-1}[(s\mathbf{1}-A)^{-1}]B * u(t) \quad (13.50)$$

$$y(t) = C\mathcal{L}^{-1}[(s\mathbf{1}-A)^{-1}]x(-0) + [\mathcal{L}^{-1}[(s\mathbf{1}-A)^{-1}]B + D\delta(t)] * u(t) \quad (13.51)$$

と表すことができる．ここに，記号 * はたたみ込み積分を表す．式 (13.50) は第1項が零入力応答，第2項が零状態応答を表し，全体で完全応答を表現している．

¶例 13.3 ¶　図 13.3 を図 13.4 に再掲する．この回路で状態ベクトルは $[v_C\ i_L]^T$ である．出力を状態ベクトルにとる．すなわち，出力をキャパシタの電圧 v_C とインダクタの電流 i_L とする．このときの零入力応答と零状態応答を求める．ただし，簡単のため $C = 1/4$ F，$L = 4/3$ H，$R = 1\,\Omega$ であり，初期条件は $v_C(-0) = 10$ V，$i_L(-0) = 2$ A，$e(t) = 2e^{-t}H(t)$ [V]，$j(t) = e^{-2t}H(t)$ [A] とする．標準形状態方程式の係数行列は，

$$A = \begin{bmatrix} -4 & 4 \\ -3/4 & 0 \end{bmatrix}, \quad B = \begin{bmatrix} 0 & 4 \\ 3/4 & 0 \end{bmatrix}, \quad u = \begin{bmatrix} 2e^{-t}H(t) \\ e^{-2t}H(t) \end{bmatrix}$$

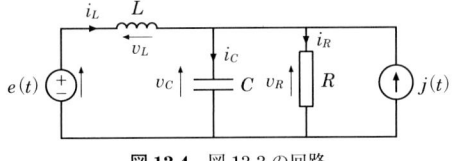

図 13.4 図 13.3 の回路

$$C = \begin{bmatrix} 1 & 0 \\ 1 & 0 \end{bmatrix}, \quad D = \begin{bmatrix} 0 & 0 \\ 0 & 0 \end{bmatrix}$$

である.したがって,零入力応答のラプラス変換は

$$\begin{bmatrix} V_{C\text{zin}}(s) \\ I_{L\text{zin}}(s) \end{bmatrix} = (s\mathbf{1}-A)^{-1} \begin{bmatrix} v_C(-0) \\ i_L(-0) \end{bmatrix} = \begin{bmatrix} \dfrac{s}{\varDelta(s)} & \dfrac{4}{\varDelta(s)} \\ \dfrac{-3/4}{\varDelta(s)} & \dfrac{s+4}{\varDelta(s)} \end{bmatrix} \begin{bmatrix} 10 \\ 2 \end{bmatrix}$$

となる.ただし,$\varDelta(s) = (s+1)(s+3)$ である.これを逆ラプラス変換し零入力応答を $v_{C\text{zin}}(t), i_{L\text{zin}}(t)$ で表せば

$$\left. \begin{array}{l} v_{C\text{zin}}(t) = (-e^{-t}+11e^{-3t})H(t)\,[\text{V}] \\ i_{L\text{zin}}(t) = \dfrac{1}{4}(-3e^{-t}+11e^{-3t})H(t)\,[\text{A}] \end{array} \right\}$$

が得られる.つぎに

$$\begin{bmatrix} E(s) \\ J(s) \end{bmatrix} = \begin{bmatrix} \mathcal{L}[e(t)] \\ \mathcal{L}[j(t)] \end{bmatrix} = \begin{bmatrix} 2/(s+1) \\ 1/(s+2) \end{bmatrix}$$

であるから,零状態応答のラプラス変換は

$$\begin{bmatrix} V_{C\text{zst}}(s) \\ I_{L\text{zst}}(s) \end{bmatrix} = (s\mathbf{1}-A)^{-1} \begin{bmatrix} E(s) \\ J(s) \end{bmatrix} = \begin{bmatrix} \dfrac{s}{\varDelta(s)} & \dfrac{4}{\varDelta(s)} \\ \dfrac{-3/4}{\varDelta(s)} & \dfrac{s+4}{\varDelta(s)} \end{bmatrix} \begin{bmatrix} 2/(s+1) \\ 1/(s+2) \end{bmatrix}$$

となる.これを逆ラプラス変換すると零状態応答 $v_{C\text{zsr}}(t), i_{L\text{zsr}}(t)$ は

$$\left. \begin{array}{l} v_{C\text{zst}}(t) = (7e^{-t}/2 - te^{-t} - 4e^{-2t} + 1e^{-3t}/2)H(t)\,[\text{V}] \\ i_{L\text{zst}}(t) = (15e^{-t}/8 - 3te^{-t}/4 - 2e^{-2t} + 1e^{-3t}/8)H(t)\,[\text{A}] \end{array} \right\}$$

となる.

13.5.1 標準形状態方程式の解の表示

級数展開

$$\frac{1}{s-a} = \frac{1}{s} + \left(\frac{a}{s^2}\right) + \left(\frac{a^2}{s^3}\right) + \cdots$$

を利用すれば形式的に

$$(s\mathbf{1}-A)^{-1} = s^{-1}\mathbf{1} + \sum_{k=1}^{\infty} A^k s^{-k-1} \tag{13.52}$$

と展開される．行列 A の冪級数については 13.6 節を参照のこと．この逆ラプラス変換は

$$\begin{aligned}
\mathcal{L}^{-1}[(s\mathbf{1}-A)^{-1}] &= \mathbf{1}\mathcal{L}^{-1}\left[\frac{1}{s}\right] + \sum_{k=1}^{\infty} A^k \mathcal{L}^{-1}\left[\frac{1}{s^{k+1}}\right] \\
&= \mathbf{1}H(t) + \sum_{k=1}^{\infty} A^k \frac{t^k}{k!} H(t) \\
&= \sum_{k=0}^{\infty} \frac{A^k t^k}{k!} H(t) = e^{At} H(t)
\end{aligned} \qquad (13.53)$$

したがって，標準形状態方程式の解はたたみ込み積分を用いて

$$\left.\begin{aligned}
\boldsymbol{x}(t) &= e^{At}\boldsymbol{x}(-0)H(t) + e^{At}\boldsymbol{B}H(t) * \boldsymbol{u}(t) \\
\boldsymbol{y}(t) &= \boldsymbol{C}e^{At}\boldsymbol{x}(-0)H(t) + [\boldsymbol{C}e^{At}\boldsymbol{B} + \boldsymbol{D}\delta(t)] * \boldsymbol{u}(t)
\end{aligned}\right\} \qquad (13.54)$$

と表される．すなわち，解は

$$\left.\begin{aligned}
\boldsymbol{x}(t) &= e^{At}\boldsymbol{x}(-0)H(t) + \int_{-0}^{t} e^{A(t-\tau)} \boldsymbol{B}\boldsymbol{u}(\tau)\mathrm{d}\tau \\
\boldsymbol{y}(t) &= \boldsymbol{C}e^{At}\boldsymbol{x}(-0)H(t) + \int_{-0}^{t} \boldsymbol{C}e^{A(t-\tau)} \boldsymbol{B}\boldsymbol{u}(\tau)\mathrm{d}\tau + \boldsymbol{D}\boldsymbol{u}(t)
\end{aligned}\right\} \qquad (13.55)$$

となる．

13.6 行　列　関　数

この節では解析的な関数（微分可能で発散しない関数）の多項式近似を用いて行列関数を求める方法を説明する．

13.6.1 行列の多項式

はじめに，行列の多項式を定義し，その性質を述べる．

行列 A を n 次正方行列，r を正の整数とする．行列 A の整数冪を

$$A^r = AAA\cdots A : r \text{個の積} \qquad (13.56)$$

また，

$$A^0 = \mathbf{1} \qquad (13.57)$$

と定義する．行列 $\mathbf{1}$ は n 次の単位行列である．行列 A が非特異（nonsingular）であるとき，

$$A^{-r} = (A^{-1})^r : A^{-1} \text{の} r \text{個の積} \qquad (13.58)$$

と定義する．複素数 $a_m, a_{m-1}, \cdots, a_0$ を係数とする m 次多項式

$$p(x) = a_m x^m + a_{m-1} x^{m-1} + \cdots + a_1 x + a_0 \qquad (13.59)$$

に対して，x を行列 A で置き換えた

$$p(\boldsymbol{A}) = a_m \boldsymbol{A}^m + a_{m-1} \boldsymbol{A}^{m-1} + \cdots + a_1 \boldsymbol{A} + a_0 \boldsymbol{1} \tag{13.60}$$

を '行列の多項式' という．これに対し，式 (13.59) の係数 $a_m, a_{m-1}, \cdots, a_0$ が行列で x がスカラーであるとき，式 (13.59) を '多項式の行列' という．

13.6.2 ケーレー・ハミルトンの定理

いま，n 次正方行列 $\boldsymbol{A}$ に対して

$$\varDelta(\lambda) = |\lambda \boldsymbol{1} - \boldsymbol{A}| = \lambda^n + a_{n-1}\lambda^{n-1} + a_{n-2}\lambda^{n-2} + \cdots + a_0 \tag{13.61}$$

を $\boldsymbol{A}$ の固有多項式あるいは特性多項式 (characteristic polynomial) とよぶ．$\varDelta(\lambda) = 0$ を固有方程式あるいは特性方程式 (characteristic equation) という．

すでに述べたように行列 $(\lambda \boldsymbol{1} - \boldsymbol{A})$ の随伴行列を $\mathrm{adj}(\lambda \boldsymbol{1} - \boldsymbol{A})$ で表せば，$(\lambda \boldsymbol{1} - \boldsymbol{A}) \mathrm{adj}(\lambda \boldsymbol{1} - \boldsymbol{A}) = \varDelta(\lambda) \boldsymbol{1}$ である．ここで，λ を $\boldsymbol{A}$ に置き換えれば，左辺は零行列 $\boldsymbol{0}$（要素がすべて 0 の行列），すなわち，$\varDelta(\boldsymbol{A})\boldsymbol{1} = \boldsymbol{0}$ であるから，

$$\varDelta(\boldsymbol{A}) = \boldsymbol{A}^n + a_{n-1}\boldsymbol{A}^{n-1} + a_{n-2}\boldsymbol{A}^{n-2} + \cdots + a_0 \boldsymbol{1} = \boldsymbol{0} \tag{13.62}$$

が成り立つ．これをケーレー・ハミルトンの定理 (Cayley-Hamilton's theorem) という．いま，随伴行列 $\mathrm{adj}(\lambda \boldsymbol{1} - \boldsymbol{A})$ の要素の最大公約多項式を $Q(\lambda)$ で表し，$\mathrm{adj}(\lambda \boldsymbol{1} - \boldsymbol{A}) / Q(\lambda)$ を既約随伴行列 (reduced adjoint matrix) という．この場合，$\varphi(\lambda) = \varDelta(\lambda) / Q(\lambda)$ を最小多項式 (minimal polynomial)，$\varphi(\lambda) = 0$ を最小方程式 (minimal equation) という．ケーレー・ハミルトンの定理により，明らかに

$$\varphi(\boldsymbol{A}) = 0 \tag{13.63}$$

が成り立つ．このことから式 (13.63) を縮退したケーレー・ハミルトンの定理ということがある．最大公約多項式 $Q(\lambda) = 1$ のときは $\varDelta(\lambda) = \varphi(\lambda)$ である．

13.6.3 行列関数の定義

n 次正方行列 $\boldsymbol{A}$ の固有値を $\lambda_1, \lambda_2, \cdots, \lambda_s (s \leq n)$ で表す．$s = n$ の場合は固有値がすべて相異なるものとする．固有値の集合 $\{\lambda_1, \lambda_2, \cdots, \lambda_s\}$ を $\boldsymbol{A}$ のスペクトルという．行列 $\boldsymbol{A}$ の固有多項式を

$$\varDelta(\lambda) = (\lambda - \lambda_1)^{n_1} (\lambda - \lambda_2)^{n_2} \cdots (\lambda - \lambda_s)^{n_s} \tag{13.64}$$
$$\text{ただし，} n = n_1 + n_2 + \cdots + n_s$$

最小多項式を

$$\varphi(\lambda) = (\lambda - \lambda_1)^{m_1} (\lambda - \lambda_2)^{m_2} \cdots (\lambda - \lambda_s)^{m_s} \tag{13.65}$$
$$\text{ただし，} m = m_1 + m_2 + \cdots + m_s$$

で表す．明らかに n_k と m_k には $n_k \geq m_k (k = 1, 2, \cdots, s)$ の関係がある．

解析的な関数 $f(x)$ の $x = \lambda_k$ における関数値および微分値を

$$f(\lambda_k), f^{(1)}(\lambda_k), \cdots, f^{(m_k-1)}(\lambda_k) \quad (k = 1, 2, \cdots, s) \tag{13.66}$$

で表し，A のスペクトル上の $f(x)$ の関数値および微分値とよぶ．ただし，$f^{(p)}(x)$ $(p=0,1,\cdots,m_k-1; k=1,2,\cdots,s)$ は $f(x)$ の p 階微分を表し，$f(x) = f^{(0)}(x)$ である．いま，関数 $f(x)$ と多項式 $g(x)$ の関数値がそれぞれ A のスペクトル上で与えられ

$$f(\lambda_k) = g(\lambda_k), f^{(1)}(\lambda_k) = g^{(1)}(\lambda_k), \cdots, f^{(m_k-1)}(\lambda_k) = g^{(m_k-1)}(\lambda_k)$$
$$(k = 1, 2, \cdots, s) \tag{13.67}$$

が成り立つとき，行列関数 $f(A)$ を

$$f(A) = g(A) \tag{13.68}$$

と定義する．行列 A のスペクトル上が解析的な関数の値がその微分値も含めて多項式の値に等しく置かれていることに注意する．多項式 $g(x)$ を関数 $f(x)$ の補間多項式 (interpolating polynomial) という．式 (13.67) を満足する多項式のなかで，m より小さい次数の多項式が補間多項式である．

13.7 ラグランジ・シルベスターの展開定理

13.7.1 行列 A のすべての固有値が相異なる場合
(a) ダンカン・カラー形式

n 次正方行列 A の相異なるすべての固有値を $\lambda_1, \lambda_2, \cdots, \lambda_n$ で表す．それぞれの固有値に対する関数 $f(x)$ の関数値を $f(\lambda_1), f(\lambda_2), \cdots, f(\lambda_n)$，式 (13.64) の固有多項式を

$$\Delta(\lambda) = (\lambda - \lambda_1)(\lambda - \lambda_2) \cdots (\lambda - \lambda_n) \tag{13.69}$$

と書き直す．ここに，$n_1 = \cdots = n_n = 1, s = n$ である．

いま，n 個の点 $(\lambda_k, f(\lambda_k))\,(k = 1, \cdots, n)$ を通る補間多項式を

$$g(x) = g_0 + g_1 x + g_2 x^2 + \cdots + g_{n-1} x^{n-1} \tag{13.70}$$

とすれば，

$$Vg = F \tag{13.71}$$

が成り立つ．ただし $g = [g_0, g_1, \cdots, g_{n-1}]^T$, $F = [f(\lambda_1), f(\lambda_2), \cdots, f(\lambda_n)]^T$, $V = [v_{ij}] = [\lambda_i^{j-1}(i=1,2,\cdots,n; j=1,2,\cdots,n)]$ である．行列 V はファンデルモンド行列 (Vandermonde matrix) とよばれる．行列 V の行列式は

$$|V| = \prod_{1 \le i < j \le n}(\lambda_j - \lambda_i)\,(i = 1, 2, \cdots, n-1; j = 2, \cdots, n) \tag{13.72}$$

と表されるから，非特異 (nonsingular) であることがわかる．したがって
$$g = V^{-1}F \tag{13.73}$$
により，n 個の係数 $g_0, g_1, \cdots, g_{n-1}$ を求めれば，多項式 $g(x)$ が定められる．この多項式 $g(x)$ はラグランジの補間多項式 (Lagrange's interpolation polynomial) とよばれる．ここで，$|V|$ の要素 v_{ij} の余因子を V_{ij} で表せば，$V^{-1} = \mathrm{adj}(V)/|V|$ であるから，式 (13.73) は
$$g_{i-1} = \sum_{k=1}^{n} \frac{V_{ki}}{|V|} f(\lambda_k) = \frac{|V_{i-1}|}{|V|}, \quad i = 1, 2, \cdots, n \tag{13.74}$$
と表すことができる．ここに，$|V_{i-1}|$ は $|V|$ の第 i 列の要素を $f(\lambda_1), f(\lambda_2), \cdots, f(\lambda_n)$ で置き換えた行列式である．したがって，補間多項式は
$$g(x) = \sum_{i=1}^{n} g_{i-1} x^{i-1} = \sum_{i=1}^{n} \frac{|V_{i-1}|}{|V|} x^{i-1}, \quad i = 1, 2, \cdots, n \tag{13.75}$$
と表すことができる．これを用いると
$$f(A) = g(A) = \frac{|V_0|}{|V|} \mathbf{1} + \frac{|V_1|}{|V|} A + \cdots + \frac{|V_{n-1}|}{|V|} A^{n-1} \tag{13.76}$$
となる．ただし，
$$|V| = \begin{vmatrix} 1 & \lambda_1 & \lambda_1^2 & \cdots & \lambda_1^{n-1} \\ 1 & \lambda_2 & \lambda_2^2 & \cdots & \lambda_2^{n-1} \\ \vdots & \vdots & \vdots & & \vdots \\ 1 & \lambda_n & \lambda_n^2 & \cdots & \lambda_n^{n-1} \end{vmatrix} \tag{13.77}$$
である．式 (13.76) はダンカン・カラー (Duncan and Collar) の形式とよばれる．行列 $\{1, A, \cdots, A^{n-1}\}$ の一次結合で $f(A)$ が表されていることに注意する．

ダンカン・カラーの形式とケーレー・ハミルトンの定理の関係について述べておく．式 (13.62) から A^n は
$$A^n = -a_{n-1} A^{n-1} - a_{n-2} A^{n-2} - \cdots - a_0 \mathbf{1} \tag{13.78}$$
と表すことができる．また，行列 A が非特異ならば
$$A^{-1} = \frac{-1}{a_0} \{A^{n-1} + a_{n-1} A^{n-2} + \cdots + a_1 \mathbf{1}\} \tag{13.79}$$
となる．すなわち，A の正および負の整数冪は $1, A, \cdots, A^{n-1}$ の一次結合で表すことができる．また，$A^{n+1} = AA^n$ であるから，式 (13.78) を 2 回用いて A^{n+1} を $1, A, \cdots, A^{n-1}$ の一次結合で表すことができる．よって，n 次正方行列 A の，整数冪，多項式，有理関数は $1, A, \cdots, A^{n-1}$ の一次結合で表すことができ

る．つまり，ダンカン・カラーの形式はこのことの拡張と考えられる．

¶**例 13.3**¶ 行列 $A = \begin{bmatrix} 1 & 3 \\ 0 & 2 \end{bmatrix}$ とする．行列 e^A をダンカン・カラー形式によって A の多項式で表すことにより求める．関数 $f(x) = e^x$ を考える．固有値は $\lambda_1 = 1$, $\lambda_2 = 2$ であるから，

$$|V| = 1, \quad |V_0| = 2e - e^2, \quad |V_1| = e^2 - e$$

である．よって式 (13.76) より

$$e^A = (2e - e^2)\mathbf{1} + (e^2 - e)A = \begin{bmatrix} e & 3(e^2 - e) \\ 0 & e^2 \end{bmatrix}$$

となる．

(b) ラグランジュの補間多項式による行列関数

式 (13.75) は

$$g(x) = \sum_{i=1}^{n} g_{i-1} x^{i-1} \tag{13.80}$$

$$= \frac{1}{|V|} \sum_{k=1}^{n} \{V_{k1} + V_{k2}x + V_{k3}x^2 + \cdots + V_{kn}x^{n-1}\} f(\lambda_k)$$

のように別表現ができる．この式の括弧 { } のなかの項はファンデルモンド行列 V の第 k 行を $1, x, x^2, \cdots, x^{n-1}$ で置き換えた行列式 $|\hat{V}_k(x)|$ の第 k 行に関する余因子展開を表している．したがって，$f(\lambda_k)$ の係数は行列式の比 $|\hat{V}_k(x)|/|V|$ となる．ここで式 (13.72) を参照すれば，この比は分母分子の共通因数 $(\lambda_k - \lambda_i)(k \neq i)$ が約分されて，λ_k を x で置き換えた因子 $(\lambda_i - x)$ の差積が分子に，これに対応する因数 $(\lambda_i - \lambda_k)$ の差積が分母に残る．よって，x を行列 A に置き換えれば $f(A) = g(A)$ であるから

$$f(A) = \sum_{k=1}^{n} \frac{(\lambda_1 \mathbf{1} - A) \cdots (\lambda_{k-1}\mathbf{1} - A)(\lambda_{k+1}\mathbf{1} - A) \cdots (\lambda_n \mathbf{1} - A)}{(\lambda_1 - \lambda_k) \cdots (\lambda_{k-1} - \lambda_k)(\lambda_{k+1} - \lambda_k) \cdots (\lambda_n - \lambda_k)} f(\lambda_k)$$

$$= \sum_{k=1}^{n} f(\lambda_k) K(\lambda_k) \tag{13.81}$$

が成り立つ．ただし

$$K(\lambda_k) = \prod_{\substack{j=1 \\ (k \neq j)}}^{n} \frac{\lambda_j \mathbf{1} - A}{\lambda_j - \lambda_k} \tag{13.82}$$

である．この式からわかるように，行列 $K(\lambda_k)$ は行列 A およびその固有値のみによって決まり，関数値 $f(\lambda_k)$ には無関係である．行列 $K(\lambda_k)$ を行列 A の構成行列 (constituent matrix) という．行列 $K(\lambda_k)$ についてつぎの性質がある．

$$K(\lambda_k) K(\lambda_j) = 0 \ (k \neq j), \quad \{K(\lambda_k)\}^l = K(\lambda_k) \ (l：正整数),$$

$$\sum_{k=1}^{n} \boldsymbol{K}(\lambda_k) = \boldsymbol{1}, \qquad \boldsymbol{A}\boldsymbol{K}(\lambda_k) = \lambda_k \boldsymbol{K}(\lambda_k) \tag{13.83}$$

¶例 13.4 ¶ $\boldsymbol{A} = \begin{bmatrix} -3 & 2 \\ 1 & -2 \end{bmatrix}$ に対し,$f(\boldsymbol{A}) = e^{\boldsymbol{A}t}$ を求める.固有値は $\lambda_1 = -1$,$\lambda_2 = -4$ であるから

$$\boldsymbol{K}(-1) = \frac{1}{3}\begin{bmatrix} 1 & 2 \\ 1 & 2 \end{bmatrix}, \quad \boldsymbol{K}(-4) = \frac{1}{3}\begin{bmatrix} 2 & -2 \\ -1 & 1 \end{bmatrix}$$

となる.したがって

$$f(\boldsymbol{A}) = e^{\boldsymbol{A}t} = e^{-4t}\boldsymbol{K}(-4) + e^{-t}\boldsymbol{K}(-1)$$
$$= \frac{1}{3}\begin{bmatrix} e^{-t}+2e^{-4t} & 2t^{-t}-2e^{-4t} \\ e^{-t}-e^{-4t} & 2e^{-t}+e^{-4t} \end{bmatrix}$$

また,行列 $\boldsymbol{K}$ の性質は容易に確かめられる.

13.7.2 最小方程式が重解をもたない場合

最小多項式を

$$\varphi(\lambda) = (\lambda-\lambda_1)(\lambda-\lambda_2)\cdots(\lambda-\lambda_s) \tag{13.84}$$

で表す.ただし,$m_1 = m_2 = \cdots = m_s = 1$,$m = m_1+m_2+\cdots+m_s = s$ である.この場合も式 (13.82) と同様に次式が成り立つ.

$$f(\boldsymbol{A}) = \sum_{k=1}^{s} f(\lambda_k) \boldsymbol{K}(\lambda_k) \tag{13.85}$$

ただし

$$\boldsymbol{K}(\lambda_k) = \prod_{\substack{j=1 \\ (k \neq j)}}^{s} \frac{\lambda_j \boldsymbol{1} - \boldsymbol{A}}{\lambda_j - \lambda_k} \tag{13.86}$$

行列 $\boldsymbol{K}(\lambda_k)$ について同様につぎの性質がある.

$$\boldsymbol{K}(\lambda_k)\boldsymbol{K}(\lambda_j) = \boldsymbol{0}\,(k \neq j), \quad \{\boldsymbol{K}(\lambda_k)\}^l = \boldsymbol{K}(\lambda_k)\,(l:\text{正整数})$$

$$\sum_{k=1}^{n} \boldsymbol{K}(\lambda_k) = \boldsymbol{1}, \qquad \boldsymbol{A}\boldsymbol{K}(\lambda_k) = \lambda_k \boldsymbol{K}(\lambda_k) \tag{13.87}$$

¶例 13.5 ¶ $\boldsymbol{A} = \begin{bmatrix} 2 & 0 & 0 \\ 0 & 2 & 0 \\ 0 & 0 & 3 \end{bmatrix}$ のとき,$e^{\boldsymbol{A}t}$ を求めよう.

$\Delta(\lambda) = (\lambda-2)^2(\lambda-3)$,$\varphi(\lambda) = (\lambda-2)(\lambda-3)$ であるから,$m_1 = m_2 = 1$,$m = s = 2$ である.よって

$$f(\boldsymbol{A}) = e^{\boldsymbol{A}t} = e^{2t}\boldsymbol{K}(2) + e^{3t}\boldsymbol{K}(3)$$

$$\boldsymbol{K}(2) = \frac{3\boldsymbol{1}-\boldsymbol{A}}{3-2} = \begin{bmatrix} 1 & 0 & 0 \\ 0 & 1 & 0 \\ 0 & 0 & 0 \end{bmatrix}, \quad \boldsymbol{K}(3) = \frac{2\boldsymbol{1}-\boldsymbol{A}}{2-3} = \begin{bmatrix} 0 & 0 & 0 \\ 0 & 0 & 0 \\ 0 & 0 & 1 \end{bmatrix}$$

であるから

$$f(\boldsymbol{A}) = e^{\boldsymbol{A}t} = \begin{bmatrix} e^{2t} & 0 & 0 \\ 0 & e^{2t} & 0 \\ 0 & 0 & e^{3t} \end{bmatrix}$$

となる．この例でも $\boldsymbol{K}(\lambda_k)\,(k=1,2)$ について式 (13.87) が成り立つことが容易に確かめられる．

13.7.3 最小方程式が重解をもつ場合――ラグランジ・シルベスターの展開定理

この場合は一般的であるが，理論は急に複雑になる．ラグランジの補間多項式を用いる方法とレゾルベント行列を用いる方法を述べる．

（a） ラグランジの補間多項式を用いる方法

最小多項式を

$$\varphi(\lambda) = (\lambda-\lambda_1)^{m_1}(\lambda-\lambda_2)^{m_2}\cdots(\lambda-\lambda_s)^{m_s}$$
$$m = m_1+m_2+\cdots+m_s \tag{13.88}$$

とする．$m-1$ 次多項式

$$g(x) = g_0+g_1x+g_2x^2+\cdots+g_{m-1}x^{m-1} \tag{13.89}$$

の m 個の係数 $g_0, g_1, \cdots, g_{m-1}$ を定めればよい．固有値 λ_k に対し式 (13.67) より

$$\left.\begin{aligned}
g_0+\lambda_k g_1+\lambda_k^2 g_2+\cdots+\lambda_k^{m-1}g_{m-1} &= f(\lambda_k) \\
g_1+2\lambda_k g_2+\cdots+(m-1)\lambda_k^{m-2}g_{m-1} &= f^{(1)}(\lambda_k) \\
\cdots\cdots\cdots\cdots\cdots\cdots\cdots\cdots\cdots\cdots & \\
(m_k-1)!\,g_{m_k-1}+m_k!\,\lambda_k g_{m_k}+\cdots+\frac{(m-1)!}{(m-m_k)!}\lambda_k^{m-m_k}g_{m-1} &= f^{(m_k-1)}(\lambda_k)
\end{aligned}\right\} \tag{13.90}$$

が成り立つ．このような方程式を $\boldsymbol{A}$ の固有値 $\lambda_k\,(k=1,\cdots,s)$ に対して s 組をつくる．

いま，$\lambda_k\,(k=1,2,\cdots,s)$ に対し m_k 行 m 列の行列 $\boldsymbol{G}_k$ を

$$\boldsymbol{G}_k = \begin{bmatrix} 1 & \lambda_k & \lambda_k^2 & \cdots\cdots\cdots & & \lambda_k^{m-1} \\ 0 & 1 & 2\lambda_k & \cdots\cdots & & (m-1)\lambda_k^{m-2} \\ 0 & 0 & 2! & 3!\lambda_k & \cdots\cdots & (m-1)(m-2)\lambda_k^{m-3} \\ \vdots & \vdots & \vdots & \ddots & & \vdots \\ 0 & 0 & 0 & (m_k-1)! & \cdots & \dfrac{(m-1)!}{(m-m_k)!}\lambda_k^{m-m_k} \end{bmatrix} \tag{13.91}$$

によって定義し，これら s 個の行列 $\boldsymbol{G}_k\,(k=1,2,\cdots,s)$ を縦に並べることにより m 次の正方行列

$$\widehat{V} = [\boldsymbol{G}_1 \ \boldsymbol{G}_2 \ \cdots \ \boldsymbol{G}_s]^T \tag{13.92}$$

を構成する．関数 $f(x)$ の $\boldsymbol{A}$ のスペクトル上の関数値および微分値をベクトル

$$\boldsymbol{f}_k = [f(\lambda_k) \ f^{(1)}(\lambda_k) \ f^{(2)}(\lambda_k) \ \cdots \ f^{(m_k-1)}(\lambda_k)]^T \tag{13.93}$$

$$k = 1, 2, \cdots, s$$

$$\widehat{\boldsymbol{F}} = [\boldsymbol{f}_1 \ \boldsymbol{f}_2 \ \cdots \ \boldsymbol{f}_s]^T \tag{13.94}$$

で表し，補間多項式 $g(x)$ の m 個の係数ベクトルで

$$\boldsymbol{g} = [g_0 \ g_1 \ g_2 \ \cdots \ g_{m-1}]^T \tag{13.95}$$

表せば，連立一次方程式

$$\widehat{V}\boldsymbol{g} = \widehat{\boldsymbol{F}} \tag{13.96}$$

が得られる．この連立一次方程式 (13.96) を解けば，m 個の係数 $g_0, g_1, g_2, \cdots,$ g_{m-1} が求められ，多項式 $g(x)$ を定めることができる．こうして求めた多項式 $g(x)$ をつぎのように表現する．

$$g(x) = \sum_{k=1}^{s} \{L_{k0}(x)f(\lambda_k) + L_{k1}(x)f^{(1)}(\lambda_k) + \cdots + L_{km_k-1}(x)f^{(m_k-1)}(\lambda_k)\} \tag{13.97}$$

ここに，$L_{k0}(x), L_{k1}(x), \cdots, L_{m_k-1}(x)$ は $m-1$ 次の多項式であり，基本多項式 (fundamental polynomial) とよばれる．基本多項式は関数 $f(x)$ に依存しない．変数 x を行列 $\boldsymbol{A}$ に置き換え，定義により $f(\boldsymbol{A}) = g(\boldsymbol{A})$ であるから，$f(x)$ の行列関数は

$$f(\boldsymbol{A}) = \sum_{k=1}^{s} \{f(\lambda_k)\boldsymbol{L}_{k0} + f^{(1)}(\lambda_k)\boldsymbol{L}_{k1} + \cdots + f^{(m_k-1)}(\lambda_k)\boldsymbol{L}_{km_k-1}\} \tag{13.98}$$

となる．ただし，$\boldsymbol{L}_{kj} = L_{kj}(\boldsymbol{A})$ である．行列 $\boldsymbol{L}_{kj}$ は行列 $\boldsymbol{A}$ の構成行列である．構成行列 $\boldsymbol{L}_{kj}$ は $\boldsymbol{A}$ のみに依存し関数 $f(x)$ には依存しないから関数 $f(x)$ とは独立に決めることができる．行列 $\boldsymbol{L}_{kj}$ ($k = 1, \cdots, s$; $j = 0, 1, \cdots, m_k-1$) は一次独立であることが示される（参考文献：F. R. Gantmacher, 1977）．

¶ 例 13.6 ¶ $\boldsymbol{A} = \begin{bmatrix} 2 & 1 & 0 \\ 0 & 2 & 0 \\ 0 & 0 & 3 \end{bmatrix}$ のとき，$e^{\boldsymbol{A}t}$ を求めよう．

固有多項式と最小多項式が一致し $\Delta(\lambda) = \varphi(\lambda) = (\lambda-2)^2(\lambda-3)$ である．最小方程式 $\varphi(\lambda) = 0$ は重解 $\lambda_1 = 2$ と単一解 $\lambda_2 = 3$ をもつ．

関数 $f(x) = e^{xt}$ とすれば，$f^{(1)}(x) = te^{xt}$ である．補間多項式 $g(x)$ とその微分 $g^{(1)}(x)$ は

$$g(x) = g_0 + g_1 x + g_2 x^2, \quad g^{(1)}(x) = g_1 + 2g_2 x$$

で与えられる．これらの式に固有値を代入して
$$G_1 = \begin{bmatrix} 1 & 2 & 4 \\ 0 & 1 & 4 \end{bmatrix}, \quad G_2 = \begin{bmatrix} 1 & 3 & 9 \end{bmatrix}$$
が得られる．したがって
$$\hat{V} = \begin{bmatrix} G_1 \\ G_2 \end{bmatrix} = \begin{bmatrix} 1 & 2 & 4 \\ 0 & 1 & 4 \\ 1 & 3 & 9 \end{bmatrix}, \quad g = \begin{bmatrix} g_0 \\ g_1 \\ g_2 \end{bmatrix}, \quad F = \begin{bmatrix} e^{2t} \\ te^{2t} \\ e^{3t} \end{bmatrix}$$
と置けば，$|\hat{V}| = 1$ である．よって
$$g = \begin{bmatrix} g_0 \\ g_1 \\ g_2 \end{bmatrix} = \begin{bmatrix} -3 & -6 & 4 \\ 4 & 5 & -4 \\ -1 & -1 & 1 \end{bmatrix} \begin{bmatrix} e^{2t} \\ te^{2t} \\ e^{3t} \end{bmatrix}$$
$$= \begin{bmatrix} -3e^{2t} - 6te^{2t} + 4e^{3t} \\ 4e^{2t} + 5te^{2t} - 4e^{3t} \\ -e^{2t} - te^{2t} + e^{3t} \end{bmatrix}$$
となり，補間多項式 $g(x)$ は
$$g(x) = (-3e^{2t} - 6te^{2t} + 4e^{3t}) + (4e^{2t} + 5te^{2t} - 4e^{3t})x + (-e^{2t} - te^{2t} + e^{3t})x^2$$
となる．この多項式 $g(x)$ は
$$g(x) = (-3 + 4x - x^2)e^{2t} + (-6 + 5x - x^2)te^{2t} + (4 - 4x + x^2)e^{3t}$$
のように別の表現ができる．したがって，基本多項式は
$$L_{10}(x) = -3 + 4x - x^2, \quad L_{11}(x) = -6 + 5x - x^2, \quad L_{20}(x) = 4 - 4x + x^2$$
であるから，構成行列は
$$L_{10} = -3\,\mathbf{1} + 4\,A - A^2 = \begin{bmatrix} 1 & 0 & 0 \\ 0 & 1 & 0 \\ 0 & 0 & 0 \end{bmatrix}$$
$$L_{11} = -6\,\mathbf{1} + 5\,A - A^2 = \begin{bmatrix} 0 & 1 & 0 \\ 0 & 0 & 0 \\ 0 & 0 & 0 \end{bmatrix}$$
$$L_{20} = 4\,\mathbf{1} - 4\,A + A^2 = \begin{bmatrix} 0 & 0 & 0 \\ 0 & 0 & 0 \\ 0 & 0 & 1 \end{bmatrix}$$
となり，$f(x)$ には関係しない．行列関数は
$$f(A) = L_{10}e^{2t} + L_{11}te^{2t} + L_{20}e^{3t} = \begin{bmatrix} e^{2t} & te^{2t} & 0 \\ 0 & e^{2t} & 0 \\ 0 & 0 & e^{3t} \end{bmatrix}$$
となる．構成行列 L_{10}, L_{11}, L_{20} が一次独立であることは，一次結合

$$c_1\boldsymbol{L}_{10}+c_2\boldsymbol{L}_{11}+c_3\boldsymbol{L}_{20}=\begin{bmatrix} c_1 & c_2 & 0 \\ 0 & c_1 & 0 \\ 0 & 0 & c_3 \end{bmatrix}=\boldsymbol{0}$$

により,$c_1=c_2=c_3=0$ となることから確かめられる.

(b) レゾルベント行列を用いる方法

構成行列 $\boldsymbol{L}_{kj}$ は行列 $\boldsymbol{A}$ のみに依存し関数 $f(x)$ に依存しない.したがって,まず $\boldsymbol{L}_{kj}(\boldsymbol{A})$ を定めるために簡単な関数を $f(x)$ に選ぶ.いま,関数 $f(x)$ として

$$f(x)=\frac{1}{\lambda-x} \tag{13.99}$$

を考える.この関数 $f(x)$ を x で $m-1$ 回を微分すれば

$$f^{(m-1)}(x)=\frac{(m-1)!}{(\lambda-x)^m},\quad f^{(0)}(x)=f(x) \tag{13.100}$$

となる.したがって,式 (13.97) は

$$g(x)=\sum_{k=1}^{s}\{L_{k0}(x)f^{(0)}(\lambda_k)+L_{k1}(x)f^{(1)}(\lambda_k)+\cdots+L_{km_k-1}(x)f^{(m_k-1)}(\lambda_k)\}$$

$$=\sum_{k=1}^{s}\left\{\frac{L_{k0}(x)}{\lambda-\lambda_k}+\frac{1!L_{k1}(x)}{(\lambda-\lambda_k)^2}+\cdots+\frac{(m_k-1)!L_{km_k-1}(x)}{(\lambda-\lambda_k)^{m_k}}\right\} \tag{13.101}$$

と表される.定義により $f(\boldsymbol{A})=g(\boldsymbol{A})$ であるから,

$$f(\boldsymbol{A})=\sum_{k=1}^{s}\left\{\frac{\boldsymbol{L}_{k0}}{\lambda-\lambda_k}+\frac{1!\boldsymbol{L}_{k1}}{(\lambda-\lambda_k)^2}+\cdots+\frac{(m_k-1)!\boldsymbol{L}_{km_k-1}}{(\lambda-\lambda_k)^{m_k}}\right\} \tag{13.102}$$

が得られる.ただし,$\boldsymbol{L}_{kj}=L_{kj}(\boldsymbol{A})$ であり,$\boldsymbol{L}_{kj}$ は構成行列である.一方,行列 $(\lambda\boldsymbol{1}-\boldsymbol{A})$ の既約随伴行列を $\boldsymbol{C}(\lambda)=\operatorname{adj}(\lambda\boldsymbol{1}-\boldsymbol{A})$ と置けば

$$f(\boldsymbol{A})=(\lambda\boldsymbol{1}-\boldsymbol{A})^{-1}=\frac{\boldsymbol{C}(\lambda)}{\varphi(\lambda)} \tag{13.103}$$

と表すことができる.逆行列 $(\lambda\boldsymbol{1}-\boldsymbol{A})^{-1}$ を行列 $\boldsymbol{A}$ のレゾルベント行列 (resolvent matrix) という.式 (13.103) の右辺を部分分数に分解すれば式 (13.102) が得られる.ここで,係数行列 $\boldsymbol{L}_{kj}$ の要素は λ の有理関数である.両辺に $(\lambda-\lambda_k)^{m_k}$ を掛けて,m_k-j-1 回微分し,それぞれの結果に $\lambda=\lambda_k$ を代入すれば,$\boldsymbol{L}_{kj}$ が求められる.すなわち,$\boldsymbol{L}_{kj}$ は

$$\boldsymbol{L}_{kj}=\frac{1}{j!(m_k-j-1)!}\left(\frac{\boldsymbol{C}(\lambda)}{\psi_k(\lambda)}\right)_{\lambda=\lambda_k}^{(m_k-j-1)} \tag{13.104}$$

$$(j=0,1,\cdots,m_k\,;\,k=1,2,\cdots,s)$$

$$\psi_k(\lambda)=\frac{\varphi(\lambda)}{(\lambda-\lambda_k)^{m_k}} \tag{13.105}$$

によって与えられる．このようにして行列 A の構成行列を決めれば式 (13.98) を用いて与えられた関数 $f(x)$ に対する行列関数 $f(A)$ を定めることができる．

¶**例 13.7**¶　行列 $A = \begin{bmatrix} -2 & 0 & 0 \\ 1 & -3 & 2 \\ 3 & 0 & -2 \end{bmatrix}$ に対し，e^{At} を求める．この場合は固有多項式と最小多項式とが一致し，$\Delta(\lambda) = \varphi(\lambda) = (\lambda+2)^2(\lambda+3)$ であるから，最小方程式は重解 $\lambda_1 = -2$ $(m_1 = 2)$ と単一解 $\lambda_2 = -3$ $(m_2 = 1)$，$m = m_1 + m_2 = 3$ をもつ．したがって，$C(\lambda) = \text{adj}(\lambda \mathbf{1} - A)$ は

$$C(\lambda) = \begin{bmatrix} (\lambda+2)(\lambda+3) & 0 & 0 \\ \lambda+8 & (\lambda+2)^2 & 2(\lambda+2) \\ 3(\lambda+3) & 0 & (\lambda+2)(\lambda+3) \end{bmatrix}$$

となる．ここで式 (13.103) の部分分数分解を

$$\frac{C(\lambda)}{\varphi(\lambda)} = \frac{L_{10}}{\lambda+2} + \frac{L_{11}}{(\lambda+2)^2} + \frac{L_{20}}{\lambda+3}$$

と置けば構成行列

$$L_{10} = \left(\frac{C(\lambda)}{\lambda+3}\right)^{(1)}_{\lambda=-2} = \begin{bmatrix} 1 & 0 & 0 \\ -5 & 0 & 2 \\ 0 & 0 & 1 \end{bmatrix}, \quad L_{11} = \left(\frac{C(\lambda)}{\lambda+3}\right)_{\lambda=-2} = \begin{bmatrix} 0 & 0 & 0 \\ 6 & 0 & 0 \\ 3 & 0 & 0 \end{bmatrix}$$

$$L_{20} = \left(\frac{C(\lambda)}{(\lambda+2)^2}\right)_{\lambda=-3} = \begin{bmatrix} 0 & 0 & 0 \\ 5 & 1 & -2 \\ 0 & 0 & 0 \end{bmatrix}$$

が得られる．したがって，改めて $f(x) = e^{xt}$ と置くと

$$f(A) = e^{At} = L_{10}f(-2) + L_{11}f^{(1)}(-2) + L_{20}f(-3) = L_{10}e^{-2t} + L_{11}te^{-2t} + L_{20}e^{-3t}$$

$$= \begin{bmatrix} e^{-2t} & 0 & 0 \\ (-5+6t)e^{-2t}+5e^{-3t} & e^{-3t} & 2(e^{-2t}-e^{-3t}) \\ 3te^{-2t} & 0 & e^{-2t} \end{bmatrix}$$

となる．

13.7.4　構成行列の計算法

上記の例でも示したように，構成行列を計算するのは面倒な作業である．ここでは随伴行列の性質を用いて，もう少し簡単に求める方法を紹介する．

レゾルベント行列 $(\lambda \mathbf{1} - A)^{-1}$ の部分分数分解を少し容易に計算したい．そこで，レゾルベント行列 $(\lambda \mathbf{1} - A)^{-1}$ 分子は $(\lambda \mathbf{1} - A)$ の随伴行列 $\text{adj}(\lambda \mathbf{1} - A)$ であるから，

$$\text{adj}(\lambda \mathbf{1} - A) = B(\lambda) = B_0 \lambda^{n-1} + B_1 \lambda^{n-2} + \cdots + B_{n-2} \lambda + B_{n-1} \quad (13.106)$$

と置く，ここに $B(\lambda)$ は λ の行列であり，$B_k (k = 0, 1, \cdots, n-1)$ は定数行列である．随伴行列の性質から

$$(\lambda \mathbf{1} - \mathbf{A})\mathbf{B}(\lambda) = \Delta(\lambda)\mathbf{1} \tag{13.107}$$
$$\Delta(\lambda) = \lambda^n + a_1\lambda^{n-1} + \cdots + a_{n-1}\lambda + a_n$$

が成り立つから，この式に式 (13.106) を代入して

$$\begin{aligned}&\mathbf{B}_0\lambda^n + \mathbf{B}_1\lambda^{n-1} + \cdots + \mathbf{B}_{n-2}\lambda^2 + \mathbf{B}_{n-1}\lambda \\ &- (\mathbf{A}\mathbf{B}_0\lambda^{n-1} + \mathbf{A}\mathbf{B}_1\lambda^{n-2} + \cdots + \mathbf{A}\mathbf{B}_{n-1}) \\ &= \mathbf{1}\lambda^n + a_1\mathbf{1}\lambda^{n-1} + \cdots + a_n\mathbf{1}\end{aligned} \tag{13.108}$$

となる．したがって，両辺の λ の等冪の係数を比較し等値すれば，つぎの一連の式が得られる．

$$\mathbf{B}_0 = \mathbf{1}, \quad \mathbf{B}_1 = \mathbf{A}\mathbf{B}_0 + a_1\mathbf{1}, \quad \mathbf{B}_2 = \mathbf{A}\mathbf{B}_1 + a_2\mathbf{1}, \cdots$$
$$\mathbf{B}_k = \mathbf{A}\mathbf{B}_{k-1} + a_k\mathbf{1}, \cdots, \mathbf{B}_{n-1} = \mathbf{A}\mathbf{B}_{n-2} + a_{n-1}\mathbf{1}$$
$$\mathbf{0} = \mathbf{A}\mathbf{B}_{n-1} + a_n\mathbf{1} \tag{13.109}$$

この式から順々に行列 $\mathbf{B}_k$ を決めることができる．さらに，最後の式から計算のチェックができる．したがって，レゾルベント行列は

$$(\lambda\mathbf{1} - \mathbf{A})^{-1} = \frac{\mathbf{B}_0\lambda^{n-1} + \mathbf{B}_1\lambda^{n-2} + \cdots + \mathbf{B}_{n-2}\lambda + \mathbf{B}_{n-1}}{\Delta(\lambda)} \tag{13.110}$$

となるから，これを部分分数分解することによって，構成行列を求めることができる．

¶例 13.8¶ 先の例 13.7 と同じ行列 $\mathbf{A} = \begin{bmatrix} -2 & 0 & 0 \\ 1 & -3 & 2 \\ 3 & 0 & -2 \end{bmatrix}$ をとりあげる．固有多項式は $\Delta(\lambda) = \lambda^3 + 7\lambda^2 + 16\lambda + 12 = (\lambda+2)^2(\lambda+3)$ であるから，随伴行列の各要素は二次の多項式であることに注意して，

$$\mathbf{B}_0 = \mathbf{1}, \quad \mathbf{B}_1 = \mathbf{A}\mathbf{B}_0 + 7\mathbf{1} = \begin{bmatrix} 5 & 0 & 0 \\ 1 & 4 & 2 \\ 3 & 0 & 5 \end{bmatrix}$$

$$\mathbf{B}_2 = \mathbf{A}\mathbf{B}_1 + 16\mathbf{1} = \begin{bmatrix} 6 & 0 & 0 \\ 8 & 4 & 4 \\ 9 & 0 & 6 \end{bmatrix}$$

が得られる．また，$\mathbf{B}_3 = \mathbf{A}\mathbf{B}_2 + 12\mathbf{1} = \mathbf{0}$ が成り立つから計算結果が正しいことがわかる．よって，

$$\mathrm{adj}(\lambda\mathbf{1} - \mathbf{A}) = \begin{bmatrix} 1 & 0 & 0 \\ 0 & 1 & 0 \\ 0 & 0 & 1 \end{bmatrix}\lambda^2 + \begin{bmatrix} 5 & 0 & 0 \\ 1 & 4 & 2 \\ 3 & 0 & 5 \end{bmatrix}\lambda + \begin{bmatrix} 6 & 0 & 0 \\ 8 & 4 & 4 \\ 9 & 0 & 6 \end{bmatrix}$$

$$= \begin{bmatrix} (\lambda+2)(\lambda+3) & 0 & 0 \\ \lambda+8 & (\lambda+2)^2 & 2(\lambda+2) \\ 3(\lambda+3) & 0 & (\lambda+2)(\lambda+3) \end{bmatrix}$$

となり，前例題の $C(\lambda)$ に一致する．

13.8 行列の級数と指数関数

13.8.1 無限級数

行列の数列 (sequence) はスカラーの数列と同様に，絶対値などノルムを定義することにより，数列の収束，極限などが説明できる．いま，n 行 m 列行列の無限級数

$$\sum_{k=0}^{\infty} \boldsymbol{A}_{(k)} = \left(\sum_{k=0}^{\infty} a_{ij(k)} \right) \tag{13.111}$$

は mn 個のスカラーの無限級数をすべて同時に考えると解釈できるから，行列の級数の収束は mn 個のスカラーの同時収束と考える．

13.8.2 冪級数

いま，複素変数を z，複素係数を $c_k (k=0,1,2,\cdots)$ とするとき，スカラーの冪級数

$$f(z) = \sum_{k=0}^{\infty} c_k z^k \tag{13.112}$$

は $|z| < R$ において収束し，その和を $f(z)$ とする．いま，正方行列 $\boldsymbol{A}$ の固有値がすべて円 $|z| = R$ 内に存在するとき，変数 z を正方行列 $\boldsymbol{A}$ で置き換えた行列の冪級数

$$f(\boldsymbol{A}) = \sum_{k=0}^{\infty} c_k \boldsymbol{A}^k, \quad \boldsymbol{A}^0 = \boldsymbol{1} \tag{13.113}$$

は収束する．関数 $f(\boldsymbol{A})$ を行列関数とよぶ．この行列関数の定義は行列の冪級数に基づいた定義である．

このように行列関数は行列の多項式で表されるから，ダンカン・カラー形式やラグランジ・シルベスターの方法により，その展開形式を求めれば固有値との関連が明らかになる．

13.8.3 行列の指数関数

正方行列 $\boldsymbol{A}$ の指数関数 (exponential function) はつぎの式で定義される．

$$e^{\boldsymbol{A}} = \boldsymbol{1} + \boldsymbol{A} + \cdots + \frac{\boldsymbol{A}^n}{n!} + \cdots \tag{13.114}$$

この行列の冪級数に対応するスカラの冪級数の収束半径は無限大である．したがって，この行列の冪級数はすべての行列に対して収束し，常に非特異 (nonsingular) $\det(e^{\boldsymbol{A}}) \neq 0$ である．上記の定義により

$$e^{-\boldsymbol{A}} = (e^{\boldsymbol{A}})^{-1} \tag{13.115}$$

スカラー t, t_1, t_2 に対し

$$e^{\boldsymbol{1}t} = e^t \boldsymbol{1} \tag{13.116}$$

$$e^{\boldsymbol{A}t_1} e^{\boldsymbol{A}t_2} = e^{\boldsymbol{A}(t_1+t_2)} \tag{13.117}$$

が成り立つ．これに関連して，$\boldsymbol{AB} = \boldsymbol{BA}$ ならば，

$$e^{\boldsymbol{A}} e^{\boldsymbol{B}} = e^{\boldsymbol{B}} e^{\boldsymbol{A}} = e^{\boldsymbol{A}+\boldsymbol{B}} \tag{13.118}$$

が成り立つ．つまり，2つの行列 $\boldsymbol{A}$, $\boldsymbol{B}$ が交換可能のときのみ指数法則が成り立つ．

13.8.4 三角関数，双曲線関数，対数関数

三角関数 $\sin x$, $\cos x$，双曲線関数 $\sinh x$, $\cosh x$ などの超越関数の行列関数はそれぞれの冪級数の変数 x を $\boldsymbol{A}$ で置き換えることにより定義される．

$$\left.\begin{aligned}\cos \boldsymbol{A} &= \boldsymbol{1} - \frac{1}{2!}\boldsymbol{A}^2 + \frac{1}{4!}\boldsymbol{A}^4 + \cdots + (-1)^p \frac{1}{(2p)!}\boldsymbol{A}^{2p} + \cdots \\ \sin \boldsymbol{A} &= \boldsymbol{A} - \frac{1}{3!}\boldsymbol{A}^3 + \cdots + (-1)^p \frac{1}{(2p+1)!}\boldsymbol{A}^{2p+1} + \cdots\end{aligned}\right\} \tag{13.119}$$

$$\left.\begin{aligned}\cosh \boldsymbol{A} &= \boldsymbol{1} + \frac{1}{2!}\boldsymbol{A}^2 + \frac{1}{4!}\boldsymbol{A}^4 + \frac{1}{(2p)!}\boldsymbol{A}^{2p} + \cdots \\ \sinh \boldsymbol{A} &= \boldsymbol{A} + \frac{1}{3!}\boldsymbol{A}^3 + \frac{1}{5!}\boldsymbol{A}^5 + \frac{1}{(2p+1)!}\boldsymbol{A}^{2p+1} + \cdots\end{aligned}\right\} \tag{13.120}$$

この定義により，スカラーの場合に類似の公式

$$\left.\begin{aligned}e^{\pm \mathrm{j}\boldsymbol{A}} &= \cos \boldsymbol{A} \pm \mathrm{j}\sin \boldsymbol{A} \\ e^{\pm \boldsymbol{A}} &= \cosh \boldsymbol{A} \pm \sinh \boldsymbol{A}\end{aligned}\right\} \tag{13.121}$$

$$\left.\begin{aligned}(\cos \boldsymbol{A})^2 + (\sin \boldsymbol{A})^2 &= \boldsymbol{1} \\ (\cosh \boldsymbol{A})^2 - (\sinh \boldsymbol{A})^2 &= \boldsymbol{1}\end{aligned}\right\} \tag{13.122}$$

が得られる．また，行列 $\boldsymbol{A}$ のすべての固有値が単位円内に存在すれば

$$\left.\begin{aligned}(\boldsymbol{1}-\boldsymbol{A})^{-1} &= \boldsymbol{A} + \boldsymbol{A} + \cdots + \boldsymbol{A}^p + \cdots \\ \log(\boldsymbol{1}-\boldsymbol{A}) &= \boldsymbol{A} - \frac{1}{2}\boldsymbol{A}^2 + \cdots + (-1)^p \frac{1}{p+1}\boldsymbol{A}^{p+1} + \cdots\end{aligned}\right\} \tag{13.123}$$

が成り立つ．

13.8.5　線形常微分方程式の解法への応用

13.5 節でラプラス変換による状態方程式の解法を示したが，ここでは行列関数を利用した解法をまとめておく．はじめに同次型の微分方程式

$$\frac{d\boldsymbol{x}}{dt} = \boldsymbol{A}\boldsymbol{x} \tag{13.124}$$

の解であって，初期条件 $\boldsymbol{x}(t_0) = \boldsymbol{x}_0$ を満たす解は

$$\boldsymbol{x} = e^{\boldsymbol{A}(t-t_0)}\boldsymbol{x}_0 \tag{13.125}$$

で与えられる．この式の $e^{\boldsymbol{A}t}$ は式 (13.124) の基本行列 (fundamental matrix)，システム理論では状態遷移行列 (state transition matrix) とよばれる．基本行列は非特異であり，$t=0$ に対し単位行列 $\mathbf{1}$ である．

つぎに，非同次型の微分方程式

$$\frac{d\boldsymbol{x}}{dt} = \boldsymbol{A}\boldsymbol{x} + \boldsymbol{f}(t) \tag{13.126}$$

を考える．定数変化法により解は

$$\boldsymbol{x} = e^{\boldsymbol{A}(t-t_0)}\boldsymbol{x}_0 + \int_{t_0}^{t} e^{\boldsymbol{A}(t-\tau)} \boldsymbol{f}(\tau) d\tau \tag{13.127}$$

によって与えられる．ただし，$\boldsymbol{x}_0 = \boldsymbol{x}(t_0)$ である．

ベクトル値関数 $\boldsymbol{f}(t)$ が特別な形をしている場合は，行列関数を使って解を表現できる．$t_0 = 0$ のとき式 (13.127) の第 2 項のみを以下に示す．

1. $\boldsymbol{f}(t) = \boldsymbol{c}$ (定数ベクトル) のとき

$$\int_0^t e^{\boldsymbol{A}(t-\tau)} \boldsymbol{c} d\tau = \boldsymbol{A}^{-1}(e^{\boldsymbol{A}t} - \mathbf{1})\boldsymbol{c}$$

2. $\boldsymbol{f}(t) = \boldsymbol{c}\sin(\omega t + \theta)$ のとき，部分積分により

$$\int_0^t e^{\boldsymbol{A}(t-\tau)} \boldsymbol{c}\sin(\omega\tau+\theta) d\tau = (\omega^2 \mathbf{1} + \boldsymbol{A}^2)^{-1} [(\sin\theta \boldsymbol{A} + \omega\cos\theta \mathbf{1})e^{\boldsymbol{A}t}$$
$$-\{\sin(\omega t+\theta)\boldsymbol{A} + \omega\cos(\omega t + \theta)\mathbf{1}\}]\boldsymbol{c}$$

（a）定数係数の高階微分方程式

いま，y を独立変数 t の関数，$a_k (k=1,2,\cdots,n)$ を定数とし，微分方程式

$$\frac{d^n y}{dt^n} + a_1 \frac{d^{(n-1)}y}{dt^{(n-1)}} + \cdots + a_{n-1}\frac{dy}{dt} + a_n y = f(t) \tag{13.128}$$

を考える．ただし，$f(t)$ は与えられた t の関数である．

いま，

$$x_1 = y, \quad x_2 = \frac{dy}{dt}, \cdots, x_n = \frac{d^{(n-1)}y}{dt^{(n-1)}} \tag{13.129}$$

と置けば，これら2式は1つの式
$$\frac{d\boldsymbol{x}}{dt} = \boldsymbol{A}\boldsymbol{x} + \boldsymbol{b}(t) \tag{13.130}$$
で書くことができる．ただし，

$$\left.\begin{array}{l} \boldsymbol{x} = [x_1\ x_2\ \cdots\ x_n]^T = \left[y\ \dfrac{dy}{dt}\ \cdots\ \dfrac{d^{(n-1)}y}{dt^{(n-1)}}\right]^T \\[2mm] \boldsymbol{b}(t) = [0\ \cdots\ 0\ f(t)]^T \\[2mm] \boldsymbol{A} = \begin{bmatrix} 0 & 1 & 0 & \cdots & 0 \\ 0 & 0 & 1 & \cdots & 0 \\ \vdots & \vdots & \vdots & \ddots & \vdots \\ 0 & 0 & \cdots & 0 & 1 \\ -a_n & \cdots & \cdots & -a_2 & -a_1 \end{bmatrix} \end{array}\right\} \tag{13.131}$$

である．明らかに，式 (13.128) を解くことと式 (13.130) を解くことは等価であり，式 (13.130) に対しこれまでの結果が適用できる．また，式 (13.128) の a_k が行列，$y, f(t)$ がベクトルであるときは，式 (13.131) を行列の行列と解釈すれば，連立一次微分方程式を解くことに帰着する．

たとえば，抵抗，インダクタ，キャパシタから成る電気回路の固有振動（自由振動）に対する微分方程式は

$$\boldsymbol{L}\frac{d^2\boldsymbol{q}}{dt^2} + \boldsymbol{R}\frac{d\boldsymbol{q}}{dt} + \boldsymbol{S}\boldsymbol{q} = 0 \tag{13.131}$$

である．ただし，変数ベクトル $\boldsymbol{q}$ は電荷ベクトルであり，$\boldsymbol{R}, \boldsymbol{L}, \boldsymbol{S}$ はそれぞれ抵抗行列，インダクタンス行列，エラスタンス行列である．この方程式は

$$\boldsymbol{x} = \begin{bmatrix} \boldsymbol{q} \\ \dfrac{d\boldsymbol{q}}{dt} \end{bmatrix} \quad \boldsymbol{A} = \begin{bmatrix} 0 & 1 \\ -\boldsymbol{L}^{-1}\boldsymbol{S} & -\boldsymbol{L}^{-1}\boldsymbol{R} \end{bmatrix} \tag{13.132}$$

を導入すれば

$$\frac{d\boldsymbol{x}}{dt} = \boldsymbol{A}\boldsymbol{x} \tag{13.124}$$

となり，連立微分方程式に変換されるが，$\boldsymbol{A}$ の要素は行列になる．

行列関数とくに e^{At} を使えば，定数係数の連立微分方程式の解は簡潔に表現される．MATLABやMapleに代表されるパワフルなソフトウェアを利用すれば容易にコードを作成でき，いろいろな大きな回路網の解析も可能であろう．これ以外にも変係数線形回路網や多導線系分布定数線路の解析にも行列関数は有用なツールであるが，本書の範囲外であるので割愛する．

【演 習 問 題】

1. 図 13.5 の回路の標準形状態方程式を求めよ．出力を抵抗 R_o の電圧 v_o とする．ただし $R_0 = R$ とする．

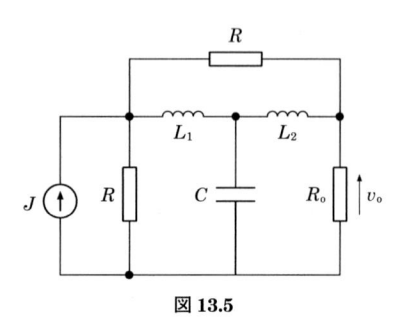

図 13.5

2. $A = \begin{bmatrix} 1 & 2 \\ 3 & 2 \end{bmatrix}$ のとき，A^{101} を求めよ．

3. $A = \begin{bmatrix} 1 & -5 \\ 1 & -1 \end{bmatrix}$ のとき，e^{At} を求めよ．

4. $A = \begin{bmatrix} L & M & M \\ M & L & M \\ M & M & L \end{bmatrix}$ のとき，$\sqrt{A}$ を求めよ．ただし，$L > M$ である．

5. $A = \begin{bmatrix} a & 1 & 0 \\ 0 & a & 1 \\ 0 & 0 & a \end{bmatrix}$ のとき，e^A を求めよ．

6. $A = \begin{bmatrix} a & 1 & 0 \\ 0 & a & 0 \\ 0 & 0 & a \end{bmatrix}$ のとき，$\sin A$，$\cos A$ を求めよ．

7. つぎの行列の構成行列を求めよ．
$$A = \begin{bmatrix} -4 & 10 & 5 \\ -2 & 2 & 3 \\ -4 & 5 & 6 \end{bmatrix}$$

8. つぎの状態方程式の解を求めよ．
$$\frac{d\boldsymbol{x}}{dt} = \begin{bmatrix} 2 & -1 & 1 \\ 0 & 3 & -1 \\ 2 & 1 & 3 \end{bmatrix} \boldsymbol{x}$$
ただし，初期条件は $\boldsymbol{x}(0) = \begin{bmatrix} 2 & 2 & -2 \end{bmatrix}^T$ である．

9. つぎの標準形状態方程式の状態 x と出力 y を求めよ.

$$\frac{d\boldsymbol{x}}{dt} = \begin{bmatrix} 1 & -2 \\ 3 & -4 \end{bmatrix} \boldsymbol{x} + \begin{bmatrix} 1 & 0 & 1 \\ 1 & -1 & 1 \end{bmatrix} \boldsymbol{u}(t)$$

$$\boldsymbol{y} = \begin{bmatrix} 1 & 0 \\ -1 & 2 \end{bmatrix} \boldsymbol{x} + \begin{bmatrix} 1 & 0 & 1 \\ -1 & 2 & 0 \end{bmatrix} \boldsymbol{u}(t)$$

$$\boldsymbol{x}(0) = \begin{bmatrix} 1 \\ 1 \end{bmatrix}, \quad \boldsymbol{u}(t) = \begin{bmatrix} e^{-t} \\ 2 \\ t \end{bmatrix}$$

演習問題解答

[第1章]

1. $x(t) = -\dfrac{6}{5}e^{-2t} + \dfrac{3}{5}(2\cos t + \sin t)$ $(t \geq 0)$

2. $x(t) = -e^{-t} + \dfrac{1}{3}e^{-3t} + \dfrac{5}{3}$ $(t \geq 0)$

3. (a) $x(t) = (1+2t)e^{-2t}$ $(t \geq 0)$, (b) $x(t) = \dfrac{1}{4}\sin 2t$ $(t \geq 0)$

4. $v(0) = 4$ V, 時定数 $CR = 1.6 \times 10^{-2}$ sec, $v(t) = 4e^{-\frac{t}{1.6 \times 10^{-2}}}$ $(t \geq 0)$

5. スイッチ S を開くと，LC の並列回路が 2 つでき，それらは分離されている．したがって，1 つの共振回路についてインダクタの電流 $i(t)$ を求めればよい．キャパシタ C の電圧を $v(t)$ とすれば，$v(0) = 0$，また $i(0) = E/r$ である．回路の微分方程式は $\dfrac{d^2 i}{dt^2} + \dfrac{1}{\sqrt{LC}} i = 0$，上記の初期条件で解けばよい．

   解は $i(t) = \dfrac{E}{r}\cos\left(\dfrac{t}{\sqrt{LC}}\right)$ $(t \geq 0)$ である．

6. (a) 回路の微分方程式は
$$LC\dfrac{d^2 v}{dt^2} + RC\dfrac{dv}{dt} + v = \omega E_m \cos(\omega t + \varphi)$$
となる． (b) ここで，変数 $v(t)$ を複素数に解釈して，対応する微分方程式を作ると
$$LC\dfrac{d^2 v}{dt^2} + RC\dfrac{dv}{dt} + v = \omega E e^{j\omega t}, \quad E = E_m e^{j\varphi}$$
となる．この方程式の特殊解を $v(t) = V e^{j\omega t}$ と置き，上の式に代入すれば，$\{1 - \omega^2 LC + j\omega CR\} V = \omega E$ が得られ，
$$V = \dfrac{\omega E}{1 - \omega^2 LC + j\omega CR} = \dfrac{\omega E_m e^{j(\varphi - \theta)}}{\sqrt{(1 - \omega^2 LC)^2 + (\omega CR)^2}}, \quad \theta = \tan^{-1}\dfrac{\omega CR}{1 - \omega^2 LC}$$
となる．したがって，正弦波定常状態におけるキャパシタ電圧 $v(t)$ は
$$v(t) = \mathrm{Re}(V e^{j\omega t}) = \dfrac{\omega E_m}{\sqrt{(1 - \omega^2 LC)^2 + (\omega CR)^2}} \cos(\omega t + \varphi - \theta)$$
となる．また，電流 $i(t)$ は
$$i(t) = C\dfrac{dv}{dt} = \dfrac{-\omega^2 E_m}{\sqrt{(1 - \omega^2 LC)^2 + (\omega CR)^2}} \sin(\omega t + \varphi - \theta)$$
$$= \dfrac{\omega^2 E_m}{\sqrt{(1 - \omega^2 LC)^2 + (\omega CR)^2}} \cos(\omega t + \varphi - \theta + \pi/2)$$
となる． (c) 以下，略．

7. （a）$\omega = \dfrac{1}{\sqrt{2LC}}$, インピーダンス $Z = \mathrm{j}\omega L + \dfrac{1}{(1/R)+\mathrm{j}\omega C}$, $|Z|^2 = K$ とおき, $R^2\{(1-\omega^2 LC)^2 - K\omega^2 C^2\} = K - \omega^2 L^2$ が得られる. 抵抗 R の値に関係なく成りたつためには, $(1-\omega^2 LC)^2 = K\omega^2 C^2$, $K - \omega^2 L^2 = 0$. よって, $\omega = 1/\sqrt{2LC}$, $K = L/2C$. よって, $|Z| = \sqrt{L/2C}$. したがって, $|I| = |E|\sqrt{2C/L}$.
   （b）抵抗 R に流れる電流が一定であるから, 抵抗から左の回路は電流源とみなせる. したがって, 電流源のインピーダンスは無限大であるから, $\omega = 1/\sqrt{LC}$ である.

8. 省略.

9. 入力側に電圧源 E を接続し, 出力側を短絡したときの電流を J_2, 出力側に電圧源 E を接続し, 入力側を短絡したときの電流を J_1 とする. ハイブリッド表示により, $J_2 = (h_{21}/h_{11})E$, $J_1 = -(h_{12}/h_{11})E$ が得られる. 相反性の定義により $J_1 = J_2$, よって $h_{21} = -h_{12}$ である.

10. $R_1 = R_2 = \sqrt{L/C}$. インピーダンスを導き, $\omega = 0, \omega = \infty$ として $R_1 = R_2$ を導けば, 計算が比較的簡単になる. 角周波数 ω に関する恒等式として扱えばよい.

11. （a）インピーダンス $Z_1 = R + \mathrm{j}\omega L$, よって $Z_2 = \dfrac{K^2}{R+\mathrm{j}\omega L} = \dfrac{1}{\dfrac{1}{K^2/R}+\dfrac{1}{K^2/\mathrm{j}\omega L}}$

と表現できるから, $C = K^2/L$, $G = K^2/R$ の並列回路.

   （b）アドミタンス $Y_1 = (1/R) + \mathrm{j}\omega C$, よって
$$Y_2 = \dfrac{K^2}{(1/R)+\mathrm{j}\omega C} = \dfrac{1}{(1/K^2 R)+\dfrac{1}{K^2/\mathrm{j}\omega C}}$$

したがって, $1/(K^2 R)$ の抵抗と C/K^2 のインダクタの直列回路.

[第2章]

1. 電源が電流源 J であることに注意する. ノートンの定理によりステップ（1） 電流源 J を開放除去したときのインピーダンス Z_5 からみた合成インピーダンスは Z_1 と Z_2 が直列に, Z_3 と Z_4 が直列に接続され, それらが並列に接続されているから,
$$Z_s = (Z_1+Z_2)//(Z_3+Z_4)$$
$$= \dfrac{(Z_1+Z_2)(Z_3+Z_4)}{\varDelta}$$
ただし, $\varDelta = Z_1 + Z_2 + Z_3 + Z_4$
ステップ（2） 端子対 a–b の電圧 V_{ab} は, Z_1 を流れる電流を J_1, Z_2 を流れる電流を J_2 とすれば,
$$J_1 = \dfrac{(Z_2+Z_4)}{\varDelta}J, \quad J_2 = \dfrac{(Z_1+Z_3)}{\varDelta}J$$
よって,

$$V_{\mathrm{ab}} = Z_3 J_1 - Z_4 J_2 = \frac{Z_2 Z_3 - Z_1 Z_4}{\Delta} J$$

となる．したがって，Z_5 を接続したときそれを流れる電流は

$$I = \frac{V_{\mathrm{ab}}}{Z_{\mathrm{s}} + Z_5} = \frac{Z_2 Z_3 - Z_1 Z_4}{(Z_1 + Z_2)(Z_3 + Z_4) + Z_5(Z_1 + Z_2 + Z_3 + Z_4)} J$$

となる．$Z_1/Z_2 = Z_3/Z_4$ が成り立つとき，$I = 0$ となる．

2. 端子対 a-b を流れる電流 i は回路の上下対称性を利用して求めてもよいが，もっと簡単に電圧側をループ I：ErrbrrE，ループ II：Er 7 rrarr 7 rrE について適用すれば，直流電圧源 E のマイナス側からの電圧は $V_a = E/2$，$V_b = E/2$ となり，$V_{ab} = V_a - V_b = 0$．よって，$i = 0$ である．

3. ノートンの定理を用いる．(1) スイッチ S から左側の回路のアドミタンスは

$$Y_s = \frac{(1/Z_1 + 1/Z_3)(1/Z_2)}{(1/Z_1 + 1/Z_3) + (1/Z_2)} = \frac{Z_1 + Z_3}{\Delta}$$

ただし，$\Delta = Z_1 Z_2 + Z_2 Z_3 + Z_3 Z_1$

(2) スイッチ S が閉じているとき，S に流れる電流は

$$I_{\mathrm{s}} = \frac{Z_3 E}{\Delta}$$

よって，スイッチ S が開いたとき，その両端の電圧は

$$V = \frac{I_{\mathrm{s}}}{Y_{\mathrm{s}} + 1/Z_{\mathrm{L}}} = \frac{Z_{\mathrm{L}} Z_3 E}{Z_{\mathrm{L}}(Z_1 + Z_3) + \Delta}$$

すべてのインピーダンスが等しいときは $V = E/5$ となる．

4. 電圧源 $e = 10\cos 10t$ から $\omega = 10$ がわかる．電圧源に直列のインピーダンスは $Z = r + j\omega L = 5 + j15\,\Omega$ である．電圧源を複素数にまで拡大して $Ee^{j10t} = 10e^{j10t} = 10\cos 10t + j10\sin 10t$．したがって，$E = 10$ として，交流理論を適用すればよい．キャパシタ C の複素電流値は $I_C = 2/5 + j1/5 = 1/\sqrt{5}\,e^{j\theta_0}$，ただし，$\theta_0 = \arctan(1/2)$．したがって，瞬時値は $i = \mathrm{Re}\{I_C e^{j10t}\} = 1/\sqrt{5}\cos(10t + \theta_0)$ である．電流源は直流電流源であるから，キャパシタには電流は流れないことに注意．

5. 抵抗 R の上側の端子を a，下側の端子を b とする．抵抗 R を取り去ったときの端子対 a-b の電圧を V_{ab} とすれば，

$$V_{\mathrm{ab}} = 2J/j\omega C$$

端子対 a-b 間のインピーダンスは $Z_s = 1/j\omega C$．よって，テブナンの定理により抵抗 R を流れる電流は

$$I_R = \frac{V_{\mathrm{ab}}}{1/j\omega C + R} = \frac{2J}{1 + j\omega RC}$$

条件により $|I_R| = \sqrt{2}\,|J|$．したがって，

$$\frac{2|J|}{\sqrt{1 + \omega^2 C^2 R^2}} = \sqrt{2}\,|J|$$

これより，$\omega^2 C^2 R^2 = 1$，すなわち，$R = 1/(\omega C)$ に設定すればよい．

6. テブナンの定理により電流 I_C を求める．電流 I_C が流れるキャパシタ $20\,\mu\mathrm{F}$ と抵抗 $20\,\Omega$ の直列インピーダンスは $Z_C = 20 + 1/\mathrm{j}\,2\pi f \times 20 \times 10^{-6} = 20 - \mathrm{j}\,0.7957\,\Omega$ である．これを取り外したときの端子電圧 V_{ab} を求める．ただし，a，b はそれぞれ Z_C の左側，右側の端子である．電流源 J に並列のキャパシタ $50\,\mu\mathrm{F}$ と抵抗 $20\,\Omega$ の直列素子のインピーダンスは $Z_s = 20 + 1/\mathrm{j}\,2\pi f \times 50 \times 10^{-6} = 20 - \mathrm{j}\,0.3183\,\Omega$ である．電圧源 E に並列のインダクタ $40\,\mathrm{mH}$ と抵抗 $20\,\Omega$ からなるインピーダンスは $Z_1 = 20 + \mathrm{j}\,2\pi f \times 40 \times 10^{-3} = 20 + \mathrm{j}\,2.513 \times 10^3\,\Omega$ である．したがって，端子電圧
$$V_{ab} = \frac{Z_1 E}{Z_1 + 10} - Z_s J = -90 + \mathrm{j}\,1.6313\ \text{である．また，端子対a-bからみたインピ}$$
ーダンスは $Z_i = Z_s + \dfrac{10 Z_1}{10 + Z_1} = 30 - \mathrm{j}\,0.2785$ である．テブナンの定理により
$$I_C = \frac{V_{ab}}{Z_i + Z_C} = -1.799 e^{-\mathrm{j}3.14\,\mathrm{rad}}\,\mathrm{A}.\ \text{大きさは}\,1.80\,\mathrm{A},\ \text{位相角}\,-3.14\,\mathrm{rad}\ \text{となる．}$$

7. 抵抗 R を取り外した（開放除去）とき，端子対a-bの電圧 V_{ab} を重ね合わせの原理により求める．すなわち，電流源を開放除去したとき，$V_{ab}^{(1)} = 18\,\mathrm{V}$，電圧源を短絡除去したとき，$V_{ab}^{(2)} = -120\,\mathrm{V}$ である．よって，$V_{ab} = -102\,\mathrm{V}$ となる．端子対a-bからみたインピーダンスは $Z_{ab} = 20\,\Omega$．したがって，テブナンの定理により抵抗 $R = 30\,\Omega$ を流れる電流は $I_R = \dfrac{-102}{30 + 20} = -2.04\,\mathrm{A}$ である．

8. 2つの電流源を等価変換により電圧源に変換してから，重ね合わせの原理，あるいは2つのループ電流を考えることにより，端子電圧 V_{ab} を求める．左の $10\,\mathrm{mA}$ の電流源と $20\,\mathrm{k\Omega}$ の部分は $200\,\mathrm{V}$ の電圧源に $20\,\mathrm{k\Omega}$ の直列抵抗の回路に変換される．また，右側の電流源についても同様に，$10\,\mathrm{V}$ の電圧源と $2\,\mathrm{k\Omega}$ の直列抵抗に変換される．$V_{ab} = -5.45\,\mathrm{V}$．したがって，テブナンの等価電源はこの $-5.45\,\mathrm{V}$ と内部抵抗 $R_s = 20\,\mathrm{k\Omega} \parallel 2\,\mathrm{k\Omega} = 1.82\,\mathrm{k\Omega}$ の電圧源になる．この場合，電圧源の方向に注意する．

[第3章]

1. （b），（e），（f）．
2. （a） 端子対 1-1' の電圧を V とし，コイルの一次側，二次側電圧をそれぞれ V_1，V_2，電流をそれぞれ I_1，I_2 とする．電流について $I_1 + I_2 = 0$ が成り立つから，
$$V = V_1 - V_2 = \mathrm{j}\omega(L_1 + L_2 - 2M)I_1$$
となる．よって，インピーダンスは $\mathrm{j}\omega(L_1 + L_2 - 2M)$ となる．

   （b） 同様にして，インピーダンスは $\mathrm{j}\omega(L_1 + L_2 + 2M)$ である．

3. （a） 前問題 (2) と同様にコイルの電流と電圧をとる．端子1から流れ込む電流

を I, 端子対 1-1′ の電圧を V とすると,
$$I = I_1 + I_2, \quad V = V_1 = V_2$$
が成り立ち，これらの式と変成器の基礎式を合わせて，
$$Z = V/I = j\omega(L_1 L_2 - M^2)/(L_1 + L_2 - 2M)$$
を得る.

（b） 置き換え $M \to -M$ により，
$$Z = V/I = j\omega(L_1 L_2 - M^2)/(L_1 + L_2 + 2M)$$
を得る.

4. 端子 1-1′ 電圧を V とし，変成器の基礎式に従って電流 I_1, I_2 の方向を求めると
$$\left. \begin{array}{l} V = j\omega L_1 I_1 + j\omega M I_2 + 1/(j\omega C)(I_1 + I_2) \\ 0 = j\omega M I_1 + j\omega L_2 I_2 + 1/(j\omega C)(I_1 + I_2) + R I_2 \end{array} \right\}$$
が成り立つ．これより，インピーダンスは
$$Z = \frac{V}{I_1} = (j\omega L_1 + 1/(j\omega C)) - \frac{(j\omega M + 1/(j\omega C))^2}{R + j\omega L_2 + 1/(j\omega C)}$$
となる．この式は
$$Z = \frac{\omega^3 C(M^2 - L_1 L_2) + \omega(L_1 + L_2 - 2M) + j(\omega^2 L_1 C_1 - 1)R}{\omega C R + j(\omega^2 L_2 C - 1)}$$
のように書ける．変成器の等価回路を用いても同様に取り扱える.

5. 端子 1-1′ 電圧を V とし，変成器の定義式に従って電流 I_1, I_2 の方向を決めると
$$\left. \begin{array}{l} V = (R_1 + j\omega L_1) I_1 - j\omega M I_2 \\ V = -j\omega M I_1 + (R_2 + j\omega L_2) I_2 \end{array} \right\}$$
が成り立つ．これより I_1, I_2 を求め，$I = I_1 + I_2$ を計算して，インピーダンスは
$$Z = \frac{V}{I} = \frac{\omega^4 (M^2 - L_1 L_2) + j\omega(L_1 R_2 + L_2 R_1) + R_1 R_2}{R_1 + R_2 + j\omega(L_1 + L_2 + 2M)}$$
となる.

6. 端子 1-1 からみたインピーダンスは

（a） $Z = j\omega(2L_1 + L_2 - 2M)$

（b） $Z = j\omega(2L_1 + L_2 - 2M - M^2/L_2)$

（c） $Z = j\omega L_2$

（d） $Z = j\omega\left(L_2 + \dfrac{M^2}{2M - 2L_1 - L_2}\right)$

7.
$$I = \frac{j\omega(L_2 + M) E}{R_1 R_2 + \omega^2(M^2 - L_1 L_2) + j\omega\{(L_1 + L_2 + 2M) R_2 + L_2 R_1\}}$$
$$I_1 = -\frac{(R_2 + j\omega L_2) E}{R_1 R_2 + \omega^2(M^2 - L_1 L_2) + j\omega\{(L_1 + L_2 + 2M) R_2 + L_2 R_1\}}$$

8. $v_B = R_1 i_B + R_E(i_B + \beta i_B)$ より $R = v_B/i_B = R_1 + (1+\beta) R_E$ となる．また，v_L

$= -R_L \beta i_B = \dfrac{-\beta R_L}{R_1 + (1+\beta) R_E} v_B$ となる．ここで，$\beta \to \infty$ とすれば，$v_L = -\dfrac{R_L}{R_E} v_B$ と近似的に表されるから，v_L は v_B に比例し，v_L の位相は v_B と逆位相になる．抵抗 R_1 の影響はない．

9. $V_{CS} = \mu V = 40i$，よって $32 = 200i + 20i + 40i$ から $i = 0.123\,\mathrm{A}$．

10. （a）$R = \dfrac{R_1(R_0 + R_2)}{R_0 + (1-\mu)R_1 + R_2}$

（b）受動である条件は $R > 0$．これより，$R_0 + R_2 > (\mu - 1) R_1$．$R_0 = 0$ のとき，$R_2/R_1 > (\mu - 1)$

（c）$\dfrac{v_2}{v_1} = \dfrac{(\mu R_2 + R_0) R_3}{R_0 R_2 + (R_0 + R_2) R_3}$．$R_2 = 0$ のとき，$\dfrac{v_2}{v_1} = 1$．

[第 4 章]

1. 節点 a, b についてそれぞれ

$$\left. \begin{array}{l} v_\mathrm{a}/R_2 + (v_\mathrm{a} - v_\mathrm{b})/R_1 = J \\ (v_\mathrm{b} - v_\mathrm{a})/R_1 + v_\mathrm{b}/R_3 = 0 \end{array} \right\}$$

が成り立つ．これを解いて，$v_\mathrm{a} = \dfrac{R_2(R_1 + R_3) J}{R_1 + R_2 R_3}$，$v_\mathrm{b} = \dfrac{R_2 R_3 J}{R_1 + R_2 + R_3}$ となる．メッシュ法では時計回りの 2 つのメッシュ電流 J, i をとると，

$$\left. \begin{array}{l} v_\mathrm{a} = R_2(J - i) \\ R_1 i + R_3 i + R_2 (i - J) = 0 \end{array} \right\}$$

が成り立つ．第 2 式より $i = \dfrac{R_2 J}{R_1 + R_2 + R_3}$ が簡単に求められる．したがって，

$$v_\mathrm{a} = R_2 J \left(1 - \dfrac{R_2}{R_1 + R_2 + R_3} \right) = \dfrac{R_2(R_1 + R_3) J}{R_1 + R_2 + R_3}$$

$$v_\mathrm{b} = R_3 i = \dfrac{R_2 R_3 J}{R_1 + R_2 + R_3}$$

となり，節点法と同じ値が求められる．

2. （a）節点 a, b の電圧（電位）をそれぞれ $V_\mathrm{a}, V_\mathrm{b}$ とする．節点法により

$$\left. \begin{array}{l} \dfrac{V_\mathrm{a} - (-E)}{R} + \mathrm{j}\omega C V_\mathrm{a} + \dfrac{V_\mathrm{a} - V_\mathrm{b}}{\mathrm{j}\omega L} = 0 \\ \dfrac{V_\mathrm{b} - V_\mathrm{a}}{\mathrm{j}\omega L} + \mathrm{j}\omega C V_\mathrm{b} + \dfrac{V_\mathrm{b} - E}{R} = 0 \end{array} \right\}$$

すなわち

$$\left. \begin{array}{l} Y V_\mathrm{a} - \dfrac{1}{\mathrm{j}\omega L} V_\mathrm{b} = -\dfrac{E}{R} \\ -\dfrac{1}{\mathrm{j}\omega L} V_\mathrm{a} + Y V_\mathrm{b} = \dfrac{E}{R} \end{array} \right\}$$

ただし, $Y = \dfrac{1}{R} + j\omega C + \dfrac{1}{j\omega L}$. これより, V_a, V_b を求め, $I = \dfrac{V_a - V_b}{j\omega L}$ を計算すると, $I = -\dfrac{2E}{R(2-\omega^2 LC) + j\omega L}$ となる.

(b) メッシュ法では, 回路の対称性に気がつけば, 変数となるメッシュ電流の数を減らすことができる. すなわち, 時計回りにとった左のメッシュ $ERCE$ の電流 I_1 と同じく右側のメッシュ $CREC$ の電流 I_3 とは等しいことに気がつけば, 問題は簡単になる. 中央の時計回りのメッシュ $CaLbC$ の電流を I_2 とすると

$$\left.\begin{array}{l} RI_1 + \dfrac{1}{j\omega C}(I_1 - I_2) = -E \\ \dfrac{2}{j\omega C}(I_1 - I_2) - j\omega L I_2 = 0 \end{array}\right\}$$

ここで, 第 2 式は対称性を用いて, $I_3 = I_1$ を用いている. これにより, $I = I_2$ を求めると, 節点法で求めたのと同じ式になることがわかる. ここで, $I_1 = I_3 = \dfrac{(\omega^2 LC - 2)}{R(2 - \omega^2 LC) + j\omega L}$ である.

3. 節点法により,

$$\left.\begin{array}{l} (G_1 + G_2)v_a - G_1 v_b = J \\ -G_1 v_a + (G_1 + G_3)v_b = -J \end{array}\right\}$$

を得る. これより,

$$v_a = \dfrac{G_3 J}{G_1 G_2 + G_2 G_3 + G_3 G_1}, \quad v_b = \dfrac{-G_2 J}{G_1 G_2 + G_2 G_3 + G_3 G_1}$$

4. 電圧源 E とコンダクタンス G の直列回路を等価変換し, 電流源 $J_0 = GE$ と G の並列回路に変換する. 電流源の方向に注意する. 節点 a, b について節点法を適用し, $v_a = -1.5\,\mathrm{V}$, $v_b = -2\,\mathrm{V}$ を得る.

5. 電圧源 E とコンダクタンス G の直列回路は等価変換して電流源 $J_0 = GE$ の回路にする. 節点 a から b へ流れる電流を i_d, 節点 c から直流電圧源 E に流れる電流を i_e とする. 節点 a, b, c について, それぞれ次式が成り立つ.

$$\left.\begin{array}{l} 2Gv_a + i_d - J_0 = 0 \\ 2Gv_b - Gv_c - i_d = 0 \\ 2Gv_c - Gv_b + i_e = 0 \end{array}\right\}$$

ここで, $v_c = -E$, $v_b = v_a = E$ に注意する. これより, $v_a = -E/2$, $v_b = E/2$, $i_d = 2GE$, $i_e = 5GE/2$ を得る.

6. (a) E と L_1 の間, L_2 と R_2 との間にそれぞれ節点を置く. この準備の後, 双対回路を構成する. 回路パラメータをそれぞれ双対量に置き換えることに注意する.

(b) メッシュ EL_1R_1E, $R_1L_2R_2CR_1$ を流れる電流をそれぞれ I_1, I_2 とする. メッシュ法による方程式は

$$(R_1+j\omega L_1)I_1 - R_2 I_2 = E \\ -R_1 I_1 + (R_1+R_2+j\omega L_2+1/j\omega C_2)I_2 = 0 \Bigg\}$$

この方程式の回路パラメータと変数をそれぞれ双対量に置き換えると

$$(G_1+j\omega C_1)V_1 - G_2 V_2 = J \\ -G_1 V_1 + (G_1+G_2+j\omega C_2+1/j\omega L_2)V_2 = 0 \Bigg\}$$

となる．この式は双対回路から節点法により導かれる．

[第5章]

1. キャパシタをできるだけ多く含む木：$\{1,3,4,6\}$, $\{1,3,5,6\}$, $\{2,3,4,6\}$, $\{2,3,5,6\}$, $\{1,2,4,6\}$, $\{1,2,5,6\}$．インダクタをできるだけ多く含む木：$\{1,4,5,6\}$, $\{2,4,5,6\}$, $\{1,4,5,7\}$, $\{2,4,5,7\}$.

2. 既約インシデンス行列はつぎのインシデンス行列のどれか1行を取り除いた行列．

$$\begin{bmatrix} 1 & 1 & \cdot & \cdot & \cdot & \cdot \\ -1 & \cdot & -1 & \cdot & \cdot & \cdot \\ \cdot & \cdot & 1 & \cdot & -1 & 1 \\ \cdot & \cdot & \cdot & 1 & 1 & \cdot \\ \cdot & -1 & \cdot & -1 & \cdot & -1 \end{bmatrix}$$

ただし，'·' は 0 を表す．

3. 行に上から1から4までの節点番号，列に左から1から5までの枝番号を付す．枝の方向に注意して描く．

4. 階数 $\rho = 6$, 零度 $\mu = 5$. それぞれ木の枝の個数，補木の枝の個数に対応する．

5. メッシュI：節点 1, 4, 2, 1 の順にたどる枝集合．同様にメッシュII：節点 3, 2, 4, 3 の順，メッシュIII：節点 1, 3, 4, 1 の順にたどる枝集合．これら反時計回りのメッシュに対し，

   （a）メッシュ行列は

$$M = \begin{bmatrix} -1 & 1 & \cdot & -1 & \cdot & \cdot \\ \cdot & -1 & 1 & \cdot & -1 & \cdot \\ 1 & \cdot & -1 & \cdot & \cdot & -1 \end{bmatrix}$$

   （b）インピーダンス行列は $\boldsymbol{Z} = \mathrm{diag}[1/j\omega C, 1/j\omega C, 1/j\omega C, j\omega L, j\omega L, j\omega L]$.
   メッシュインピーダンス行列は

$$\boldsymbol{MZM}^T = \begin{bmatrix} j\omega L + 2/j\omega C & -1/j\omega C & -1/j\omega C \\ -1/j\omega C & j\omega L + 2/j\omega C & -1/j\omega C \\ -1/j\omega C & -1/j\omega C & j\omega L + 2/j\omega C \end{bmatrix}$$

   （c）電圧線の変換 $\hat{\boldsymbol{e}} = \boldsymbol{Me} = [e_2-e_1, e_3-e_2, e_1-e_3]^T$, メッシュ電流を反時計回りに $\hat{\boldsymbol{i}} = [i_\mathrm{I}, i_\mathrm{II}, i_\mathrm{III}]^T$ で表せば，メッシュ方程式は $\boldsymbol{MZM}^T \hat{\boldsymbol{i}} = \hat{\boldsymbol{e}}$ となる．これを書き下すと

$$\begin{bmatrix} j\omega L+2/j\omega C & -1/j\omega C & -1/j\omega C \\ -1/j\omega C & j\omega L+2/j\omega C & -1/j\omega C \\ -1/j\omega C & -1/j\omega C & j\omega L+2/j\omega C \end{bmatrix} \begin{bmatrix} i_\mathrm{I} \\ i_\mathrm{II} \\ i_\mathrm{III} \end{bmatrix} = \begin{bmatrix} e_2-e_1 \\ e_3-e_2 \\ e_1-e_3 \end{bmatrix}$$

（d） この線形方程式を解いて，メッシュ電流は

$$i_\mathrm{I} = \frac{\sqrt{3}\,\omega CEe^{j(-\pi/3)}}{3-\omega^2 LC},\quad i_\mathrm{II} = \frac{\sqrt{3}\,\omega CEe^{j\pi}}{3-\omega^2 LC},\quad i_\mathrm{III} = \frac{\sqrt{3}\,\omega CEe^{j(\pi/3)}}{3-\omega^2 LC}$$

（e） 既約インデンス行列は

$$\boldsymbol{A} = \begin{bmatrix} -1 & \cdot & \cdot & 1 & \cdot & -1 \\ \cdot & -1 & \cdot & -1 & 1 & \cdot \\ \cdot & \cdot & -1 & \cdot & -1 & 1 \end{bmatrix}$$

（f） アドミタンス行列は

$$\boldsymbol{Y} = \mathrm{diag}[j\omega C, j\omega C, j\omega C, 1/j\omega L, 1/j\omega L, 1/j\omega L]$$

節点アドミタンス行列は

$$\boldsymbol{A}\boldsymbol{Y}\boldsymbol{A}^T = \begin{bmatrix} j\omega C+2/j\omega L & -1/j\omega L & -1/j\omega L \\ -1/j\omega L & j\omega C+2/j\omega L & -1/j\omega L \\ -1/j\omega L & -1/j\omega L & j\omega C+2/j\omega L \end{bmatrix}$$

（g） 節点方程式を求めるにはこの問題では電源が電圧源であるから，これらを電流源に変換しなければならない．変換した枝電流源ベクトルを $\boldsymbol{J} = [J_1, J_2, J_3, 0, 0, 0]^T$ と置く．ただし，$J_k = j\omega Ce_k (k=1,2,3)$ である．節点方程式は $\widehat{\boldsymbol{V}} = [\widehat{v}_1, \widehat{v}_2, \widehat{v}_3]^T$ とすれば，メッシュ方程式と同様に表せる．

（h） 節点方程式を解いて，節点電位を求めると

$$\widehat{v}_1 = \frac{\omega^2 LCE}{3-\omega^2 LC},\quad \widehat{v}_2 = \frac{\omega^2 LCEe^{-j\frac{2\pi}{3}}}{3-\omega^2 LC},\quad \widehat{v}_3 = \frac{\omega^2 LCEe^{-j\frac{4\pi}{3}}}{3-\omega^2 LC}$$

（i） インダクタ L_4 を流れる電流を節点電位の差から求め，メッシュ法で求めたメッシュ電流と比較して同一の値を得る．この場合，電流の方向に注意すること．

[第 6 章]

1. 与えられた木に関するもの．
   （a） 基本タイセット：$\{2,1,3\}$, $\{4,3,1,5,8\}$, $\{6,7,8,9\}$
   基本カットセット：$\{1,2,4\}$, $\{3,2,4\}$, $\{5,4\}$, $\{8,4,6\}$, $\{7,6\}$, $\{9,6\}$
   （b） 省略
   （c） そのような木は存在する．たとえば，木を $\{1,2,4,7,8,9\}$ にとる．
2. タイセット行列からグラフを描く．
   （a） 枝の個数 $b=7$，また，零度 $\mu=4$，よって節点の個数 $n=4$．試行錯誤でグラフを描いてもよいが，もう少しシステマティックに描く方法も考えられる．パス（道）になる木を考え，それを一直線状に木の枝番号 $1,2,3$ をつけ，枝 1 の左端を節点 1，枝 3 の右端を節点 4 として，1 から 4 までの節点番号を順につける．1 つの節点から 3 本以上の木の枝が出る木（スパニング木）はいま考えない．基本タ

イセット行列をみて，枝 4 がタイセットを木の枝 1 と構成しているから，枝 1 の少し上方に節点 1 と節点 2 を結ぶ補木の枝 4 を弧状に描く．つぎに，補木の枝 5 を枝 1 と枝 2 の上に節点 1 と 3 を結ぶことによって描く．以下，同様にして，グラフを描くことができる．ただし，タイセットの方向を反時計回りか，時計回りかの区別をしながら，枝の方向を決める必要がある．

(b)
$$Q = \begin{bmatrix} 1 & \cdot & \cdot & -1 & 1 & 1 & \cdot \\ \cdot & 1 & \cdot & \cdot & -1 & -1 & 1 \\ \cdot & \cdot & 1 & \cdot & \cdot & -1 & 1 \end{bmatrix}$$

3. カットセット行列からグラフを描く．
(a) 前問題と同じように，$b=8$, $n=5$ であるから，一直線状にパス状の木 1, 2, 3, 4, を描く．スパニング木は考えない．節点番号を 1 から 5 までを順に付す．枝 1 の左端を節点 1 とし，枝 4 の右端を節点 5 とする．枝 5 は枝 1 と枝 2 の基本カットセットの要素であるから，枝 5 で節点 1 と 3 を弧状に結ぶ．同様に，枝 6 は節点 1 と節点 5，枝 7 は節点 2 と節点 5，枝 8 は節点 2 と節点 4 を結ぶ．これにより，グラフは完成する．
(b)
$$B = \begin{bmatrix} -1 & 1 & \cdot & \cdot & 1 & \cdot & \cdot & \cdot \\ 1 & -1 & 1 & 1 & \cdot & 1 & \cdot & \cdot \\ \cdot & \cdot & -1 & 1 & 1 & \cdot & \cdot & 1 & \cdot \\ \cdot & \cdot & \cdot & -1 & 1 & \cdot & \cdot & \cdot & 1 \end{bmatrix}$$

4. (a) 補木の向きに，タイセットの方向をとる．木の枝番号と補木の枝番号の順序を 3, 5, 2, 4, 6 に定める．この枝の並べ方に対して，基本タイセット行列は
$$B = \begin{bmatrix} 1 & \cdot & 1 & \cdot & \cdot \\ -1 & 1 & \cdot & 1 & \cdot \\ \cdot & 1 & \cdot & \cdot & 1 \end{bmatrix}$$

となる．
(b) インピーダンス行列は $Z = \mathrm{diag}[1/j\omega C_3, 1/j\omega C_5, R_2, j\omega L_4, R_6]$ であるから，BZB^T は
$$\begin{bmatrix} R_2+1/j\omega C_3 & -1/j\omega C_3 & \cdot \\ -1/j\omega C_3 & j\omega L_4+1/j\omega C_3+1/j\omega C_5 & 1/j\omega C_5 \\ \cdot & 1/j\omega C_5 & R_6+1/j\omega C_5 \end{bmatrix}$$

(c) 枝電圧源ベクトルは $E = [0, 0, E_1, 0, E_2]^T$ となる．タイセット電流ベクトルを $I = [I_2, I_4, I_6]^T$ で表す．タイセット方程式は $BZB^T I = BE$，すなわち
$$\begin{bmatrix} R_2+1/j\omega C_3 & -1/j\omega C_3 & \cdot \\ -1/j\omega C_3 & j\omega L_4+1/j\omega C_3+1/j\omega C_5 & 1/j\omega C_5 \\ \cdot & 1/j\omega C_5 & R_6+1/j\omega C_5 \end{bmatrix} \begin{bmatrix} I_2 \\ I_4 \\ I_6 \end{bmatrix} = \begin{bmatrix} E_1 \\ 0 \\ E_2 \end{bmatrix}$$

5. (a) 木の枝番号と補木の枝番号の順序を 1, 3, 6, 2, 4, 5 に定める．この枝の並べ方の順序に対して，基本タイセット行列は

$$\boldsymbol{Q} = \begin{bmatrix} 1 & \cdot & \cdot & 1 & 1 & 1 \\ 0 & 1 & 0 & 0 & -1 & 0 \\ \cdot & \cdot & 1 & \cdot & -1 & -1 \end{bmatrix}$$

（b） アドミタンス行列は $\boldsymbol{Y} = \mathrm{diag}[\mathrm{j}\omega C_1, \mathrm{j}\omega C_3, 1/R_6, 1/R_2, 1/\mathrm{j}\omega L_4, 1/\mathrm{j}\omega L_5]$ であるから，$\boldsymbol{QYQ}^T$ は

$$\begin{bmatrix} 1/R_2+\mathrm{j}\omega C_1+1/\mathrm{j}\omega L_4+1/\mathrm{j}\omega L_5 & -1/\mathrm{j}\omega L_4 & -1/\mathrm{j}\omega L_4-1/\mathrm{j}\omega L_5 \\ -1/\mathrm{j}\omega L_4 & \mathrm{j}\omega C_3+1/\mathrm{j}\omega L_4 & 1/\mathrm{j}\omega L_4 \\ -1/\mathrm{j}\omega L_4-1/\mathrm{j}\omega L_5 & 1/\mathrm{j}\omega L_4 & 1/R_6+1/\mathrm{j}\omega L_4+1/\mathrm{j}\omega L_5 \end{bmatrix}$$

（c） 枝電圧源ベクトルは $\boldsymbol{J} = [J_1, 0, J_2, 0, 0, 0]^T$ となる．カットセット電圧ベクトルを $\widehat{\boldsymbol{V}} = [\widehat{V}_2, \widehat{V}_4, \widehat{V}_5]^T$ で表す．カットセット方程式は $\boldsymbol{QYA}^T\widehat{\boldsymbol{V}} = \boldsymbol{QJ}$，すなわち

$$\begin{bmatrix} 1/R_2+\mathrm{j}\omega C_1+1/\mathrm{j}\omega L_4+1/\mathrm{j}\omega L_5 & -1/\mathrm{j}\omega L_4 & -1/\mathrm{j}\omega L_4-1/\mathrm{j}\omega L_5 \\ -1/\mathrm{j}\omega L_4 & \mathrm{j}\omega C_3+1/\mathrm{j}\omega L_4 & 1/\mathrm{j}\omega L_4 \\ -1/\mathrm{j}\omega L_4-1/\mathrm{j}\omega L_5 & 1/\mathrm{j}\omega L_4 & 1/R_6+1/\mathrm{j}\omega L_4+1/\mathrm{j}\omega L_5 \end{bmatrix} \begin{bmatrix} \widehat{V}_2 \\ \widehat{V}_4 \\ \widehat{V}_5 \end{bmatrix}$$

$$= \begin{bmatrix} J_1 \\ 0 \\ J_2 \end{bmatrix}$$

［第7章］

1. 式 (7.1) から式 (7.3) の i を $\widehat{i}$ に変えればよい．

2. $v_1 i_1 + v_2 i_2 = v_1 i_1 + (nv_1)\left(\dfrac{-i_1}{n}\right) = 0$．

3. 一般化されたテレゲンの定理を用いる．
$$v_1 \widehat{i}_1 = \sum_\alpha v_\alpha \widehat{i}_\alpha + v_2 \widehat{i}_2, \quad \widehat{v}_1 i_1 = \sum_\alpha \widehat{v}_\alpha i_\alpha + \widehat{v}_2 i_2$$
において，
$$4 \times 0.6 = \sum_\alpha v_\alpha \widehat{i}_\alpha + 1 \times v_2/4, \quad 8 \times 1 = \sum_\alpha \widehat{v}_\alpha i_\alpha + 0.5 \times v_2$$
これより $\widehat{v}_2 = 22.4\,\mathrm{V}$ である．

4. 一般化されたテレゲンの定理を用いる．
$$v_1 \widehat{i}_1 + \sum_\alpha v_\alpha \widehat{i}_\alpha + v_2 \widehat{i}_2 = 0, \quad \widehat{v}_1 i_1 + \sum_\alpha \widehat{v}_\alpha i_\alpha + \widehat{v}_2 i_2 = 0$$
に $v_1 = E, \ \widehat{v}_1 = 0, \ v_2 = 0, \ \widehat{v}_2 = E$ を代入して
$$i_2 E + \sum_\alpha i_\alpha \widehat{v}_\alpha = 0, \quad \widehat{i}_1 E + \sum_\alpha \widehat{i}_\alpha v_\alpha = 0$$
が成り立つ．よって，$\widehat{i}_1 = i_2$ である．

5. $i_1 = 0, \ i_2 = gv_1$ より $\varDelta i_2 = g\varDelta v_1$ を
$$\widehat{i}_1 \varDelta v_1 - \widehat{v}_1 \varDelta \widehat{i}_1 + \widehat{i}_2 \varDelta v_2 - \widehat{v}_2 \varDelta i_2 = 0$$
に代入すると $(\widehat{i}_1 - g\widehat{v}_2)\varDelta v_1 + \widehat{i}_2 \varDelta v_2 = 0$ これより $\widehat{i}_1 = g\widehat{v}_2, \ \widehat{i}_2 = 0$ が得られ，これらの式から右の随伴回路 $\widehat{\mathrm{N}}$ が得られる．

6. $\hat{i}_1 \Delta v_1 - \hat{v}_1 \Delta \hat{i}_1 + \hat{i}_2 \Delta v_2 - \hat{v}_2 \Delta i_2 = 0$ より $\hat{\boldsymbol{i}}^T \cdot \Delta \boldsymbol{v} - \hat{\boldsymbol{v}}^T \cdot \Delta \boldsymbol{i} = 0$. 一方,$\Delta \boldsymbol{i} = \boldsymbol{G} \Delta \boldsymbol{v}$ であるから,上の式に代入して $(\hat{\boldsymbol{i}}^T - \hat{\boldsymbol{v}}^T \boldsymbol{G}) \cdot \Delta \hat{\boldsymbol{v}} = 0$. $\Delta \hat{\boldsymbol{v}}$ のいかんにかかわらず成り立つためには,$\hat{\boldsymbol{i}}^T = \hat{\boldsymbol{v}}^T \boldsymbol{G}$. 両辺の転置をとって,$\hat{\boldsymbol{i}} = \boldsymbol{G}\,\hat{\boldsymbol{v}}$. よって,$\hat{\boldsymbol{G}} = \boldsymbol{G}^T$ がいえる.

[第8章]

1. $y = H(t_0 - t)$
2. $y = a(1-t)\{H(t) - H(t-1)\}$
3. $i(t) = EH(t)/L$
4. $x(t) = \delta(t)$ と置く.特性根は $-1, -2$. よって,出力を $y(t) = (A_1 e^{-t} + A_2 e^{-2t})H(t)$ と置き,$x(t), y(t)$ を微分方程式に代入すると,$(2A_1 + A_2)\delta(t) + (A_1 + A_2)\delta(t)^{(1)} = 3\delta(t)^{(1)} + 4\delta(t)$ となる.これより,連立方程式 $2A_1 + A_2 = 4$,$A_1 + A_2 = 3$ が得られ,$A_1 = 1$,$A_2 = 2$ と定まる.よってインパルス応答は $y(t) = (e^{-t} + 2e^{-2t})H(t)$ となる.
5. 電圧則により

$$L\frac{di_L}{dt} + Ri_L = EH(t)$$

特殊解は

$$i_L(t) = \frac{E}{L}\int_{-0}^{t} e^{-\frac{R}{L}(t-\xi)} H(\xi) d\xi$$
$$= \frac{E}{R}(1 - e^{-\frac{R}{L}t})H(t)$$

となる.したがって,出力が $i_L(t)$ ならば,ステップ応答は上の式で $E = 1$ と置けば得られる.電流 $i_L(t)$ は $t = 0$ から増加を始め,十分時間が経過したとき,定常値の $1/R$ に達する.一方,インダクタの電圧 $v_L(t)$ を出力と考えると,ステップ応答は $E = 1$ として

$$v_L(t) = L\frac{di_L}{dt} = e^{-\frac{R}{L}t}H(t)$$

となる.電圧 $v_L(t)$ は $t = 0$ で直流電圧 $E = 1$ になり,その後,指数関数にしたがって減衰し零に近づいていくことがわかる.

[第9章]

1. (1) $3/(s-4)$ (2) $(5-3s)/s^2$ (3) $(6+6s-s^3)/\{s^3(s+1)\}$
 (4) $5s/(s^2+9)$ (5) $(s^2-2s+4)/s(s^2+4)$
2. (1) $6/(s+3)^4$ (2) $(s-1)/(s^2-2s+5)$ (3) $(s+2)/(s^2+4s-21)$
 (4) $(-5s-4)/(s^2+4s)$ (5) $(s^2+2s+3)/\{(s+1)(s^2+2s+5)\}$
3. (1) $\dfrac{(1+2s)e^{-2s}}{s^2}$ (2) $\dfrac{2(1+2s+2s^2)e^{-2s}}{s^3}$ (3) $\dfrac{1-e^{-5(s+2)}}{s+2}$

（4） $1/(1-e^{-sT})$ （5） $\dfrac{2(1-e^{-4s})}{s^2}-\dfrac{7e^{-4s}}{s}$

4. （a） $\dfrac{1}{Ts^2}-\dfrac{e^{-Ts}}{s(1-e^{-Ts})}$ まず，$f_p(t)=\dfrac{t}{T}(H(t)-H(t-T))$ のラプラス変換を求める．

   （b） $\dfrac{1}{s(1+e^{-Ts})}$

5. （1） $\dfrac{1}{4}\sin(4t)H(t)$ （2） $\dfrac{1}{6}t^3 H(t)$ （3） $\dfrac{1}{\sqrt{3}}\sinh(\sqrt{3}\,t)H(t)$

   （4） $(5t+2t^2)H(t)$ （5） $\cos 4(t-3\pi/4)H(t-3\pi/4)$

6. （1） $e^{2t}(6\cos 4t+2\sin 4t)H(t)$ （2） $(4e^{3t}-e^{-t})H(t)$

   （3） $4(1-t)e^{-4t}H(t)$ （4） $e^{-t/2}\left(\cos\sqrt{3}\,t/2+\dfrac{1}{\sqrt{3}}\sin\sqrt{3}\,t/2\right)H(t)$

   （5） $\dfrac{1}{2}(5e^t-5\cos t+\sin t)H(t)$

7. （1） $\left(\dfrac{-a}{(b-a)(c-a)}e^{-at}+\dfrac{-b}{(a-b)(c-b)}e^{-bt}+\dfrac{-c}{(b-c)(a-c)}e^{-ct}\right)H(t)$

   （2） $\dfrac{1}{2}(e^{-t}+\cos t+\sin t)H(t)$

   （3） $\left(\dfrac{3}{2}e^t-\dfrac{3}{2}\cos t+\dfrac{1}{2}\sin t\right)H(t)$

   （4） $\left(\dfrac{2}{3}e^{-t}+\dfrac{1}{3}e^{2t}+te^{2t}\right)H(t)$

   （5） $(3e^t\cosh 2t+2e^t\sinh 2t)H(t)=\dfrac{1}{2}(5e^{3t}+e^{-t})H(t)$

8. 公式 $\mathcal{L}^{-1}[F^{(n)}(s)]=(-1)^n t^n f(t),\ t\geq 0$ を用いる．

   （1） $F(s)=\dfrac{1}{s^2+p^2}$, $F^{(1)}(s)=\dfrac{-2s}{(s^2+p^2)^2}$. これより $\dfrac{s}{(s^2+p^2)^2}=-\dfrac{1}{2}F^{(1)}(s)$, $\mathcal{L}^{-1}[F(s)]=\dfrac{1}{p}\sin(pt)H(t)$ であることから，$\mathcal{L}^{-1}\left[\dfrac{s}{(s^2+p^2)^2}\right]=-\dfrac{1}{2}\mathcal{L}^{-1}[F^{(1)}(s)]=-\dfrac{1}{2}(-1)^1 t^1 \dfrac{1}{p}\sin(pt)H(t)=\dfrac{t}{2p}\sin(pt)H(t)$ となる．

   （2） $F(s)=\log\left(1+\dfrac{1}{s^2}\right)$, $F^{(1)}(s)=2\left\{\dfrac{s}{s^2+1}-\dfrac{1}{s}\right\}$ である．よって，$\mathcal{L}^{-1}[F^{(1)}(s)]=2(\cos t-1)H(t)=-tf(t)$ であるから，$f(t)=\mathcal{L}^{-1}[F(s)]=\dfrac{2(1-\cos t)H(t)}{t}$

9. （1） $\left(\dfrac{1}{5}e^{-t}+\dfrac{14}{5}\cos 2t-\dfrac{2}{5}\sin 2t\right)H(t)$

   （2） $\left(-\dfrac{1}{2}e^{-t}+\dfrac{7}{5}e^{-2t}+\dfrac{1}{10}\cos t+\dfrac{3}{10}\sin t\right)H(t)$

10. $x(t) = \left(-\dfrac{3}{25}e^{-t} + \dfrac{2}{5}te^{-t} + \dfrac{3}{25}e^{4t}\right)H(t)$

$y(t) = \left(\dfrac{2}{25}e^{-t} + \dfrac{2}{5}te^{-t} - \dfrac{2}{25}e^{4t}\right)H(t)$

[第10章]

1. $\dfrac{s^3 + 2s^2 + s + 1}{s(s^2 + s + 1)}$

2.
$$\boldsymbol{Z}(s) = \begin{bmatrix} Ls + \dfrac{R}{RCs+1} & \dfrac{R}{RCs+1} \\ \dfrac{R}{RCs+1} & \dfrac{R}{RCs+1} \end{bmatrix}, \quad \boldsymbol{Y}(s) = \begin{bmatrix} \dfrac{1}{Ls} & -\dfrac{1}{Ls} \\ -\dfrac{1}{Ls} & \dfrac{1}{Ls} + \dfrac{1}{R} + Cs \end{bmatrix}$$

$$\boldsymbol{T}(s) = \begin{bmatrix} LCs^2 + \dfrac{L}{R}s + 1 & Ls \\ \dfrac{1}{R} + Cs & 1 \end{bmatrix}$$

3. $\dfrac{4\omega^3}{s(s^3 + 4\omega s^2 + 8\omega^2 s + 8\omega^3)} = \dfrac{4\omega^3}{s(s+2\omega)(s^2 + 2\omega s + 4\omega^2)}$

4. テブナンの定理を使えばよい．
$$i(t) = \dfrac{R_2 E}{R_1 R_2 + R_2 R_3 + R_3 R_1}\left(1 - e^{-\frac{R_1 R_2 + R_2 R_3 + R_3 R_1}{L(R_1 + R_2)}t}\right)H(t)$$

5. キャパシタの初期電圧は $v(-0) = \dfrac{R_2 E}{R_1 + R_2}$.
$$i(t) = \dfrac{R_1 E}{(R_1 + R_2)(R_1 + R_3)} e^{-\frac{t}{(R_1+R_3)C}} H(t)$$

6. 等価回路は2個の電圧源 E/s と $Li(-0)$ の回路になる．これらの電源による電流はそれぞれ $\dfrac{E}{s(Ls+R)}$, $\dfrac{Li(-0)}{Ls+R}$ となる．重ね合わせの原理によって，
$$i(t) = \mathcal{L}^{-1}\left[\dfrac{E}{s(Ls+R)} + \dfrac{Li(-0)}{Ls+R}\right] = \dfrac{E}{R}(1 - e^{-\frac{R}{L}t})H(t) + i(-0)e^{-\frac{R}{L}t}H(t)$$

7. 2個の電圧源 E/s, $Li(-0)$ と1個の電流源 $Cv(-0)$ に関するそれぞれの1電源回路を描く．それぞれの電源に対する電流と電圧は
$$\dfrac{CE}{LCs^2 + RCs + 1}, \quad \dfrac{LCi(-0)s}{LCs^2 + RCs + 1}, \quad \dfrac{(R+Ls)Cv(-0)}{LCs^2 + RCs + 1}$$
これらを逆ラプラス変換して，和をとればキャパシタ電圧が求められる．

8. （1） $V_3(s) = \dfrac{1}{s^2 + 3s + 1}E, \quad v_3(t) = \dfrac{e}{\sqrt{5}}\{e^{-\frac{3-\sqrt{5}}{2}t} - e^{-\frac{3+\sqrt{5}}{2}t}\}H(t)$

（2） $V_2(s) = \dfrac{s+1}{s^2 + 3s + 1}E$,

$$v_2(t) = \frac{E}{2\sqrt{5}}\{(-1+\sqrt{5})\,e^{-\frac{3-\sqrt{5}}{2}t} + (1+\sqrt{5})\,e^{-\frac{3+\sqrt{5}}{2}t}\}H(t)$$

9. キャパシタ電圧 $v_C(t)$ を求める．$V_C(s) = \dfrac{s}{C(s^2+1/(LC))}J(s)$．

   （i）インパルス応答は $J(s)=1$ と置いて，$v_C(t) = \dfrac{1}{C}\cos\left(\dfrac{t}{\sqrt{LC}}\right)H(t)$ となる．

   （ii）ステップ応答は $J(s)=1/s$ と置いて，$V_C(s) = \dfrac{1}{C(s^2+1/(LC))}$ となり $v_C(t) = \sqrt{\dfrac{L}{C}}\sin\left(\dfrac{t}{\sqrt{LC}}\right)H(t)$ を得る．

   （iii）ステップ応答の $v_C(t)$ を t で微分すると $\delta(t)$ を含んだ式が得られるが，インパルス関数の性質を使えば，インパルス応答の式が得られる．

10. （1）E/R　（2）$L\dfrac{di}{dt}$　（3）$LsI(s)-LI_0$　（4）s

    （5）$\dfrac{1}{\sqrt{LC}}$　（6）$I_0\cos\omega t - \sqrt{\dfrac{C}{L}}E\sin\omega t$　（7）$\dfrac{1}{\sqrt{LC}}$

    （8）$\sqrt{2}\,E$　（9）$\pi/4$

11. 1つの方法として Z_g, Z_L を二端子対回路で表し，縦続行列を作り，積をとればよい．

12. 1．各要素は以下の通り．
$$y_{11}(s) = y_{22}(s) = \frac{1}{2R}\frac{s^2+4s+1}{s+1}$$
$$y_{12}(s) = y_{21}(s) = \frac{-1}{2R}\frac{s^2+1}{s+1}$$

    2．テブナンの定理を用いればよい．
$$v_L(t) = 10\{1+2e^{-3t}\cosh\sqrt{6}\,t\}H(t)$$

［第 11 章］

1. 零状態応答は
$$(w*f)(t) = \int_{-0}^{t} 3e^{-2(t-\tau)}H(t-\tau)\,e^{-3\tau}H(\tau)\,d\tau$$
$$= 3e^{-2t}\int_{-0}^{t} e^{-\tau}H(t-\tau)\,d\tau$$
$$= 3e^{-2t}\int_{-0}^{t} e^{-\tau}\,d\tau = 3(e^{-2t}-e^{-3t})H(t)$$

となる．

2. (a)（i）$0 \leq t < 1$ のとき，$2t$，(ii) $1 \leq t < 2$ のとき 2，(iii) $2 \leq t < 3$ のとき $-2t+6$，(iv) $3 \leq t$ のとき，0　(b) $\mathcal{L}[w(t)]\mathcal{L}[f(t)] = 2(1-e^{-s}-$

$e^{-2s}+e^{-3e})/s^2$. これより $(w*f)(t) = 2\{tH(t)-(t-1)H(t-1)-(t-2)H(t-2)+(t-3)H(t-3)\}$

3. インパルス応答 $w(t)$ は $0 \le t \le 2$ で $w(t) = 1$ であり，それ以外の範囲では $w(t) = 0$ である．したがって，つぎの3つの場合に分けて計算すればよい． $y(t) = (w*f)(t)$ と置く．
   (a) $t<0$ のとき, $y(t) = 0$
   (b) $0 \le t < 2$ のとき, $y(t) = \int_{-0}^{t} \sin(\pi\tau)d\tau = (1-\cos(\pi t))/\pi$
   (c) $2 \le t$ のとき, $y(t) = \int_{t-2}^{2} 1\cdot\sin(\pi\tau)d\tau = \{\cos\pi(t-2)-1\}/\pi$

4. $\cos t * \cos t = \int_{-0}^{t} \cos(t-\tau)\cos\tau d\tau = \frac{1}{2}\sin t + \frac{1}{2}t\cos t \ (t \ge 0)$

5. 関数 $u(t)$, $y(t)$ のラプラス変換はそれぞれ $U(s) = 1/(s+3)$, $Y(s) = 3/(s+1)+2/(s+3)-1/s$ となる．よって，インパルス応答のラプラス変換は
$$W(s) = \frac{Y(s)}{U(s)} = 4 + \frac{6}{s+1} - \frac{3}{s}$$
となるから，インパルス応答は
$$w(t) = \mathcal{L}^{-1}[W(s)] = 4\delta(t) + (6e^{-t}-3)H(t)$$
となる．

6. ラプラス変換 $E(s) = \mathcal{L}[e(t)]$, $V(s) = \mathcal{L}[v(t)]$ の入力電圧と出力電圧の関係は
$$V(s) = \frac{1}{1+CRs}E(s)$$
であるから，インパルス応答は
$$w(t) = \mathcal{L}^{-1}\left[\frac{1}{1+CRs}\right] = \mathcal{L}^{-1}\left[\frac{100}{100+s}\right] = 100e^{-100t}H(t)$$
したがって，
$$v(t) = (w*e)(t) = 200te^{-100t}H(t)$$
となる．ラプラス変換を使うと
$$E(s) = \mathcal{L}[2e^{-100t}H(t)] = \frac{2}{s+100}, \quad w(s) = \frac{100}{s+100}$$
したがって，
$$V(s) = W(s)E(s) = \frac{200}{(s+100)^2}$$
となるから
$$v(s) = \mathcal{L}^{-1}\left[\frac{200}{(s+100)^2}\right] = 200te^{-100t}H(t)$$
となって上の結果と一致する．

7. $L\dfrac{di}{dt}+Ri = e(t)$ をラプラス変換して $LsI+RI = E(s)$, $I(s) = \dfrac{E(s)}{Ls+R}$. イン

パルス応答は $E(s)=1$ と置いて，$i_{\mathrm{imp}}(t)=\mathcal{L}^{-1}[I(s)]=\dfrac{1}{L}e^{-\frac{R}{L}t}H(t)$ となる．

ステップ応答は $E(s)=1/s$ と置いて，$i_{\mathrm{step}}(t)=\mathcal{L}^{-1}\left[\dfrac{1}{s(Ls+R)}\right]=\dfrac{1}{R}(1-e^{-\frac{R}{L}t})H(t)$

$$E(s)=\mathcal{L}[e(t)]=\mathcal{L}[\cos(\omega t+\theta)H(t)]=\dfrac{s\cos\theta-\omega\sin\theta}{s^2+\omega^2}$$

零状態応答は
$$i(t)=\mathcal{L}^{-1}\left[\dfrac{1}{Ls+R}\dfrac{s\cos\theta-\omega\sin\theta}{s^2+\omega^2}\right]$$
$$=\dfrac{1}{\sqrt{R^2+(\omega L)^2}}\{\cos(\theta-\phi)e^{-\frac{R}{L}t}+\cos(\omega t+\theta-\phi)\}H(t)$$

ただし，$\sin\phi=\omega L/\sqrt{R^2+(\omega L)^2}$，$\cos\phi=R/\sqrt{R^2+(\omega L)^2}$，$t\to\infty$ では $i(t)=\cos(\omega t+\theta-\phi)/\sqrt{R^2+(\omega L)^2}$ となる．

8. インパルス応答は $v_{\mathrm{imp}}(t)=2(e^{-t}-e^{-2t})H(t)$，ステップ応答は $v_{\mathrm{step}}(t)=(1-2e^{-t}+e^{-2t})H(t)$

9. インパルス応答のラプラス変換は $V_{\mathrm{imp}}(s)=\dfrac{1}{s+2}$
$$e(t)=tH(t)-2(t-2)H(t-2)+(t-4)H(t-4)$$
$$E(s)=\mathcal{L}[e(t)]=\dfrac{1}{s^2}-\dfrac{2e^{-2s}}{s^2}+\dfrac{e^{-4s}}{s^2}$$

出力電圧 $v(t)$ のラプラス変換を $V(s)$ で表せば，
$$V(s)=V_{\mathrm{imp}}(s)E(s)=\dfrac{1-2e^{-2s}+e^{-4s}}{s^2(s+2)}$$

よって
$$v(t)=\dfrac{1}{4}(-1+2t+e^{-2t})H(t)$$
$$-\dfrac{1}{2}\{-1+2(t-2)+e^{-2(t-2)}\}H(t-2)$$
$$+\dfrac{1}{4}\{-1+2(t-4)+e^{-2(t-4)}\}H(t-4)$$

場合分けはつぎのとおりである．
$$0\leq t<2:v(t)=\dfrac{1}{4}(-1+2t+e^{-2t})$$
$$2\leq t<4:v(t)=\dfrac{1}{4}\{9-2t+(1-2e^4)e^{-2t}\}$$
$$4\leq t:v(t)=\dfrac{1}{4}(1-2e^4+e^8)e^{-2t}$$

10. $e(t)=2tH(t)-2(t-1)H(t-1),$

$$E(s) = 2\left(\frac{1}{s^2} - \frac{e^{-s}}{s^2}\right)$$

$$V(s) = \frac{1-e^{-s}}{3s^2(s+1/6)(s+1)}$$

$$v(t) = \left(2t - 14 + \frac{72}{5}e^{-\frac{1}{6}t} - \frac{2}{5}e^{-t}\right)H(t)$$
$$-\left(2(t-1) - 14 + \frac{72}{5}e^{-\frac{1}{6}(t-1)} - \frac{2}{5}e^{-(t-1)}\right)H(t-1)$$

[第 12 章]

1. 基準インピーダンスを $R_0 = 1/(\omega C)$ に選ぶ. $I = \mathrm{j}\omega C V$ であるから, $|a|^2 = |b|^2 = \omega C |V|^2/2$ である. したがって, $|a|^2 - |b|^2 = 0$ であるから, 交流に対して電力は蓄えられない.

2. 端子対からみた抵抗は R_L/n^2 であるから,
$$\rho = \frac{b}{a} = \frac{V - R_0 I}{V + R_0 I} = \frac{R_L/n^2 - R_0}{R_L/n^2 + R_0} = \frac{1-n^2}{1+n^2} \tag{12.98}$$
となる.

3. $\rho = \dfrac{R + \mathrm{j}(\omega L - 1/(\omega C)) - R_0}{R + \mathrm{j}(\omega L - 1)/(\omega C)) - R_0}$ であるから, $\rho = 0$ であるためには, $R_0 = R$, $\omega = 1/\sqrt{LC}$ である.

4. $s_{11} = \dfrac{R_{02}(1 - YR_{01}) - R_{01}}{R_{02}(1 + YR_{01}) + R_{01}}$, $\quad s_{22} = \dfrac{R_{01} - R_{02}(1 + YR_{01})}{R_{02}(1 + YR_{01}) + R_{01}}$,

$s_{12} = s_{21} = \dfrac{\sqrt{2R_{01}R_{02}}}{R_{01} + R_{02} + R_{01}R_{02}Y}$

5. $R_{01} = 1\,\Omega$, $R_{02} = 4\,\Omega$ を代入すると
$$s_{11} = \frac{Z+3}{Z+5}, \quad s_{12} = s_{21} = \frac{4}{Z+5}, \quad s_{22} = \frac{Z-3}{Z+5}$$
となる.

6. $s_{11} = \left.\dfrac{b_1}{a_1}\right|_{a_2=0} = \left.\dfrac{V_1 - R_{01}I_1}{V_1 + R_{01}I_1}\right|_{R_{02}=R} = \dfrac{V_2 + R_{01}n^2 I_2}{V_2 - R_{01}n^2 I_2} = \dfrac{R - R_{01}n^2}{R + R_{01}n^2}$

となる. $a_2 = 0$ の条件は $V_2 + R_{02}I_2 = 0$ と等価. 負荷抵抗 R では $V_2/(-I_2) = R$ が成り立つから, $a_2 = 0$ の条件は $R_{02} = R$ と等価. つまり, $a_2 = 0$ の条件はこの回路では基準インピーダンス R_{02} を負荷抵抗 R に選ぶことを意味する. ここで, 一次側の基準インピーダンスも $R_{01} = R$ にとれば, $s_{11} = (1-n^2)/(1+n^2)$ となる.

$$s_{21} = \left.\frac{b_2}{a_1}\right|_{a_2=0} = \left.\frac{V_2 - R_{02}I_2}{V_1 + R_{01}I_1}\right|_{R_{02}=R} = \frac{V_2 - RI_2}{V_1 + R_{01}I_1} = \frac{2V_2}{V_1 + R_{01}I_1}$$

となるから, $R_{01} = R$ に選ぶと $E = V_1 + RI_1$ が成り立つ. したがって, $s_{21} = 2V_2/E$ となる.

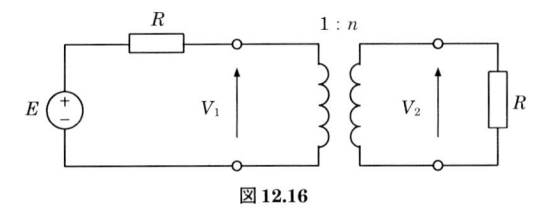

図の回路の V_2 を求めるには，たとえばテブナン（ヘルムホルツ）の定理を用いればよい．よって，$s_{21} = 2n/(1+n^2)$ となる．

同様にして，一次側の電圧源 E を短絡除去し，二次側に電圧源 E を R に直列に挿入する．

$$s_{22} = \frac{n^2-1}{n^2+1} = -s_{11}$$

となり，

$$s_{12} = \frac{2V_1}{E} = \frac{2n}{n^2+1} = -s_{21}$$

となる．

7. $s_{11} = 1/5$, $s_{12} = s_{21} = 2/5$, $s_{22} = -1/5$

8. $s_{n11} = s_{n22} = \dfrac{-\omega CR}{\omega CR + \text{j}\,2} = \dfrac{-R}{R + \text{j}\sqrt{2L/C}}$,

   $s_{n21} = s_{n12} = \dfrac{2}{\omega CR + \text{j}\,2} = -\text{j}\sqrt{\dfrac{L}{2C}}\dfrac{1}{R + \text{j}\sqrt{2L/C}}$

9. $(\boldsymbol{Z}_n - 1)(\boldsymbol{Z}_n + 1)^{-1} = (\boldsymbol{Z}_n + 1 - 2\mathbf{1})(\boldsymbol{Z}_n + 1)^{-1}$
   $= \mathbf{1} - 2(\boldsymbol{Z}_n + 1)^{-1}$
   $= (\boldsymbol{Z}_n + 1)^{-1}(\boldsymbol{Z}_n + 1 - 2\mathbf{1})$
   $= (\boldsymbol{Z}_n + 1)^{-1}(\boldsymbol{Z}_n - 1)$

[第13章]

1. $\dfrac{d}{dt}\begin{bmatrix} i_{L1} \\ i_{L2} \\ v_C \end{bmatrix} = \begin{bmatrix} 2L_1 & L_2 & 0 \\ L_1 & 2L_2 & 0 \\ 0 & 0 & C \end{bmatrix}^{-1} \begin{bmatrix} -R & 0 & -1 \\ 0 & -R & 1 \\ 1 & -1 & 0 \end{bmatrix} \begin{bmatrix} i_{L1} \\ i_{L2} \\ v_C \end{bmatrix} + \begin{bmatrix} 2L_1 & L_2 & 0 \\ L_1 & 2L_2 & 0 \\ 0 & 0 & C \end{bmatrix}^{-1} \begin{bmatrix} RJ \\ 0 \\ 0 \end{bmatrix}$

   $v_0(t) = -\dfrac{1}{3}Ri_{L1} + \dfrac{2}{3}Ri_{L2} + \dfrac{2}{3}v_C + \dfrac{1}{3}RJ$

2. $\boldsymbol{A}^{101} = \dfrac{4^{101}}{5}\begin{bmatrix} 2 & 2 \\ 3 & 3 \end{bmatrix} + (-1)^{101}\left(-\dfrac{1}{5}\right)\begin{bmatrix} -3 & 2 \\ 3 & -2 \end{bmatrix} \simeq \dfrac{4^{101}}{5}\begin{bmatrix} 2 & 2 \\ 3 & 3 \end{bmatrix}$

3. 行列 $\boldsymbol{A}$ の特性方程式は $\lambda^2 + 4 = 0$，固有値は $\lambda_1 = \text{j}\,2$ と $\lambda_2 = -\text{j}\,2$．したがって

   $e^{\boldsymbol{A}t} = e^{\lambda_1 t}\dfrac{\lambda_2 \mathbf{1} - \boldsymbol{A}}{\lambda_2 - \lambda_1} + e^{\lambda_2 t}\dfrac{\lambda_1 \mathbf{1} - \boldsymbol{A}}{\lambda_1 - \lambda_2}$

$$= \frac{1}{2}\cos(2t)\mathbf{1} + \frac{1}{2}\sin(2t)\mathbf{A} = \begin{bmatrix} \frac{1}{2}(\cos(2t)+\sin(2t)) & \frac{-5}{2}\sin(2t) \\ \frac{1}{2}\sin(2t) & \frac{1}{2}(\cos(2t)-\sin(2t)) \end{bmatrix}$$

が得られる.

4. $\Delta(\lambda) = \{\lambda-(L-M)\}^2\{\lambda-(L+2M)\}$

$\varphi(\lambda) = \{\lambda-(L-M)\}\{\lambda-(L+2M)\}$

$$\mathbf{C}(\lambda) = \begin{bmatrix} \lambda-(L+M) & M & M \\ M & \lambda-(L+M) & M \\ M & M & \lambda-(L+M) \end{bmatrix}$$

$$\mathbf{K}(L-M) = -\frac{1}{3}\begin{bmatrix} -2 & 1 & 1 \\ 1 & -2 & 1 \\ 1 & 1 & -2 \end{bmatrix}, \quad \mathbf{K}(L+2M) = \frac{1}{3}\begin{bmatrix} 1 & 1 & 1 \\ 1 & 1 & 1 \\ 1 & 1 & 1 \end{bmatrix}$$

$$\sqrt{\mathbf{A}} = \frac{\sqrt{L+2M}}{3}\begin{bmatrix} 1 & 1 & 1 \\ 1 & 1 & 1 \\ 1 & 1 & 1 \end{bmatrix} - \frac{\sqrt{L-M}}{3}\begin{bmatrix} -2 & 1 & 1 \\ 1 & -2 & 1 \\ 1 & 1 & -2 \end{bmatrix}$$

この表現は不十分であり，1つの行列にまとめないといけないが，紙面の都合で割愛する．

5. 最小多項式は $\varphi(\lambda) = (\lambda-a)^3$.

基本多項式は $L_{10}(x) = 1$, $L_{11}(x) = -a+x$, $L_{12}(x) = \frac{1}{2}a^2 - ax + \frac{1}{2}x^2$

構成行列は

$$\mathbf{L}_{10} = \begin{bmatrix} 1 & 0 & 0 \\ 0 & 1 & 0 \\ 0 & 0 & 1 \end{bmatrix}, \quad \mathbf{L}_{11} = \begin{bmatrix} 0 & 1 & 0 \\ 0 & 0 & 1 \\ 0 & 0 & 0 \end{bmatrix}, \quad \mathbf{L}_{12} = \begin{bmatrix} 0 & 0 & \frac{1}{2} \\ 0 & 0 & 0 \\ 0 & 0 & 1 \end{bmatrix}$$

よって

$$e^{\mathbf{A}} = \begin{bmatrix} e^a & e^a & \frac{1}{2}e^a \\ 0 & e^a & e^a \\ 0 & 0 & e^a \end{bmatrix}$$

6. 基本多項式は $L_{10}(x) = 1$, $L_{11}(x) = -a+x$.

$$\sin\mathbf{A} = \begin{bmatrix} \sin a & \cos a & 0 \\ 0 & \sin a & 0 \\ 0 & 0 & \sin a \end{bmatrix}, \quad \cos\mathbf{A} = \begin{bmatrix} \cos a & -\sin a & 0 \\ 0 & \cos a & 0 \\ 0 & 0 & \cos a \end{bmatrix}$$

7. 行列の $\mathbf{A}$ の固有値は $\lambda_1 = 1$, $m_1 = 2$, $\lambda_2 = 2$, $m_2 = 1$. 基本多項式 $L_{10}(x) = 2x - x^2$, $L_{11}(x) = -2+3x-x^2$, $L_{20}(x) = 1-2x+x^2$. よって，構成行列は,

$$L_{10} = \begin{bmatrix} 16 & 15 & -30 \\ 4 & 5 & -8 \\ 10 & 10 & -19 \end{bmatrix}, \quad L_{11} = \begin{bmatrix} 10 & 25 & -25 \\ 2 & 5 & -5 \\ 6 & 15 & -13 \end{bmatrix}$$

$$L_{20} = \begin{bmatrix} -15 & -15 & 30 \\ -4 & -4 & 8 \\ -10 & -10 & 20 \end{bmatrix}$$

計算の結果はつぎの式が成り立っているかどうかチェックすればよい.

$$L_{10} + L_{20} = 1, \quad L_{11} + L_{20} = A - 1, \quad L_{21} = (A - 1)^2$$

8. $t \geq 0$ に対し $x_1(t) = 2e^{2t} - 4te^{2t}$
$x_2(t) = 2(2t+1)e^{2t}$
$x_3(t) = -2e^{2t} + 4te^{2t}$

9. 行列の指数関数は

$$e^{At} = \begin{bmatrix} -2e^{2t} + 3e^{-t} & -2e^{-t} + 2e^{-2t} \\ 3e^{-t} - 3e^{-2t} & 3e^{-2t} - 2e^{-t} \end{bmatrix}$$

状態変数ベクトルは

$$x_1(t) = 1 + t - 2e^{-t} + te^{-t} + 2e^{-2t}$$
$$x_2(t) = t - 2e^{-t} + te^{-t} + 3e^{-2t}$$

出力ベクトルは

$$y_1(t) = 1 + 2t - e^{-t} + te^{-t} + 2e^{-2t}$$
$$y_2(t) = 3 + t - 3e^{-t} + te^{-t} + 4e^{-2t}$$

参 考 文 献

1. 黒田一之・尾崎　弘：" (共立全書137) 回路網理論I"，共立出版，1959.
2. 齋藤正男：" (自然科学双書1) 回路網理論入門"，東京大学出版会，1966.
3. 渡辺　和："線形回路理論"，昭晃堂，1971.
4. 大野克郎："大学課程　電気回路(1) (第1版)"，オーム社，1968.
5. 関口　忠：" (現代電気工学講座) 電気回路II"，オーム社，1971.
6. 服部嘉雄・小沢孝夫："グラフ理論解説"，昭晃堂，1974.
7. 小沢孝夫："電気回路II (過渡現象・伝送回路編)"，昭晃堂，1980.
8. 大野克郎："大学課程　電気回路(1) (第2版)"，オーム社，1980.
9. 小野田真穂樹："現代回路理論"，昭晃堂，1983.
10. 藤井信生："よくわかる電気回路"，オーム社，1994.
11. 大野克郎："現代過渡現象論"，オーム社，1994.
12. 大野克郎・西　哲生："大学課程　電気回路(1) (第3版)"，オーム社，1999.
13. 奥村浩士：(エース電気・電子・情報工学シリーズ) "電気回路理論入門"，朝倉書店，2002.
14. 古屋　茂："行列と行列式"，培風館，1962.
15. 卯本重郎："現代基礎電気数学 (改定増補版)"，オーム社，1992.
16. 渡辺隆一・宮崎　浩・遠藤静雄："複素関数"，培風館，1983.
17. ミクシンスキー (著)，松村英之・松浦重武 (訳)："演算子法 (上巻)"，裳華房，1966.
18. 片山　徹："フィードバック制御の基礎"，朝倉書店，1997.
19. 荒木光彦："古典制御理論 [基礎編]"，培風館，2000.
20. 西本敏彦："微分積分学講義"，培風館，2004.
21. 田代嘉宏："工科の数学―線形代数"，森北出版，2004.
22. 岩崎千里・楳田登美男："微分方程式概説"，サイエンス社，2004.
23. Sigenori Hayashi : "Periodically interrupted electrical circuits", Denki-Shoin, Inc, Kyoto, Japan, 1961.
24. L. A. Zadeh and C. A. Desoer : "Linear system theory", McGraw-Hill, 1963.
25. Murray R. Spiegel : "Laplace transforms", McGraw-Hill, 1965.
26. Donald A. Calahan : "Computer-aided circuit design", McGraw-Hill, 1968.
27. Norman Balabanian and Theodore A. Bickart : (with contribution of the late Sundaram Seshu) "Electrical network theory", John Wiley and Sons, Inc., New York, 1969.
28. C. A. Desoer and E. S. Kuh : "Basic circuit theory", McGraw-Hill International

Book Co., 13 th printing, 1983 (originally, 1969).
29. Felix R. Gantmacher : "The theory of matrices vol. 1", Chelsea Pub. Co., New York, (originally, 1959) 1977.
30. C. Moler and C. Van Loan : "Nineteen dubious ways to compute the exponential of a matrix", *SIAM Review*, **20**(4), pp. 801-836, 1978.
31. L. O. Chua, C. A. Desoer and E. S. Kuh : "Linear and nonlinear circuits", McGraw-Hill International editions, 1987.
31. Norman Balabanian : "Electric circuits", McGraw-Hill, Inc., 1994.
32. J. W. Nilsson and S. A. Riedel : "Electric circuits", Addison-Wesley Pub. Co., 1996.
33. R. A. DeCarlo and P. M. Lin : "Linear circuit analysis", Oxford University Press, 2001.
34. David C. Lay : "Linear algebra and its applications-third edition", Addison-Weslay, World student series, 2003.
35. R. E. Thomas, A. J. Rosa and G. J. Toussant : "The analysi and design of linear circuits", sixth edition, John Wiley and Sons, Inc., New York, 2009.

索　引

ア　行

アドミタンス　12
アドミタンス行列　86, 154
アドミタンス行列（Y 行列）　17
網目方程式　64
アンペアの周回積分の法則　39, 42

位相差　10
一次側　16
一次結合　75
一次従属　73
一次独立　73
1 階線形常微分方程式　5
一端子対素子　1
一般解　113
一般化されたテレゲンの定理　97
移動則（t 領域における）　125
因果性　122
インシデンス行列　73
インダクタ　4
インダクタンス　4
インダクタンス行列　237
インパルス応答　108, 116, 176, 181
インピーダンス　12
インピーダンス行列　17, 154
インミタンス行列　158, 206
インミタンス素子　157

裏関数　122

s 関数　122
s 領域　122
　——における移動則　125

枝インダクタ電圧　213
枝コンダクタ電圧　213
枝集合　71, 83
枝抵抗電圧　213
枝電圧　1, 59, 67
枝電圧ベクトル　77, 88, 95
枝電流　1, 2, 59, 67, 85, 213
枝電流ベクトル　76, 89, 95, 213
エネルギーの保存則　94, 105
(m, n) 行列　72
エラスタンス　4
エラスタンス行列　237
L 型回路　155
エルミート行列　201

応答　112
遅れ演算子　183
オーム　4
オームの法則　4, 65
表関数　122

カ　行

階数　73, 74
　グラフの——　75
開放　4, 26
開放インピーダンス行列　17, 204
開放駆動点インピーダンス　17
開放除去　63
開放電圧伝達関数　159
開放伝達インピーダンス　17, 157
開放電流伝達関数　153
回路解析　177
回路網　71
回路網関数　148, 151, 152
回路網関数行列　217, 218
ガウス平面上　11

角周波数　11
重ね合わせ　6
　——の原理　32, 44, 68, 152
カット　84
カットセット　83
　——の基準方向　84
カットセットアドミタンス行列　86
カットセット解析　83
カットセット行列　85
カットセット電流源ベクトル　86
カットセット変換　86
カットセット方程式　87
過渡応答　184
過渡解　6
過渡現象　116
完全応答　160, 220
感度解析　93, 102, 103

木　71, 83
　——の枝電流　85
　真の——　210, 211
基準インピーダンス　191, 195
基準インピーダンス行列　202
基準節点　59, 73, 76
基準抵抗　194
基本解　115
基本カット行列　91
基本カットセット　83, 84
基本カットセット行列　85
基本行列　18, 236
基本タイセット　87
基本タイセット行列　88, 91
基本多項式　229, 230
基本部分　90
基本部分行列　95
既約インシデンス　73
既約インシデンス行列　77

逆インダクタンス 4
既約インダクタンス行列 75
逆回路 25
逆起電力 39
既約随伴行列 231
逆電圧伝達比 19
逆伝達電圧係数 197
逆ラプラス変換 120, 134
キャパシタンス 4
キャパシタンス電圧 213
級数展開 183
行ベクトル 72, 73
共役転置 200
行列関数 224, 234
行列の指数関数 234
行列の多項式 223
極 218
極性 26, 43
キルヒホフの電圧則 2
キルヒホフの電流則 2
キルヒホフの法則 1

空間変数 190
駆動点アドミタンス 14, 152
駆動点インピーダンス 14, 105, 106, 152, 157
グラフ 70
　——の階数 75
　——の零度 75

K 行列 18
係数行列 86
結合係数 38, 46
ケーレー・ハミルトンの定理 223
原関数 122

交換可能 218, 235
広義積分 120, 130
格子型回路 156
合成アドミタンス 14, 150
合成インピーダンス 14, 150
構成行列 229
合成積 174
交流回路 49
交流理論 7

固有周波数 218
固有多項式 223
コンダクタンス 14
コンダクタンス行列 86

サ 行

最終値定理 131, 132
最小多項式 223
最小方程式 224, 227
最大有効電力 15
最大有能電力 194
鎖交 38
鎖交磁束 39, 40, 41
鎖交磁束数 39
サセプタンス 14
三角関数 235
散乱行列 195, 197, 206
　正規化された—— 205
散乱パラメータ 190, 192
散乱変数 190, 192
　——ベクトル（正規化された） 205

時間領域 122
磁気的な結合 71
自己インダクタンス 39, 43
自己誘導 39
自己ループ 71
指数位数 121
指数関数 123
　行列の—— 234
磁束 38
磁束不変則 164, 167
実効値 11
実効電力 15
時定数 10
時不変 3
ジーメンス 4
周回積分の法則（アンペアの） 39, 42
周期的関数 133
周期的電源 135
周期的入力 182
集合 70
重根 8

収束域 122
縦続行列 18, 154, 155
収束座標 122
縦続接続 20, 158
従属電源 54
　——の随伴回路 101
終端抵抗 207
（複素）周波数領域 122
縮退数 73
出力端子対 16
出力方程式 209
受電端側 16
受動性 200
　——の条件 192
受動素子 4
瞬時電力 56
準電力保存則 97
小行列式 74
状態遷移行列 236
状態遷移方程式 209
状態ベクトル 210
状態変数 209
状態方程式 209
初期値応答 160
初期値定理 131, 132
初期値ベクトル 217
初期電圧 112
初期電流 112
真の木 210, 211

推移定理 135, 140, 183
スイッチ 4, 161
随伴回路 93, 98, 100, 103
　従属電源の—— 101
随伴行列 218, 223
随伴素子 98, 100
随伴電源 101
数式処理ソフト 187
数値計算ソフト 187
スケーリング 136
ステップ応答 108, 112
スペクトル 223

正規化 190, 205
　——された散乱行列 205
　——された散乱変数ベクトル

索　引

205
正規化開放インピーダンス行列
　　206
正規化短絡アドミタンス行列
　　206
制御電源　38, 54
正弦関数　10
正弦波振動　116
正弦波定常状態　6
整合　15
整合条件　190
静止状態応答　160
積分則　130
接続関係　70
接続行列　73
絶対収束　122
切断　84
節点アドミタンス行列　61
節点コンダクタンス行列　78
節点電位　61
節点電位ベクトル　77
節点電位法　59
節点法　59
節点方程式　60, 78
零行列　74
零状態応答　160, 173, 218
零入力応答　160, 218
線形演算子　125
線形回路　4
線形回路網　209
線形時不変回路　173
線形時不変受動回路　4
線形時不変素子　148
線形常微分方程式　120
線形性　135
線形素子　4
線形変換　124
線形連立微分方程式　209

像関数　122
双曲線関数　235
相互インダクタンス　40, 43
相互誘導　40

相似則　126
双対回路　22

双対性　22
双対な素子　22
双対な定式化　83
送電端側　16
相反回路　202
相反性　16
粗な結合　46

タ　行

第一種初期値　148, 164, 165
対称行列　17, 78, 86, 89
対称格子型　157
代数和　2, 61
タイセットインピーダンス行列
　　89
タイセット解析　83
タイセット電圧源ベクトル　89
タイセット電流　90
タイセットの基準方向　87
タイセット変換　89
タイセット方程式　89
第二種初期値　148, 164, 165
多項式の行列　223
多重極　139, 142
たたみ込み積分　173, 174, 220, 222
ダブレット　111
単位インパルス関数　108
単位行列　90
単位傾斜関数　111
単位三次インパルス関数　111
単位ステップ関数　108
単位二次インパルス関数　111
単位ランプ関数　111
ダンカン・カラーの形式　224, 226
端子電圧　1, 3, 4
端子電流　2, 3, 4
単純極　141
短絡　4, 26
短絡アドミタンス行列　18
短絡駆動点アドミタンス　18
短絡除去　63
短絡伝達アドミタンス　18
短絡電流比　19

超越関数　133, 135, 235
超関数　108, 117
直流回路　13
直列共振回路　114, 116, 118, 168
直列接続　14, 20, 150

T 型回路　155
T 型等価回路　51
t 関数　122
T 行列　18
抵抗　3
――行列　202, 237
定式化　60, 68
定常解　6
定常状態　5
定数行列　210
定数変化法　236
定抵抗回路　25
定電圧源　3, 102
定電流源　3, 102
t 領域　122
――における移動則　125
テブナンの定理　26, 27
テブナンの等価電圧源　28
デュアメルの相乗積分　186
デュアメルの相乗定理　173, 185
デルタ関数　109
テレゲンの定理　93, 94, 97, 98, 105
テレゲンの和　94
電圧源ベクトル　80, 88
電圧散乱行列　202, 203
電圧制御型　54
電圧制御型電圧源　54
電圧制御型電流源　54
電圧則　2, 93, 96, 213
電圧伝達関数　153, 158
電圧伝達係数　19
電圧入射ベクトル　203
電圧反射ベクトル　203
電圧比　50, 55
電圧フェーザ　12
電圧ベクトル　205
電荷ベクトル　237

電荷保存則　164, 166, 168
電源側　16
電源の等価変換　5
電磁エネルギー　48
　　——電磁誘導の法則（ファラデーの）　38
伝送行列　18
伝達アドミタンス　153
伝達インピーダンス　152
伝達関数　151
伝達関数行列　218
伝達電圧係数　197
転置行列　86
電流源のベクトル　77, 85
電流散乱行列　202, 204
電流制御型　54
電流制御型電圧源　54
電流制御型電流源　54, 101
電流則　93, 96, 213
電流伝達関数　153
電流伝達係数　19
電流比　50, 55
電流フェーザ　12
電流ベクトル　205
電力　93

同位相　12
等価回路　44, 52, 149
等価電圧源（テブナンの）　28
等価電源　30
等価電流源　62
等価変換（電源の）　5
同次型常微分方程式　6
透磁率　39, 49
動的振る舞い　209
特異　74
特異関数　111
特殊解　6, 115
特性　70
特性インピーダンス　191
特性根　6
特性多項式　223
特性方程式　6
独立電源　3, 55
独立ループ　66
ドットのルール　41

ナ 行

トリプレット　111

内部インピーダンス　28, 35
内部抵抗　5
2階線形常微分方程式　5
二次側　16
二端子素子　1
二端子対回路　16
入射電圧ベクトル　207
入射電流ベクトル　207
入射電力　192
入射変数　192
入力インピーダンス　50, 51
入力端子対　16
任意定数　114

ノイマンの式　39
能動素子　56
ノートンの定理　26

ハ 行

π型回路　155
ハイブリッド行列　19, 154, 216
はしご型回路　157
パス　71
バール　15
パルス関数　110, 173, 176
反射電圧ベクトル　207
反射電流ベクトル　207
反射電力　192
反射変数　192

微積分方程式　145, 168
非線形素子　4
皮相電力　15
左極限値　121
非同次型常微分方程式　6
非同次項　6
非特異　18, 74
微分演算子　115
微分則　127, 129
微分ルール　186

標準形状態方程式　209, 217
ファラデーの電磁誘導の法則　38
ファンデルモンド行列　224
フェーザ　11
負荷　5
負荷インピーダンス　15, 28, 51
負荷側　16
複数インピーダンス　12
複素アドミッタンス　12
複素根　8
複素電力　15, 105
複素変数　9
部分グラフ　71
部分分数分解　138, 140, 144, 161
ブラックボックス　16
ブリッジ回路　156
振舞い　187
不連続点　128
ブロムウィチ・ワグナーの積分　134

平均磁気エネルギー　106
平均電気エネルギー　106
平均電力　15
並列接続　14, 21, 150
閉路　2, 63, 71
閉路インピーダンス行列　66
閉路行列　80
閉路法　59
冪級数　222, 234
ヘビサイド関数　108
ヘビサイドの展開定理　141～144
ヘビサイドブリッジ　53
ヘルムホルツの定理　27
変圧器　41
変化分　104
変成器　41
　　——の基礎式　41, 45
変成比　47
ヘンリー　4

帆足-ミルマンの定理　35

索　引

補間多項式　224, 225, 230
補償の定理　26, 34
補木　71
　——の枝　83
　——の枝電流　85
ボルトアンペア　15

マ　行

窓　22

右極限値　121
密結合　38, 46
密結合変成器　47, 48, 212
ミルマンの定理　26

無限級数　183
無効電力　15

メッシュ　63
メッシュ電流　64, 65
メッシュ電流ベクトル　66
メッシュ法　59, 68
メッシュ方程式　64, 67

漏れ磁束　42, 43, 46

ヤ　行

有効電力　15, 106
誘導起電力　38
誘導電圧　42
有理関数　135
ユニタリー行列　201

容量性　14
余弦関数　10
四端子行列　18
四端子定数　18, 155, 156

ラ　行

ラグランジの補間多項式　225
ラプラス変換　120, 164

リアクタンス　14
リアクタンス率　15
力率角　15
理想電圧源　3
理想電流源　3

理想変圧器　106
理想変成器　47
隣接　72
　——する枝　61
　——する節点　61

ループ　2, 63, 71
ループインピーダンス行列　81, 89
ループ行列　80, 95
ループ抵抗行列　81
ループ電流　66, 67, 80
ループ電流ベクトル　80
ループ法　59

零度　73, 75
レゾルベント行列　231
連結グラフ　71, 90
レンツの法則　38
連立一次方程式　81

ロンスキー行列式　115

著者略歴

奥村 浩士（おく むら こう し）

1941年　京都市に生まれる
1966年　京都大学工学部電気工学科卒業
1971年　京都大学大学院工学研究科博士課程単位修得退学
現　在　京都大学名誉教授
　　　　工学博士

電気回路理論　　　　　　　　　　　　　定価はカバーに表示

2011年 4 月15日　初版第 1 刷
2024年12月25日　　　　第 8 刷

　　　　　　　　　　　著　者　奥　村　浩　士
　　　　　　　　　　　発行者　朝　倉　誠　造
　　　　　　　　　　　発行所　株式会社　朝　倉　書　店
　　　　　　　　　　　　　　　東京都新宿区新小川町6-29
　　　　　　　　　　　　　　　郵便番号　162-8707
　　　　　　　　　　　　　　　電　話　03(3260)0141
〈検印省略〉　　　　　　　　　　　FAX　03(3260)0180
　　　　　　　　　　　　　　　https://www.asakura.co.jp

© 2011〈無断複写・転載を禁ず〉　印刷・製本 デジタルパブリッシングサービス

ISBN 978-4-254-22049-0　C 3054　　　Printed in Japan

JCOPY　〈出版者著作権管理機構　委託出版物〉

本書の無断複写は著作権法上での例外を除き禁じられています．複写される場合は，そのつど事前に，出版者著作権管理機構（電話 03-5244-5088, FAX 03-5244-5089, e-mail: info@jcopy.or.jp）の許諾を得てください．

好評の事典・辞典・ハンドブック

物理データ事典 　　　　　　　　　　日本物理学会 編
　　　　　　　　　　　　　　　　　　　B5判 600頁

現代物理学ハンドブック 　　　　　　鈴木増雄ほか 訳
　　　　　　　　　　　　　　　　　　　A5判 448頁

物理学大事典 　　　　　　　　　　　鈴木増雄ほか 編
　　　　　　　　　　　　　　　　　　　B5判 896頁

統計物理学ハンドブック 　　　　　　鈴木増雄ほか 訳
　　　　　　　　　　　　　　　　　　　A5判 608頁

素粒子物理学ハンドブック 　　　　　山田作衛ほか 編
　　　　　　　　　　　　　　　　　　　A5判 688頁

超伝導ハンドブック 　　　　　　　　福山秀敏ほか 編
　　　　　　　　　　　　　　　　　　　A5判 328頁

化学測定の事典 　　　　　　　　　　梅澤喜夫 編
　　　　　　　　　　　　　　　　　　　A5判 352頁

炭素の事典 　　　　　　　　　　　　伊与田正彦ほか 編
　　　　　　　　　　　　　　　　　　　A5判 660頁

元素大百科事典 　　　　　　　　　　渡辺　正 監訳
　　　　　　　　　　　　　　　　　　　B5判 712頁

ガラスの百科事典 　　　　　　　　　作花済夫ほか 編
　　　　　　　　　　　　　　　　　　　A5判 696頁

セラミックスの事典 　　　　　　　　山村　博ほか 監修
　　　　　　　　　　　　　　　　　　　A5判 496頁

高分子分析ハンドブック 　　　　　　高分子分析研究懇談会 編
　　　　　　　　　　　　　　　　　　　B5判 1268頁

エネルギーの事典 　　　　　　　　　日本エネルギー学会 編
　　　　　　　　　　　　　　　　　　　B5判 768頁

モータの事典 　　　　　　　　　　　曽根　悟ほか 編
　　　　　　　　　　　　　　　　　　　B5判 520頁

電子物性・材料の事典 　　　　　　　森泉豊栄ほか 編
　　　　　　　　　　　　　　　　　　　A5判 696頁

電子材料ハンドブック 　　　　　　　木村忠正ほか 編
　　　　　　　　　　　　　　　　　　　B5判 1012頁

計算力学ハンドブック 　　　　　　　矢川元基ほか 編
　　　　　　　　　　　　　　　　　　　B5判 680頁

コンクリート工学ハンドブック 　　　小柳　治ほか 編
　　　　　　　　　　　　　　　　　　　B5判 1536頁

測量工学ハンドブック 　　　　　　　村井俊治 編
　　　　　　　　　　　　　　　　　　　B5判 544頁

建築設備ハンドブック 　　　　　　　紀谷文樹ほか 編
　　　　　　　　　　　　　　　　　　　B5判 948頁

建築大百科事典 　　　　　　　　　　長澤　泰ほか 編
　　　　　　　　　　　　　　　　　　　B5判 720頁

価格・概要等は小社ホームページをご覧ください．